普通高等教育"十二五"测绘科学与技术系列教材

测 量 学

（第 2 版）

河海大学《测量学》编写组　编著

国防工业出版社

·北京·

内容简介

本书在论述测量学基本概念和基本理论的基础上,系统地介绍了测量工作的实际操作方法。通过本教材的学习,学生能较好地掌握测量学的基本知识和技能。

本书结合已在各种工程建设中广泛应用的现代测绘技术:在新仪器方面,重点介绍全站仪、电子水准仪和 GPS 技术、激光扫描测量技术、多波束测深技术;在测量数据处理方面,引入了最小二乘平差的概念;在地形图及专题图测绘中,介绍了电子平板测图技术、水下地形测绘技术及摄影测量与遥感制图的概念和基本原理;在工程测量方面,详细阐述了施工测量的基本技术与方法,介绍了测量在港口与交通工程、水利工程、工业与民用建筑等各种工程建设中的应用。以期读者通过本书的学习能运用测量理论、方法和技术解决工程中有关的测量问题。

本书是高等院校土木、交通、港航、水文、海洋、地质及水利水电等非测绘专业的测量学教材,也可供有关工程技术人员参考。

图书在版编目(CIP)数据

测量学/河海大学《测量学》编写组编著. —2 版.
—北京:国防工业出版社,2013.8(2024.7 重印)
 普通高等教育"十二五"测绘科学与技术系列教材
 ISBN 978-7-118-09016-1

Ⅰ.①测… Ⅱ.①河… Ⅲ.①测量学 – 高等学校 – 教材 Ⅳ.①P2

中国版本图书馆 CIP 数据核字(2013)第 208414 号

※

国防工业出版社出版发行

(北京市海淀区紫竹院南路23号 邮政编码100048)
河北文盛印刷有限公司印刷
新华书店经销

*

开本 787 × 1092 1/16 印张 15½ 字数 382 千字
2024 年 7 月第 2 版第 8 次印刷   印数 17781—19280 册 定价 45.00 元

(本书如有印装错误,我社负责调换)

国防书店:(010)88540777   发行邮购:(010)88540776
发行传真:(010)88540755   发行业务:(010)88540717

前言 preface

与我国国民经济建设和科技的飞速发展相适应,现代测绘技术正在发生根本性的变革,并在我国社会、经济的可持续发展及各种工程建设中,发挥了极为重要的作用。

测量学是测绘学科的重要基础课程和应用技术的基本体现。现代测绘技术的发展使测量学在内容、方法、技术以及服务对象等诸多方面均有着全新的涵义。继承经典理论的精华,摒弃陈旧的教学内容,吸纳先进的技术,培养掌握现代测绘技能的人才,适应现代经济建设的需要,是测绘教学工作者面临的重要任务。

作者根据测量学的教学大纲和深化测量学教学改革的要求,结合现代工程建设中广泛使用的先进测量技术和方法,编写了本教材。以期在教学内容中更好地体现出测量学科的特色,较好地掌握服务于现代工程建设所需的测量科学基本理论与技术。

本书重点突出了对测量学基本理论的学习,以便读者对测量学重要原理的掌握,并为实际工作的灵活应用打下基础。此外,有重点地吸纳了有实际应用价值的现代先进测量技术,使读者对现代测量理论与方法有较深层次的认识和理解。根据教学的需要列举了众多的测量实例及具体作业过程,使本教材的内容更为丰富和生动,也有利于培养及提高读者的实际操作技能和分析解决问题的能力。为适应深化教学改革的要求,对教学内容进行优化安排,也是本书编写的一个出发点。

本书共12章。第1章、第2章由田林亚编写;第3章由徐佳编写;第4章、第11章由兰孝奇编写;第5章、第6章由岳东杰编写;第7章由黄张裕编写;第8章由黄晓时编写;第9章、第10章由李浩编写;第12章由岳建平编写。由于作者水平有限,书中难免存在缺点和错误,恳请读者批评指正。

河海大学《测量学》编写组
二〇一三年六月

目录 contents

第1章 绪论 1

1.1 测量学的研究对象及其作用 1
1.2 地球的形状与大小 2
1.3 地面点位置的表示方法 3
1.4 地球曲率对测量工作的影响 7
1.5 测量的基本工作和原则 8
思考题 9

第2章 水准测量 10

2.1 水准测量原理 10
2.2 水准仪及其使用 11
2.3 水准测量的基本方法 16
2.4 水准仪的检验与校正 21
2.5 水准测量的误差来源与注意事项 24
思考题 27

第3章 角度测量 29

3.1 角度测量原理 29
3.2 光学经纬仪及其使用 30
3.3 角度测量方法 35
3.4 经纬仪的检验与校正 42
3.5 角度测量的误差来源与注意事项 45
3.6 电子经纬仪简介 47
思考题 51

第4章 距离测量 52

4.1 钢尺量距 52
4.2 视距测量 58
4.3 光电测距 61
4.4 全站仪 67
思考题 70

第 5 章 测量误差的基本知识　71

- 5.1 测量误差的概念　71
- 5.2 衡量精度的指标　75
- 5.3 误差传播定律　80
- 5.4 观测值的算术平均值及其中误差　82
- 5.5 观测值的加权平均值及其中误差　84
- 5.6 测量误差理论的应用　86
- 思考题　87

第 6 章 控制测量　88

- 6.1 概述　88
- 6.2 方位角及坐标正反算　90
- 6.3 导线测量　93
- 6.4 三角测量　99
- 6.5 交会定点　100
- 6.6 高程控制测量　103
- 思考题　107

第 7 章 GPS 定位测量　108

- 7.1 概述　108
- 7.2 GPS 信号和基本定位原理　112
- 7.3 GPS 静态控制测量及数据处理　116
- 7.4 GPS 实时动态测量及应用　121
- 思考题　126

第 8 章 地形图的测绘　127

- 8.1 地形图的基本知识　127
- 8.2 经纬仪测图　137
- 8.3 数字测图　141
- 8.4 水下地形图的测绘　146
- 思考题　149

第 9 章 摄影测量与遥感　150

- 9.1 摄影测量学及其作用　150
- 9.2 摄影测量的基本原理及方法　153
- 9.3 遥感的基本原理和应用　158
- 9.4 遥感专题制图　163
- 思考题　166

第 10 章 地形图的应用　167

- 10.1 地形图的基本信息　167
- 10.2 工程用图的选择　168
- 10.3 地形图在工程建设中的应用　169
- 10.4 地形图的面积量算　173
- 思考题　175

第 11 章 工程测量的基本工作 176

11.1 概述 176
11.2 施工测量 177
11.3 变形监测 184
11.4 竣工测量 188
思考题 190

第 12 章 测量在工程建设中的应用 191

12.1 测量在水利工程建设中的应用 191
12.2 测量在港口工程建设中的应用 197
12.3 测量在桥梁工程建设中的应用 203
12.4 测量在工业与民用建筑施工中的应用 209
12.5 测量在线路工程建设中的应用 214
思考题 219

附录 习题及实验指导 221

参考文献 240

第1章

绪论

1.1 测量学的研究对象及其作用

测量学是研究地球的形状、大小以及地球表面各种形态的科学,其任务主要表现为:确定地球的形状和大小;确定地面点的平面位置和高程;将地球表面的起伏状态和其他信息测绘成图。

随着社会生产的发展和科学技术的进步,测量学随之发展成多个分支:

大地测量学——研究在地球表面大范围内建立国家大地控制网,精确测定地球形状和大小以及地球重力场的理论、技术和方法的学科。随着卫星定位技术的发展,大地测量学不仅为空间科学和军事服务,还将为研究地球的形状、大小以及地表形变和地震预报等提供可靠的资料。

地形测量学——研究将地球表面的起伏状态和其他信息测绘成图的理论、技术和方法的学科。各种比例尺地形图的测绘,为社会发展的规划设计提供了重要的资料。随着社会和经济的发展,地籍测量和房地产测量也得到迅猛发展,为地籍管理和房地产管理提供了有力的保障。

摄影测量学——研究利用摄影像片等手段测定物体的形状、大小及其空间位置的学科。由于摄影像片包含的信息全面细致,现已广泛应用于其他科学领域。根据获取像片方式的不同,又分为地面摄影测量、航空摄影测量、航天摄影测量、水下摄影测量等。

工程测量学——研究各项工程建设在规划设计、施工和竣工运营阶段所进行的各种测量工作的学科。它把各种测量理论应用于不同的工程建设,并研究各种测量新技术和新方法。

地图制图学——研究地图及其制作理论、工艺和应用的学科。根据已测得的成果成图,编制各种基本图和专业地图,完成各种地图的复制和印刷出版。

测量学在我国现代化建设中起着非常重要的作用,它不仅体现在国防建设中,更多体现在地质采矿、农田水利、交通运输及各种城市建设工程中,还体现在对地震、滑坡等灾害的监测和预测中。从工程建设的角度出发,其作用主要表现在工程建设的三个阶段,即规划设计阶段提供所需的地形资料和地形图,施工阶段进行必要的施工放样与施工监测,运营阶段进行建筑物的稳定性监测和变形情况分析等。

测量学是一门古老的科学。相传早在公元前21世纪夏禹治水时,就已采用了准、绳、规、矩等简单的测量工具,公元前18世纪,古埃及就进行过土地丈量。中国人发明的指南针、浑天仪,外国人发明的望远镜、显微镜和水准器,以及三角学的应用和地图投影技术的改进,大大推动了测量学的发展。特别是近几十年来,电子学和空间技术的飞速发展,使测量技术逐步趋于自动化和数字化,使数据处理趋于程序化。当前,测量学这门历史悠久的学科已焕发出新的活力。

1.2 地球的形状与大小

测量工作是在地球表面上进行的,要确定地面点之间的相互关系,将地球表面测绘成图,需了解地球的形状和大小,这也是测量学研究的重要内容之一。

地球的自然表面高低起伏,是一个复杂的不规则的表面。海洋面积约占地球表面积的71%,而陆地约占29%。世界上最高的珠穆朗玛峰高出海平面8844.43m,最低的马里亚纳海沟低于海平面11022m。因地球的半径约为6371km,故地表起伏相对于庞大的地球来说是微不足道的。由于地球表面上大部分为海洋,所以海水所包围的形体基本表示了地球的形状。假想有一个静止的海水面,向陆地延伸形成一个封闭的曲面,这个曲面称为水准面。由于海水面受潮汐影响而有涨有落,所以水准面有无数个。为此,人们在海滨设立验潮站,通过长期观测,求出通过平均高度的一个海水面,并将这个海水面向陆地延伸所形成的一个封闭曲面称为大地水准面。大地水准面所包围的形体称为大地体,大地体即代表地球的一般形状。

由于地球表面起伏不平和地球内部质量分布不均匀,地面上各点的铅垂线方向呈现出不规则的变化,大地水准面仍然是一个十分复杂和不规则的曲面,目前尚不能用数学模型准确表达,在这个曲面上也很难进行有关的测量计算。为了测量计算和制图的方便,人们选择一个非常接近大地水准面且能用数学模型表达的曲面代替大地水准面,这个曲面称作参考椭球面。参考椭球面所包围的数学形体称作参考椭球体。参考椭球体是由参考椭球面NWSE绕其短轴NS旋转而成的规则形体,其形状和大小由椭球参数长半径a、短半径b和扁率$\alpha=(a-b)/a$决定。经过长期的研究,目前椭球体参数已经很精确,我国主要采用1975年第16届国际大地测量与地球物理协会联合推荐的椭球体参数,即$a=6378140m$,$b=6356740m$,$\alpha=1/298.257$。

我国采用与大地体非常接近的椭球参数,通过参考椭球的定位与定向,建立了国家大地坐标系。如图1-1所示,在地面上某个合适的位置选一点P,令P的铅垂线和椭球面上相应P_0点的

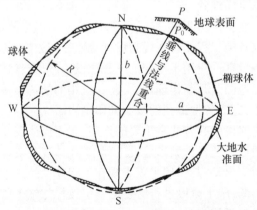

图1-1 大地水准面和参考椭球体

法线重合,并使过 P_0 点的椭球面与大地水准面相切,这就是单点定位方法。这里的 P 点称为大地原点。多点定位方法相比单点定位方法有许多优点,当然,也复杂许多,此处不作细述。

1.3 地面点位置的表示方法

测量学上,地面点的空间位置通常采用坐标和高程来表示,确定地面点的坐标和高程是测量工作的主要任务之一。

1.3.1 坐标

1. 地理坐标

地面点的位置如果用经度和纬度表示,则称为地理坐标。经度通常用 λ 表示,纬度用 φ 表示。如图 1-2 所示,N 和 S 分别为地球的北极和南极,NS 为地球的自转轴,又称地轴。通过地轴和地球表面上任一点 P 的平面,称为过 P 点的子午面。子午面与地球表面的交线称为子午线,又称经线。按照国际天文学会规定,通过英国格林尼治天文台的子午面称为起始子午面,起始子午面和地球表面的交线称为起始子午线。以起始子午面作为计算经度的起点,过任一点 P 的子午面与起始子午面之间的夹角 λ 即为 P 点的经度,向东从 0°~180°称东经,向西从 0°~180°称西经。过 P 点的法线与赤道面之间的夹角 φ 即为 P 点的纬度,赤道以北从 0°~90°称北纬,赤道以南从 0°~90°称南纬。若 P 点的经度和纬度已知,则该点在地球椭球面上的位置即已确定。

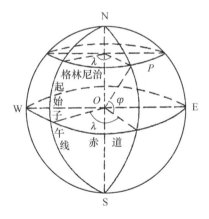

图 1-2 地理坐标

2. 高斯平面直角坐标

地球表面是一个曲面,在进行大区域测图时,将球面上的图形投影到平面上,必然会产生变形,这些变形包括角度变形、长度变形和面积变形,统称为地图投影变形。地图投影的方法有等角投影(又称正形投影)、等积投影和任意投影等多种。我国采用高斯正形投影,简称为高斯投影。

高斯投影是将地球套于一个空心横圆柱体内,圆柱体的轴心通过地球的中心,地球上某一条子午线(称为中央子午线)与圆柱体相切,如图 1-3(a)。按正形投影方法,将中央子午线左右两侧各 3°或 1.5°范围内的图形元素投影到圆柱体表面上,再将圆柱体表面沿两条母线剪开展平,即将圆柱体上每 6°或 3°的经纬线转换为平面上的经纬线,如图 1-3(b)。这种投影具有如下性质：

（1）中央子午线 NOS 投影为一条直线，且长度没有发生变形，其余的子午线凹向对称于中央子午线，且较球面上对应的子午线略长。距离中央子午线越远，长度变形越大。

（2）赤道也投影为一条直线，其余纬线凸向对称于赤道。

（3）中央子午线和赤道投影后为相互垂直的直线，其他经纬线投影后也保持相互垂直的性质。

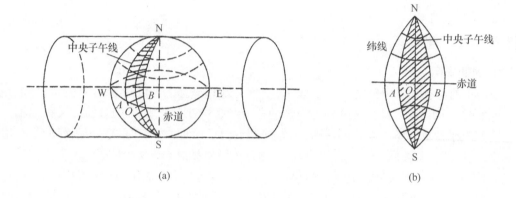

图 1-3 高斯投影

高斯投影后角度无变化，但长度发生了变化，且离开中央子午线越远变形越大。为了使长度变形能够满足测图精度的要求，需采用缩小范围的分带投影来控制变形量。目前，主要以经差 3°或 6°将整个地球划分为 120 个或 60 个投影带，相应地称为 3°带和 6°带。

如图 1-4 上部所示，6°带的划分是从起始子午线（零度）开始，自西向东每隔 6°分为 1 带，其投影带编号顺序为 1，2，…，60，每带中央子午线的经度顺序为 3°，9°，15°，…，357°，中央子午线经度与投影带带号的关系为

$$L_0 = 6N - 3 \tag{1-1}$$

式中，L_0 为投影带中央子午线的经度；N 为投影带带号。

如图 1-4 下部所示，3°投影带的划分自经度为 1.5°的子午线起，自西向东以经差 3°分为

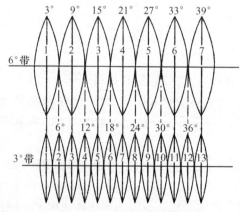

图 1-4 投影分带

1带,其投影带顺序编号为1,2,…,120,各带的中央子午线经度分别为3°,6°,9°,…,360°,中央子午线经度与投影带带号的关系为

$$L_0 = 3N \qquad (1-2)$$

由于中央子午线和赤道的投影为相互垂直的直线,以中央子午线的投影为 X 轴,赤道的投影为 Y 轴,两轴的交点为坐标原点,就组成了高斯平面直角坐标系,如图 1-5(a)。我国位于北半球,X 坐标均为正,Y 坐标有正有负。为避免 Y 坐标出现负值,将每带的坐标原点向西移动 500km,如图 1-5(b)中的 O 点。这样每一带中各点的 Y 坐标均成为正值。在图 1-5(a)中,设 $Y_A = +37680.5\text{m}$,$Y_B = -34240.2\text{m}$,坐标原点平移为图 1-5(b)后,有 $Y_A = 500000 + 37680.5 = 537680.5\text{m}$,$Y_B = 500000 - 34240.2 = 465759.8\text{m}$。为区分地面点属于哪一个投影带,再在 Y 坐标值前面加上带号,这样处理后的坐标称为通用坐标。例如,如果 B 点位于6°带第20带内,则 $Y_B = 20465759.8\text{m}$,其中央子午线经度为117°;当采用3°带时,B 点则位于第39带,则 $Y_B = 39465759.8\text{m}$。

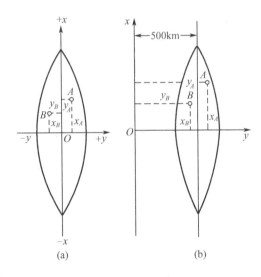

图 1-5 高斯平面直角坐标

我国于1954年建成了国家平面控制网,在全国实现了统一的高斯平面直角坐标系统,称为"1954年北京坐标系",该坐标系实际上是沿用苏联1942年的坐标系,由于该坐标系与我国的实际情况相差较大,后于1980年将大地原点设在陕西省泾阳县永乐镇,建成了新的国家平面控制网,并命名为"1980年国家坐标系"。

3. 平面直角坐标

平面直角坐标系又称为独立坐标系。当测图范围较小时,可以把该区域的球面视为平面,将地面点直接沿铅垂线方向投影到水平面上。如图 1-6,以相互垂直的纵横轴建立平面直角坐标系。纵轴为 X 轴,向上(北)为正,向下(南)为负;横轴为 Y 轴,向右(东)为正,向左(西)为负;X 轴和 Y 轴的交点 O 为坐标原点;坐标象限自纵轴北方向起顺时针编号。

当采用独立坐标系作为测绘某区域地形图的坐标系统时,为避免坐标出现负值,通常取该区域外缘的西南点作为坐标原点,并设法使 X 轴的正方向近似于实际的北方向。

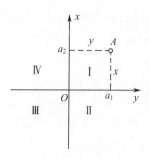

图 1-6 平面直角坐标

1.3.2 高程

确定地面上一点的空间位置,除了其平面位置外,还需要高程。高程分为绝对高程和相对高程。

1. 绝对高程

地面上一点沿铅垂线方向到大地水准面的距离,称为该点的绝对高程,简称高程或海拔。绝对高程一般用 H 表示,例如图 1-7 中的 H_A 和 H_B。

2. 相对高程

地面上一点沿铅垂线方向到任意水准面的距离,称为该点的相对高程,或称假定高程。如图 1-7 中的 H'_A 和 H'_B。两点的高程之差,称为高差。图 1-7 中 A、B 两点之间的高差为

$$h_{AB} = H_B - H_A = H'_B - H'_A$$

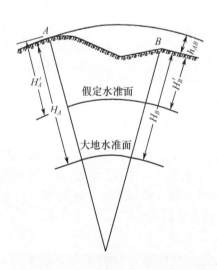

图 1-7 绝对高程和相对高程

3. 高程系统

1980 年以前,我国主要采用"1956 年黄海高程系",它利用青岛验潮站 1950 年~1956 年观测资料求得的黄海平均海水面作为高程基准面。因观测时间较短,准确性较差,后改用 1953 年~1979 年的观测资料重新推算,并命名为"1985 年国家高程基准"。国家水准原点设于青岛市观象山,水准原点在"1956 年黄海高程系"中的高程为 72.289m,在"1985 年国家高

程基准"中的高程为 72.260m,两者相差 0.029m。如果某点在 1956 年黄海高程系中的高程为 H_{56},在 1985 年国家高程基准中的高程为 H_{85},则有 $H_{85} = H_{56} - 0.029$,但这仅是一个近似值。

我国在解放前曾采用过以不同地点的平均海水面作为高程基准面,建立了不同的高程系统,如废黄河高程系统、吴淞口高程系统等。由于高程基准面不同,因此在收集和使用高程资料时,应注意水准点所在的高程系统,不可混用。

1.4 地球曲率对测量工作的影响

当进行大区域测量工作时,应当把地球表面看作球面,地形测量时应采用高斯平面直角坐标。当测区的面积较小时,又可以把球面视为平面,即以水平面代替水准面,其结果仍能满足精度要求。

1.4.1 地球曲率对水平距离的影响

如图 1-8,设地面上有 A'、B' 两点,在球面上的投影分别为 A、B,在水平面上的投影为 A、C。若以平面上的距离 AC(设为 t)代替球面上的距离 AB(设为 d),其误差为

$$\Delta d = t - d = R\tan\alpha - R\alpha$$

式中,R 为地球半径,约 6371km;α 为弧长 d 所对的圆心角。

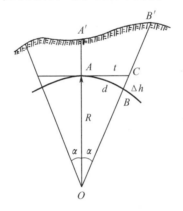

图 1-8 用水平面代替水准面

将 $\tan\alpha$ 用级数展开,并取级数前两项,则

$$\Delta d = R\alpha + \frac{R\alpha^3}{3} - R\alpha = \frac{R\alpha^3}{3}$$

因 $\alpha = \dfrac{d}{R}$,故

$$\Delta d = \frac{d^3}{3R^2} \tag{1-3}$$

以不同的 d 值代入式(1-3),求得相应的 Δd 和 $\Delta d/d$ 值列于表 1-1。由表 1-1 中可看出,当距离为 10km 时,用水平面代替水准面产生的相对误差为 1/120 万,这个误差小于目前精密量距的允许误差,因此在半径小于 10km 的区域内,地球曲率对水平距离的影响可以忽略不计,即可以用水平面代替水准面。

表 1-1 地球曲率对水平距离和高程的影响

距离 d/m	距离误差 $\Delta d/mm$	距离相对误差 $\Delta d/d$	高程误差 $\Delta h/mm$	距离 d/km	距离误差 $\Delta d/mm$	距离相对误差 $\Delta d/d$	高程误差 $\Delta h/mm$
100	0.000008	1/1250000 万	0.8	10	8.2	1/120 万	7850.0
1000	0.008	1/12500 万	78.5	25	128.3	1/19.5 万	49050.0

1.4.2 地球曲率对高程的影响

如图 1-8 所示，地面点 B' 在水准面和水平面上的投影分别为 B 和 C，B 和 C 两点的高程显然是不同的，设其高差为 Δh，从图中可以看出，$\angle CAB = \alpha/2$，因该角很小，若以弧度表示，则有

$$\Delta h = \frac{d\alpha}{2}$$

因 $\alpha = \frac{d}{R}$，故

$$\Delta h = \frac{d^2}{2R} \tag{1-4}$$

以不同的距离 d 代入式(1-4)，算得相应的 Δh 值列于表 1-1 中。由表 1-1 可见，对高程测量来说，即使距离很短，也不能忽视地球曲率对高程的影响。

1.5 测量的基本工作和原则

1.5.1 测量的基本工作

测量学的主要任务之一是研究地面点相互位置关系，即确定地面上点与点之间的平面位置和高程位置的关系。

如图 1-9，设 A、B、C 为地面上三个点，如果 A 点的位置已知，要确定 B 点与 A 点的平面位置关系，不仅要知道 B 点在 A 点的哪一个方向，还要知道 B 点到 A 点之间的水平距离。图

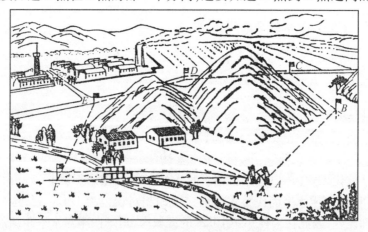

图 1-9 测量工作和原则示意图

上 AB 的方向可用通过 A 点的北方向与 AB 连线之间的夹角(水平角)α 来表示，α 角称为方位角。如果还要确定 C 点的位置，则要测量 B 点上相邻两条边之间的水平夹角和 B 到 C 点之间的水平距离。

实地上，A、B、C 三点的高程可能是不同的，因此要确定它们的位置关系，除平面位置外，还要知道它们的高低关系，即 A、B、C 三点的高程或它们之间的高差，这样 A、B、C 三点之间的位置关系就确定了。

因此，水平角、水平距离和高程是确定地面点位置关系的三个基本几何要素。测量地面点的水平角、水平距离和高程就是测量的基本工作。

1.5.2 测量的基本原则

测量工作包含多项内容，如地形测量、施工测量和变形监测等。无论哪一种测量工作，其目的都是为了能准确地测量或放样出未知点的平面位置和高程。要测量或放样出许多未知点的平面位置和高程，在一个点上是无法实现的。如图 1-9，在 A 点上只能测量或放样出附近的房屋、道路等平面位置和高程，对于山的另一面或较远的地物就观测不到。此外，对于地形测图来说，总是将一个范围较大的测区划分为若干个小区域进行测量，在保持精度一致的前提下同时平行作业，并要求分散施测的各图幅能拼接成一个整体。要解决这些问题，测量工作中就必须按照一定的原则进行，即"从整体到局部，由高级到低级"，落实到实际工作中就是"先控制测量，后碎部测量"。

控制测量包括平面控制测量和高程控制测量。如图 1-9，根据作业要求和地形条件，在测区内选择一定数量的具有控制作用的地面点 A、B、C、D、E、F 等建立固定的测量标志(标石或觇标等)，将这些点按照某种连接关系构成一个控制网，采用满足精度要求的仪器，按照一定的观测方法和要求，测定这些点的平面位置和高程，以控制整个测区。当进行地形测图时，先将这些点按照规定的比例尺展绘到图纸上，然后到实地以这些点为依据，测量出附近的房屋、道路等地物和地貌的特征点，对照实地情况，按照规定的符号描绘成图。当首级控制点的数量不能满足测图需要时，还要根据精度要求，采用一定的方法增加控制点的数量，以满足测图要求。由于控制点之间既相互联系，又彼此独立，即使测图过程中局部出现差错，也不会影响到全局。这个道理也同样适用于施工测量和变形观测。

思考题

1. 测量学的研究对象及主要任务是什么？
2. 什么叫水准面和大地水准面？有何区别？
3. 什么叫参考椭球面和参考椭球体？
4. 如何理解高斯平面直角坐标和平面直角坐标的区别？
5. 什么叫绝对高程和相对高程？使用高程资料时应注意什么？
6. 如何理解水平面代替水准面的限度问题？
7. 测量的基本工作和基本原则是什么？

第 2 章

水准测量

测量地面点高程的方法有水准测量、三角高程测量和气压高程测量等,其中水准测量是测定地面点高程的主要方法。

2.1 水准测量原理

水准测量就是利用水准仪提供的水平视线对竖立在两点上的标尺进行读数,求得两点间的高差,进而推算出地面点的高程。

图 2-1 中,已知 A 点的高程为 H_A,要测定 B 点的高程 H_B。在 A、B 两点间安置一台水准仪,在 A、B 两点上各竖立一根有分划的水准标尺,调整水准仪使视线水平,并利用水平视线分别读取两标尺上的读数 a、b,则 A、B 两点之间的高差为

$$h_{AB} = a - b \tag{2-1}$$

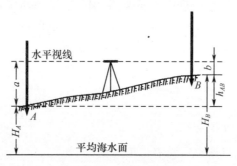

图 2-1 水准测量原理

这种将仪器安置在两标尺之间的水准测量,也称为中间水准测量。若水准测量路线的方向确定为从 A 到 B,则称 A 点为后视点,称 B 点为前视点,A 点和 B 点标尺上的读数分别称为后视读数和前视读数。无论观测方向如何,两点之间的高差总是等于后视读数减去前视读数,高差的正、负号在计算中随之确定,高差为正时,表明 B 点高于 A 点,反之则低于 A 点。高差的正、负号与水准路线的观测方向一致,从理论上讲,h_{AB} 和 h_{BA} 应大小相等,符号相反。

计算 B 点高程的方法有两种:一是由高差计算高程,即

$$H_B = H_A + h_{AB} \qquad (2-2)$$

二是由仪器的视线高程计算高程,这种方法通常称为间视水准测量,利用这种方法可以求出一个测站上多个前视点的高程。图 2-1 中,A 点的视线高程等于 A 点的高程加后视读数,用 H_i 表示,则 B 点的高程为

$$H_B = H_i - b = (H_A + a) - b \qquad (2-3)$$

在高程控制测量中,一般采用中间水准测量方法,而间视水准测量通常用于一般的工程测量。

当地面 A、B 两点相距较远或高差较大时,安置一次仪器难以测出两点间高差,可以采用连续中间水准测量的方法,即在两点之间连续设置若干次仪器和作为临时传递高程的立尺点,这些立尺点称为转点,每设置一次仪器称为一个测站,通过每个测站上测得的高差 h_1、h_2、$\cdots$,根据式(2-4)求出 A、B 两点之间的高差,若已知 A 点的高程,则可通过式(2-2)求得 B 点的高程。

$$h_{AB} = h_1 + h_2 + \cdots = (a_1 - b_1) + (a_2 - b_2) + \cdots = \sum a - \sum b \qquad (2-4)$$

2.2 水准仪及其使用

水准仪是水准测量时用于提供水平视线的仪器。我国对水准仪按其精度从高到低分为 DS_{05}、DS_1 和 DS_3 等几种类型,其中符号"D"代表大地测量仪器的总代号,"S"为水准仪汉语拼音的第一个字母,下标是指水准仪所能达到的标称精度,即每千米往返测高差中数中误差 (mm/km)。下标数字越小,表示水准仪的标称精度越高。不同的水准测量有不同的精度要求,对投入测量的水准仪类型也有相应的要求,水准测量精度要求越高,对水准仪标称精度的要求就越高。

2.2.1 DS_3 水准仪

如图 2-2 所示 DS_3 水准仪由望远镜、水准器和基座三个主要部分组成。仪器通过基座上的连接螺旋与三脚架连接,基座下三个脚螺旋用于仪器的粗略整平。望远镜一侧装有一个管水准器,当转动微倾螺旋使管水准器气泡居中时,望远镜视线水平。仪器在水平方向的转动,由水平制动螺旋和水平微动螺旋控制。

1. 望远镜

望远镜的基本构造如图 2-3 所示,它由物镜、对光透镜、十字丝板和目镜组成。物镜由一组透镜组成,相当于一个凸透镜。根据几何光学原理,被观测的目标经过物镜和对光透镜后,于十字丝附近成一个倒立实像。由于被观测的目标离望远镜的距离不同,可转动对光螺旋使对光透镜在镜筒内前后移动,使目标的实像能清晰地成像于十字丝分划板上,再经过目镜的作用,使倒立的实像和十字丝同时放大而变成倒立放大的虚像。放大的虚像与眼睛直接看到的目标大小的比值,即为望远镜的放大率。DS_3 水准仪望远镜的放大率约为 30 倍。

为了用望远镜精确照准目标进行读数,在物镜筒内光阑处装有十字丝分划板,其类型多样,如图 2-4 所示。图中相互正交的两根长丝称为十字丝,其中垂直的一根称为竖丝,水平的一根称为中丝或横丝。横丝上、下方的两根短丝是用于测量距离的,称为视距丝。

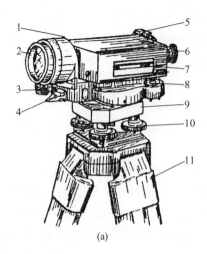 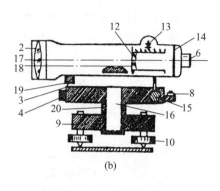

图 2-2 DS$_3$ 水准仪

(a) 外形图；(b) 构造图。

1—准星；2—物镜；3—微动螺旋；4—制动螺旋；5—缺口；6—目镜；7—水准管；8—圆水准器；
9—基座；10—脚螺旋；11—三脚架；12—对光透镜；13—对光螺旋；14—十字丝分划板；
15—微倾螺旋；16—竖轴；17—视准轴；18—水准管轴；19—微倾轴；20—轴套。

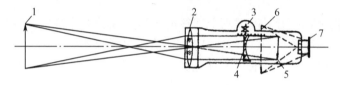

图 2-3 望远镜构造

1—目标；2—物镜；3—对光螺旋；4—对光凹透镜；5—倒立实像；6—放大虚像；7—目镜。

图 2-4 十字丝分划板

2. 水准器

水准器分为圆水准器和管水准器，用于整平仪器。圆水准器如图 2-5 所示，用一个玻璃圆盒制成，装在金属外壳内，所以也称为圆盒水准器。玻璃的内表面磨成球面，中央刻一个小圆圈或两个同心圆，圆圈中点和球心的连线称为圆水准轴。当气泡位于圆圈中央时，圆水准轴处于铅垂状态。普通水准仪圆水准器分划值一般是 8′/2mm。圆水准器的轴线和仪器的竖轴相互平行，所以当圆水准器气泡居中时，表明仪器的竖轴已基本处于铅垂状态，但由于圆水准器的精度较低，所以它主要用于仪器的粗略整平。

管水准器也称符合水准器或水准管，如图 2-6。它是用一个内表面磨成圆弧的玻璃管制成，玻璃管内注满酒精和乙醚的混合物，通过加热和冷却等处理后留下一个小气泡，当气泡与圆弧中点对称时，称为气泡居中。水准管圆弧的中心点 S 称为水准器的零点，过零点和圆弧相切的直线(HH')称为水准器的水准轴。水准管的中央部分刻有间距为 2mm 的与零点左右对称的分划线,2mm 分划线所对的圆心角表示水准管的分划值,分划值越小,灵敏度越高。DS_3 水准仪的水准管分划值一般为 $20''/2\text{mm}$。

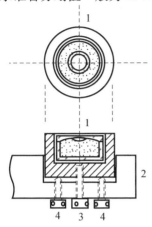 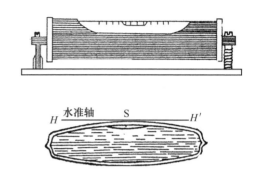

图 2-5 圆水准器及其安装
1—圆水准器；2—仪器支架；
3—固定螺丝；4—校正螺丝。

图 2-6 管水准器

水准仪上的水准管与望远镜连在一起,水准管轴与望远镜的视准轴平行,当水准管气泡居中时,水准管轴处于水平状态,望远镜也就得到一条水平视线。目前生产的水准仪,都在水准管上方设置一组棱镜,通过内部的折光作用,可以从望远镜旁边的小孔中看到气泡两端的影像,并根据影像的符合情况判断仪器是否处于水平状态。

2.2.2　水准标尺和尺垫

与 DS_3 水准仪配套使用的标尺,常用干燥而良好的木材或玻璃钢制成。尺的形式有直尺、折尺和塔尺,如图 2-7。一般用于三、四等水准测量和图根水准测量的标尺是长度整 3m 的双面(黑面和红面)木质标尺,黑面为黑白相间的分格,红面为红白相间的分格,分格值均为 1cm。尺面上每 5 个分格组合在一起,每分米处注记倒写的阿拉伯数字,读数视场中即呈现正像数字,并由上往下逐渐增大,所以读数时应由上往下读。

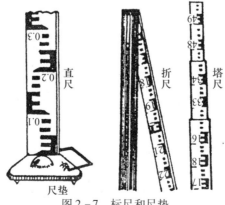

图 2-7 标尺和尺垫

尺垫也称尺台,其形式主要有三角形和圆形。尺垫用于转点上,每对标尺配有两个尺垫。测量时为防止标尺下沉,通常将尺垫踩入土中,再把标尺竖立在尺垫的半圆球顶上。

2.2.3 水准仪的使用

1. 安置水准仪

支开三脚架并使架头大致水平,踩紧三脚架,将水准仪放在架头上,旋紧中心连接螺旋使之固定。为保证仪器的稳定与安全,三脚架张开的幅度不宜太大,也不宜过小。

2. 粗略整平

利用水准仪的三个脚螺旋使圆水准气泡居中,整平方法如图2-8所示。用双手按图2-8(a)箭头所指方向同时转动一对脚螺旋,使气泡移到中央位置,再按图2-8(b)旋转第三个脚螺旋,使圆水准气泡居中,此时水准仪已粗略整平。

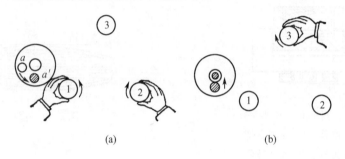

图2-8 水准仪的粗平

3. 照准标尺

如图2-9所示,照准标尺读数时,若对光不好,尺像不会落在十字丝分划板上,这时眼睛在目镜端从a点移到b点和c点,按十字丝交点在水准尺上读数相应为a'、b'和c',即眼睛上下移动,读数随之变化,这种现象称为十字丝视差。所以在照准标尺读数前,应调节目镜调焦螺旋使十字丝清晰,再调节物镜对光螺旋使尺像清晰,反复调节两螺旋,直至十字丝和水准尺成像均清晰,此时视差已消除,眼睛上下移动时读数稳定。

4. 精确整平

每次读数前,要调节微倾螺旋使符合水准管气泡居中,如图2-10(b)。此时水准仪视线已处于精确水平状态。

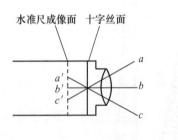

图2-9 十字丝视差

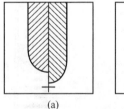
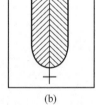

图2-10 水准仪精平

5. 读数

当水准仪视线水平时,即可读取望远镜中丝在标尺上的读数。读数时由小往大读4位数,其中前3位直接读出,第4位估读。图2-11中,望远镜的中丝读数为1.848m。照准另一根标尺读数时,应先使符合水准气泡重新居中,然后再进行中丝读数。

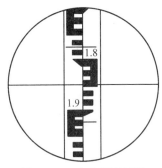

图 2-11 水准标尺读数

2.2.4 精密水准仪介绍

DS_3 水准仪属于普通水准仪,其精度只能用于三等及三等以下的水准测量。以下介绍的几种精密水准仪,它们可以用于二等精密水准测量。

1. DS_1 精密水准仪

图 2-12 所示为北京测绘仪器厂生产的 DS_1 精密水准仪,与之配套使用的是分格值为 5mm 的精密水准标尺。该水准仪望远镜的放大倍率为 40 倍,物镜的有效孔径为 50mm,水准管的格值为 10″/2mm。该仪器具有高精度的测微器装置,测微器的量测范围为 5mm,测微器分划尺有 100 个分格,最小格值为 0.05mm。

DS_1 水准仪的使用方法如下:

(1) 安置仪器,转动三个脚螺旋使圆水准器气泡居中,即粗平。

(2) 用望远镜照准标尺,转动微倾螺旋使符合水准器气泡居中,即精平。

(3) 转动测微轮,使十字丝的楔形丝准确夹住标尺上的一根基本分划,则基本分划的读数(单位:cm)可直接由标尺上读出,尾数(mm 及以下)在测微器读数窗中读出,整个读数就等于基本分划的读数加上尾数的读数。

2. Koni 007 自动安平水准仪

Koni 007 是一种自动安平水准仪,当圆水准器气泡居中后即可进行观测,其外形如图 2-13 所示。这种仪器与一般卧式水准仪不同,呈直立圆筒状,在同样的情况下,其视线离地面较一般的卧式水准仪要高,有利于减弱地面折光的影响,再加上有自动安平的优点,使用起来非常方便。

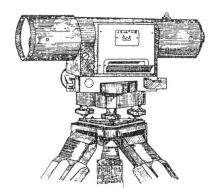

图 2-12 DS_1 精密水准仪

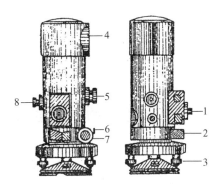

图 2-13 Koni 007 自动安平水准仪

1—测微器;2—圆水准器;3—脚螺旋;
4—保护玻璃;5—调焦螺旋;6—制动扳手;
7—微动螺旋;8—望远镜目镜。

Koni 007 水准仪的望远镜放大倍率为 31.5 倍,物镜有效孔径为 40mm,补偿器的最大作用范围为 10′,圆水准器的灵敏度为 8′/2mm,当圆水准器气泡偏离中央小于 2mm 时,补偿器就可以达到正确的补偿。

该仪器测微器的量测范围为 5mm,与分格值为 5mm 的精密铟瓦水准标尺配套使用。用这种标尺测得的高差值也比实际的值扩大了 1 倍,因此观测高差除以 2 后才是正确的高差值。

3. NA 2000 数字编码水准仪

瑞士 Leica 仪器公司于 1989 年首先推出数字编码自动安平水准仪 NA 2000,其外形如图 2 – 14 所示。该仪器利用现代电子工程学原理,采用传感器识别水准标尺上的条形码分划,经信息转换处理后得到观测值,并以数字形式显示或存储在计算机中,从而实现了水准测量的自动化和数字化。

图 2 – 14　NA2000 数字编码水准仪

与该仪器配套使用的水准标尺由膨胀系数极小的玻璃纤维合成材料制成。水准标尺总长 4.05m,为双面分划三段折接式,每段长度 1.35m。标尺两面分别有条形码和厘米分划,条形码分划供观测时电子扫描用,厘米分划可与其他水准仪配套使用。该水准仪内藏摆式自动安平补偿器,其有效补偿范围为 ±12′。

2.3　水准测量的基本方法

国家高程控制网按精度由高到低分为 4 等,一、二等高程控制网是国家高程控制的基础,三、四等则主要用于地形测量和工程测量的高程控制。等外水准测量精度上低于四等水准测量,主要用于地形测图中的图根高程控制和一般的工程测量。本节主要介绍等外水准测量的基本方法。

2.3.1　水准路线的布设形式

水准路线根据不同的情况和要求,可布设成闭合水准路线、附合水准路线、支水准路线和水准网等形式。

1. 闭合水准路线

如图 2 – 15(a),由一个已知高程的水准点起,沿一条环形路线进行水准测量,最后又回到该起点,这种水准路线称为闭合水准路线。

2. 附合水准路线

如图2-15(b),由一个已知高程的水准点起,沿一条路线进行水准测量,最后连测到另一个已知高程的水准点上,这种水准路线称为附合水准路线。

3. 支水准路线

如图2-15(c),由一个已知高程的水准点起,沿一条路线进行水准测量,既不回到起点,也不连测到另一个已知高程的水准点上,这种水准路线称为支水准路线。

4. 水准网

如图2-15(d),由几条单一的水准路线彼此相连成网状,这种形式的水准路线称为水准网。水准网中单一水准路线之间相互连接的点称为结点。

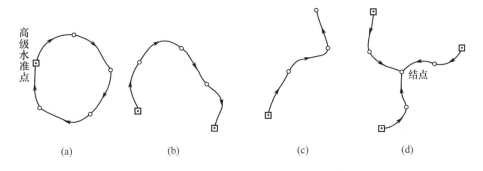

图2-15 水准路线布设形式

等外水准路线中,闭合水准路线和附合水准路线一般采用单程观测,支水准路线一般采用往返观测或单程双次观测。仪器到标尺的距离(视线长度)一般应小于100m,每测站后、前视距之差应小于10m,整条路线视距累积差应小于50m。如果采用双面标尺读数,同一标尺黑、红面读数之差和同一测站黑、红面高差之差都有要求,这将在高程控制测量中介绍。

2.3.2 水准测量的外业实施

前已述及,当两点相距较远或高差较大时,需连续设站,依次测量各段高差,再计算两点之间的高差。

如图2-16,水准路线的前进方向由A到B。测量时,先将一根标尺竖立在已知水准点A上作为后视点,在适当位置选择第一个转点T_1竖立另一根标尺作为前视点,在两标尺之间近

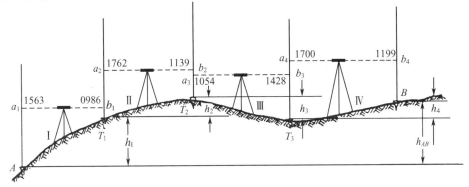

图2-16 水准测量示意图

于 1/2 的地方安置水准仪,调节脚螺旋高度使圆水准气泡居中,望远镜瞄准后视标尺,制动水准仪,消除视差,调节微倾螺旋使符合水准管气泡严格居中,用中丝读取后视读数,记入观测手簿;松开制动螺旋,望远镜瞄准前视标尺,依同样方法测、记前视读数,并及时计算出该测站的高差。

第一测站测完并检核无误后,前视标尺位置不动并作为第二测站的后视标尺,原后视标尺移到 T_2 点作为前视标尺,水准仪置于中间进行第二测站观测与记录。依此类推,直至观测到另一固定点 B。水准测量的记录与计算示例见表 2-1。值得一提的是,两个固定点之间应尽可能安排成偶数站,其理由将在后续章节中阐述。

2.3.3 水准测量的内业计算

水准测量的最终目的是获得水准路线上各个未知点的高程。水准测量外业观测结束后,在内业计算前,必须对外业观测手簿进行全面细致的检查,在确认无误后方可进行内业计算。具体计算时,可以在绘制的草图上进行计算,也可以在计算表格中进行计算,还可以编制计算机程序进行计算。

1. 计算相邻固定点之间的高差和距离(或测站数)

为了计算的方便,通常绘制一个水准路线略图,注写出起点、终点的名称和沿线各固定点的点号,并用箭头标出水准路线的观测方向。根据手簿上的观测成果,计算出沿线各相邻固定点之间的高差和距离(或测站数),分别注记在路线略图相应位置的上方和下方,最后计算水准路线的总高差和总距离(或总测站数)。如果在表格中计算,可以把各段的高差和距离(或测站数)填在表格的相应位置。

2. 计算水准路线的高差闭合差和允许闭合差

闭合水准路线实测的高差总和 $\sum h_{测}$ 应与其理论值 $\sum h_{理}$ 相等,都应等于零。但由于测量中不可避免地带有误差,使观测所得的高差之和不一定等于零,其差值称为高差闭合差,若用 f_h 表示高差闭合差,则

$$f_h = \sum h_{测} - \sum h_{理} = \sum h_{测} \qquad (2-5)$$

附合水准路线实测的高差总和 $\sum h_{测}$ 理论上应与两个水准点的已知高差 ($H_{终} - H_{始}$) 相等。同样由于观测误差的影响,$\sum h_{测}$ 与 $\sum h_{理}$ 不一定相等,其差值称为高差闭合差,即

$$f_h = \sum h_{测} - \sum h_{理} = H_{始} + \sum h_{测} - H_{终} \qquad (2-6)$$

支水准路线因无检核条件,一般采用往、返观测。支水准路线往测的高差总和 $\sum h_{往}$ 与返测的高差总和 $\sum h_{返}$ 理论上应大小相等,符号相反,即往、返测高差的代数和应为零。同样由于测量含有误差,其代数和不为零,产生高差闭合差,即

$$f_h = \sum h_{往} + \sum h_{返} \qquad (2-7)$$

高差闭合差的大小反映观测成果的质量。闭合差允许值的大小与水准测量的等级有关,对等外水准测量,可以根据下式计算

$$\begin{cases} f_{h允} = \pm 40\sqrt{L}\,(\text{mm}) \\ f_{h允} = \pm 10\sqrt{n}\,(\text{mm}) \end{cases} \tag{2-8}$$

式中，L 为水准路线总长(km)；n 为测站总数。

如果高差闭合差不超过允许闭合差，可进行后续计算。如果高差闭合差超过允许闭合差，应先检查已知数据有无抄错，再检查有关计算有无错误。当确认内业计算无误后，应根据外业测量中的具体情况，分析可能产生较大误差的测段进行复测检查，直到满足高差闭合差的限差要求。

3. 计算高差改正数

水准路线的高差闭合差在实际测量中是难以避免的，其大小主要是由各测站的观测误差累积而成，水准路线越长或测站数越多，累积误差就可能越大，也就是说，误差与路线长度或测站数成正比。有了闭合差，就要进行闭合差的调整。高差闭合差调整的方法是：将高差闭合差反号，按距离或测站数成正比分配到各段高差观测值中。每段所分配的量值称为高差改正数，计算公式为

$$v_i = -\frac{f_h}{\sum l_i} \cdot l_i$$

或

$$v_i = -\frac{f_h}{\sum n_i} \cdot n_i \tag{2-9}$$

式中，$\sum l_i$ 为水准路线总长；l_i 为第 i 段长度（$i=1,2,\cdots$）；$\sum n_i$ 为测站总数；n_i 为第 i 段测站数；v_i 为第 i 段高差改正数。

根据上述公式算得的高差改正数的总和应当与闭合差大小相等，符号相反，这是计算过程中的一个检核条件。在计算中，若因尾数取舍问题而不符合此条件，可通过适当取舍而使之符合。

式(2-9)一般只用于闭合和附合水准路线的计算，支水准路线不需计算高差改正数。

4. 计算改正后的高差

各测段的观测高差加上各测段的高差改正数，就等于各测段改正后的高差。

$$h'_i = h_i + v_i \tag{2-10}$$

式中，h'_i 为改正后的高差；h_i 为高差观测值。

对于支水准路线，各测段改正后的高差，其大小取往测和返测高差绝对值的平均值，符号与往测相同。

5. 计算各点的高程

用水准路线起点的高程加上第一测段改正后的高差，即等于第一个点的高程。用第一个点的高程加上第二测段改正后的高差，即等于第二个点的高程。依此类推，直至计算结束。对于闭合水准路线，终点的高程应等于起点的高程；对于附合水准路线，终点的高程应等于另一个已知点的高程；支水准路线无检核条件，计算过程中应特别细心。

例 2-1：一条支水准路线，A 为起点，B 为终点，往测方向由 A 到 B。线路上共安置 4 次测站，3 个转点（$T_1 \sim T_3$），详细记录与计算见表 2-1。

表2-1 支水准路线观测记录与计算

测站	测点	后视读数/m	前视读数/m	高差/m +	高差/m -	高程/m	备注
1	A	1.563		0.577		19.431	
	T_1		0.986				
2	T_1	1.762		0.623			
	T_2		1.139				
3	T_2	1.054			0.374		
	T_3		1.428				
4	T_3	1.700		0.501		20.758	
	B		1.199				
计算校核		$\sum a$ 6.079	$\sum b$ 4.752	$\sum h = 1.327$ $\sum a - \sum b = 1.327$			

已知A点的高程为19.431m,若该支水准路线仅为单向观测,高差h_{AB}为1.327m,则B点的高程$H_B = 19.431 + 1.327 = 20.758$m;若该支水准路线为往返观测,返测高差为$h_{BA}$ = -1.335m,则B点的高程为$H_B = 19.431 + (1.327 + 1.335)/2 = 20.762$m。

例2-2:一条闭合水准路线,已知水准点A的高程为16.330m,水准路线上有3个固定点1、2、3,按$A-1-2-3-A$顺序,各测段高差和测站数分别为$h_1 = +1.596$m,$n_1 = 3$;$h_2 = -0.231$m,$n_2 = 4$;$h_3 = +4.256$m,$n_3 = 12$;$h_4 = -5.642$m,$n_4 = 6$。求各固定点高程。

解:(1)求高差闭合差和允许闭合差

$f_h = 1.596 - 0.231 + 4.256 - 5.642 = -21(\text{mm})$

$f_{h允} = \pm 10\sqrt{25} = \pm 50(\text{mm})$

(2)求各测段高差改正数

$v_1 = -\dfrac{-21}{25} \times 3 = 3(\text{mm}), v_2 = -\dfrac{-21}{25} \times 4 = 3(\text{mm})$

$v_3 = -\dfrac{-21}{25} \times 12 = 10(\text{mm}), v_4 = -\dfrac{-21}{25} \times 6 = 5(\text{mm})$

(3)求各测段改正后的高差

$h_{A1} = 1.596 + 0.003 = 1.599(\text{m}), h_{12} = -0.231 + 0.003 = -0.228(\text{m})$

$h_{23} = 4.256 + 0.010 = 4.266(\text{m}), h_{3A} = -5.642 + 0.005 = -5.637(\text{m})$

(4)求未知点高程

$H_1 = 16.330 + 1.599 = 17.929(\text{m}), H_2 = 17.929 - 0.228 = 17.701(\text{m})$

$H_3 = 17.701 + 4.266 = 21.967(\text{m}), H_A = 21.967 - 5.637 = 16.330(\text{m})$

例2-3:一条附合水准路线,两个已知水准点的高程分别为$H_A = 8.924$m,$H_B = 9.899$m,水准路线的观测方向由A到B,水准路线中有两个固定点1、2。现已测得各测段的高差和距离如下:$h_{A1} = -1.362$m,$d_{A1} = 463$m;$h_{12} = 2.791$m,$d_{12} = 518$m;$h_{2B} = -0.484$m,$d_{2B} = 314$m。求各固定点高程。

解:按附合水准路线的计算步骤进行计算,见表2-2。

表 2-2 附合水准路线高程计算

点号	距离/m	高差/m		改正后高差/m	高程/m	备注
		观测值	改正数			
A					8.924	1985 年国家高程基准
1	463	-1.362	+0.011	-1.351	7.573	
2	518	+2.791	+0.012	+2.803	10.376	
B	314	-0.484	+0.007	-0.477	9.899	
∑	1295	+0.945	-0.030	+0.975		

2.4 水准仪的检验与校正

利用水准仪进行水准测量时，水准仪必须能够提供一条水平视线。由于水准仪是由多个不同的部件组合而成，因此水准仪结构上必须满足一定的条件。水准仪结构上的关系是用其轴线上的关系来表示的，如图 2-17 所示，水准仪各轴线应满足下列条件：

（1）圆水准轴平行于仪器的竖轴，即 $LL//VV$。
（2）十字丝的横丝垂直于竖轴。
（3）水准管轴平行于视准轴，即 $HH//CC$。

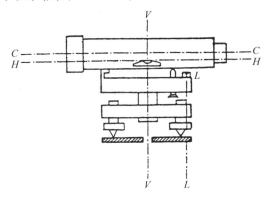

图 2-17 水准仪的主要轴线关系

由于水准仪本身的结构变化和外界因素的影响，这些轴线关系经常不能得到满足，从而影响水准测量的精度。水准仪的检验分为外部的检视和内部的检验。外部检视主要是检视其外观有无破损，各个螺旋运行是否正常等。内部检验是通过一定的检验方法，检验仪器是否满足正确的轴线关系，必要时进行仪器的校正，以保证观测成果的精度。

2.4.1 圆水准轴平行于仪器竖轴的检校

圆水准器用于粗略整平水准仪。如果圆水准轴不平行于仪器的竖轴，当圆水准器气泡居中时，仪器的竖轴不处于竖直状态。如果竖轴倾斜过大，即使圆水准器气泡居中，管水准气泡可能很难居中，即仪器不能得到精确整平。

检验方法：转动三个脚螺旋使圆水准器的气泡居中，然后将望远镜旋转 180°，如气泡仍然居中,说明圆水准器轴平行于仪器的竖轴,否则不满足此条件。当气泡偏离中央较多时,应予校正。

校正方法:如图2-18,望远镜旋转180°后,气泡偏离中央而处于 a 位置,表示校正螺丝1的一侧偏高。校正时,转动脚螺旋使气泡从 a 位置朝圆水准器中心方向移动偏离量的1/2,到图中 b 所在的位置,此时仪器竖轴基本处于竖直状态,然后调节三个校正螺丝(即通过旋进旋出圆水准器下部的三个校正螺丝)使气泡居中。这种检验和校正的过程应反复几次,直到仪器旋转至任何位置,其气泡始终处于中央位置。

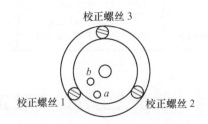

图2-18 圆水准器的校正

2.4.2 十字丝横丝垂直于竖轴的检校

水准测量是利用十字丝分划板上的横丝进行标尺读数的,当仪器的竖轴处于铅垂位置时,应严格要求十字丝的横丝处于水平位置,否则用十字丝横丝的不同部位读数将产生误差,直接影响水准测量的精度。

检验方法:整平仪器后,用望远镜十字丝横丝的一端严格对准某一固定物体(如墙壁等)上的一点 A,如图2-19(a)。旋紧照准部制动螺旋,转动微动螺旋,同时观察 A 点是否一直在横丝上移动。如果 A 点如图2-19(b)偏离横丝,说明十字丝横丝不垂直于仪器的竖轴,需要校正。如果 A 点始终在横丝上移动,则说明十字丝横丝垂直于仪器的竖轴。

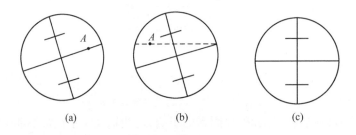

图2-19 十字丝位置正确性的检验

校正方法:校正方法依校正设备的不同而略有区别。一种方法是旋开目镜护盖,松开十字丝分划板座4颗固定螺丝,轻轻转动整个十字丝环,直到十字丝横丝始终对准照准点为止,然后将校正螺丝旋紧,盖好护盖。另一种方法是在目镜镜筒上有3颗埋头螺丝,它们固定十字丝分划板座,校正时只要松开其中任意2颗,并轻轻转动十字丝分划板,使横丝水平或使竖丝竖直,再将埋头螺丝旋紧。

2.4.3 水准管轴平行于视准轴的检校(i 角的检校)

水准测量要求水准仪提供一条水平视线,如果水准管轴平行于视准轴,那么当水准管气泡居中时,仪器的视准轴就处于水平状态了。如果不满足此条件,读数误差必将影响观测成果的质量。i 角的检校方法有多种,但基本原理是一致的。下面介绍一种适合于 DS_3 水准仪的检校方法。

检验方法:如图 2-20 所示,在比较平坦的地面上选择 A、B 两点作为固定点,并用木桩或两个尺垫标志,A、B 两点间的距离满足 $D_1 = D_2 = D = 20.6$ mm。检验时,首先将水准仪安置于 A、B 的中点处,在符合水准气泡居中的情况下,分别读取 A、B 水准标尺上的读数为 a_1 和 b_1,这两个读数都含有 i 角误差的影响,即都为倾斜视线的读数。但是,由于仪器到 A、B 两点的距离相等,所以 i 角对前、后视读数的影响相同,即 $x_1 = x_2$,所以 A、B 两点间的正确高差为

$$h_1 = a - b = a_1 - b_1$$

然后,保持 A、B 点标尺不动,将仪器移至 B 点附近,整平仪器,分别对远尺 A 和近尺 B 读数 a_2 和 b_2,求得第二次高差为 $h_2 = a_2 - b_2$。

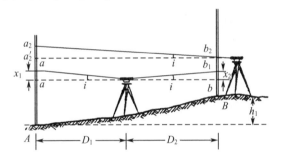

图 2-20 i 角的检验

若 $h_2 = h_1$,说明仪器的水准管轴平行于视准轴,无 i 角误差,不需校正;若 $h_2 \neq h_1$,说明仪器的水准管轴不平行于视准轴,即存在 i 角误差,若设 $x_a = h_2 - h_1$,则 i 角的大小通过下式计算

$$i'' = \frac{x_a}{2D} \cdot \rho'', \rho = 206265 \tag{2-11}$$

测量规范一般对 i 角的大小有明确的要求,当 i 角误差超过要求时,应予校正。

校正方法:校正时,仪器仍在 B 点。由于仪器在 B 点附近,i 角对近尺读数 b_2 的影响很小,可以忽略不计,而只考虑 i 角对远尺的影响。校正前,首先应计算出远尺的正确读数 a_2',由图 2-20 可知,$a_2' = h_1 + b_2$。转动微倾螺旋,使远尺上的读数由 a_2 变为 a_2',此时视线水平,但符合水准气泡不居中。用校正针拨动水准管上、下两个校正螺丝使符合气泡重新居中,这时水准管轴就平行于视准轴了。校正时,一般稍微松开上下校正螺丝当中的任一个,然后通过松上紧下或松下紧上,使气泡移动并逐渐居中。校正中必须先松后紧,校正后必须使校正螺丝与水准管的支柱处于顶紧状态。为了使检校的效果更完善,此项工作应反复进行几次,直到符合要求为止。

例如,对某台 DS_3 水准仪的 i 角进行检校,其记录与计算列于表 2-3。

表 2-3 i 角检校的记录与计算

仪器在 A、B 两点中间		仪器在 B 点附近		备注
	标尺读数/m		标尺读数/m	
a_1	1.650	a_2	1.536	
b_1	1.428	b_2	1.322	$D_1 = D_2 = D = 20.6\text{m}$
h_1	0.222	h_2	0.214	
$x_a = h_2 - h_1 = -8\text{mm}, a'_2 = h_1 + b_2 = 0.222 + 1.322 = 1.544\text{m}$				

根据两个测站的读数算得的高差分别为 0.222m 和 0.214m，因为两次高差相差较大，说明 i 角误差较大。根据 h_1 和 b_2 可以算得 A 尺上的正确读数为 1.544m，然后转动微倾螺旋，使横丝准确切于 A 标尺上的 1.544m，再调节校正螺丝使符合气泡居中。

2.5 水准测量的误差来源与注意事项

测量工作是观测者使用观测仪器在一定的外界条件下所进行的工作，不可避免地会产生误差。因此，水准测量的误差也一般分为仪器误差、观测误差和外界条件的影响等三个方面。对水准测量的误差来源有一个明确的了解之后，在测量工作中就应该注意这些问题，设法减弱或消除这些误差的影响，提高观测成果的质量。

2.5.1 仪器误差

1. 仪器校正不完善的误差

水准管轴与视准轴不平行的误差（即 i 角误差）是一种仪器误差，虽然这种误差在仪器检校时得到了校正，但由于仪器校正不完善或其他原因，还会存在一些残余误差，即水准轴和视准轴之间仍存在一个微小的交角。如图 2-21，水准测量时，设仪器至两标尺之间的距离分别

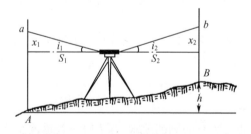

图 2-21 i 角误差的影响

为 S_1 和 S_2，仪器照准两标尺的交角分别为 i_1 和 i_2，交角对两标尺的影响分别为 x_1 和 x_2，当不考虑其他因素的影响时，A、B 两点之间的高差为

$$h = (a - x_1) - (b - x_2) = (a - b) - (x_1 - x_2)$$

因 i_1 和 i_2 都是微小值，故

$$h = (a - b) - \frac{(i_1 \cdot S_1 - i_2 \cdot S_2)}{\rho} \tag{2-12}$$

当外界的条件变化对仪器的影响不大时，可以认为 $i_1 = i_2 = i$，则

$$h = (a - b) - \frac{i}{\rho} \cdot (S_1 - S_2) \qquad (2-13)$$

由此可以看出,测量时只要将仪器安置在 A、B 两点的中间,使得前后视距相等,就可以消除这种误差的影响。由于野外条件的限制,不可能时时做到前后视距完全相等,实际工作中经常对不同测站上的视线长度作出调整,使得一个测站上的前后视距差和两个固定点之间的前后视距累积差尽量地小,以此减弱这种误差的影响。

2. 调焦误差

测量时,当仪器没有安置在前后两标尺的等距离处,要看清标尺就必须进行物镜的调焦。由于仪器加工不够完善,当转动调焦螺旋时,调焦透镜会产生非直线移动而改变视线位置,从而产生调焦误差。要消除这种误差的影响,同样要求前后视距尽量相等,这样当测完后视转向前视时就不需重新调焦或仅作少量调焦就可以了。

3. 水准标尺零点不等的误差

水准标尺的注记是从底部算起的,由于标尺长期使用,其底部可能受到不同程度的磨损,底部到第一分划线之间的距离与实际的注记数字不符,其差数称为一根标尺的零点误差。两根标尺的零点误差之差,称为一对标尺的零点差。如果水准标尺存在零点差,水准测量一个测站的观测高差中就存在这种误差的影响,而在连续两个测站的观测高差之和中,这种误差的影响就抵消了。因此,水准路线的每个测段最好安排成偶数站,以消除一对标尺零点差对高差的影响。

2.5.2 观测误差

1. 整平误差

水准仪的精确整平是通过使符合水准气泡居中来完成的。一般认为,利用符合水准器整平仪器的误差约为 $\pm 0.075\tau''$(τ'' 为水准管分划值),若水准仪到标尺的距离为 D,则由于整平误差而引起的读数误差为

$$m_{\text{平}} = \frac{0.075\tau''}{\rho''} \cdot D \qquad (2-14)$$

由式(2-14)可知,整平误差对读数的影响与水准管分划值及视线的长度成正比。以 DS$_3$ 水准仪为例($\tau'' = 20''/2\text{mm}$),当视线长度 $D = 100\text{m}$ 时,$m_{\text{平}} = 0.73\text{mm}$。因此在读数前必须注意整平仪器,当后视读完转向前视时,应利用微倾螺旋将符合水准气泡再次居中,同时避免阳光直射水准管。

2. 照准误差

照准误差是通过人眼的分辨力来体现的。一般当人眼的视角小于 $60''$ 时,就难以分辨标尺上的两点,当用放大倍率为 V 的望远镜照准标尺时,其照准精度为 $60''/V$,若视线长度为 D,则照准误差为

$$m_{\text{照}} = \frac{60''}{V\rho''} \cdot D \qquad (2-15)$$

由式(2-15)可看出,视线长度 D 越大,可能引起的照准误差就越大,因此水准测量时应适当控制视线的长度,减小照准误差。

3. 估读误差

水准测量的标尺读数时,厘米及以上的读数可以通过标尺上的数字注记直接读出,而毫米

数是在厘米分格影像内估读的,必然含有估读误差。估读误差的大小和厘米分格的宽度、十字丝的粗细、望远镜的放大倍率及视线长度有关。水准测量中,当望远镜的放大倍率较小或视线长度过大时,尺子成像小,并显得不够清晰,将使得照准误差和估读误差增大,所以各级水准测量对望远镜的放大率和视线的长度都有相应的要求。

4. 水准标尺倾斜的误差

水准测量时,要求水准标尺垂直地立于有关标志上。当水准标尺倾斜时,其读数比垂直竖立的读数要大,且视线越高误差越大。如图 2 - 22 所示,当标尺的倾斜角为 α 时,尺上的读数为 a_1,产生的读数误差为 Δa,其量值为

$$\begin{cases} a = a_1 \cdot \cos\alpha \\ \Delta a = a_1 - a = a_1 \cdot (1 - \cos\alpha) \end{cases} \quad (2-16)$$

由式(2 - 16)可看出,Δa 的大小取决于标尺的倾斜角 α 和尺上读数 a_1 的大小,当 $\alpha = 2°$,$a_1 = 2.5 \text{m}$ 时,$\Delta a = 1.5 \text{mm}$。因此水准测量时应将标尺竖直,且标尺读数不要太大。目前所使用的水准标尺一般都安装圆水准器,当圆水准器气泡居中时,表明标尺已处于竖直状态。

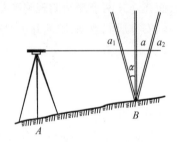

图 2 - 22 标尺倾斜误差

2.5.3 外界条件的影响

1. 仪器垂直位移的影响

由于仪器的自重和水准路线上土壤的弹性等情况,可能引起仪器的脚架上升或下降,从而产生误差。如图 2 - 23,设仪器读完后视 a_1 转向前视时,仪器下沉了 Δ_1,使前视读数 b_1 减小,测得的高差变大了,A、B 两点正确的高差应为 $h_1 = a_1 - (b_1 + \Delta_1) = a_1 - b_1 - \Delta_1$。如果在一个测站上进行两次观测,第二次先读前视再读后视,设仪器下降了 Δ_2,此时 A、B 两点的正确高差为 $h_2 = (a_2 + \Delta_2) - b_2 = a_2 - b_2 + \Delta_2$。如果仪器随时间均匀沉降,即 $\Delta_1 \approx \Delta_2$,则取两次观测值的平均值作为 A、B 两点之间的高差,就可以较好地减弱这项误差的影响。测量时,通常选择在坚实的地方安置仪器,并将三脚架踩紧。

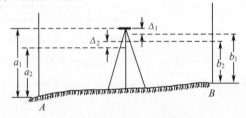

图 2 - 23 仪器垂直位移的影响

2. 尺垫垂直位移的影响

与仪器的垂直位移情况相似,主要发生在迁站的过程中,即由原来的前视标尺变为后视标尺的过程中产生的。尺垫上升使所测高差减小,尺垫下降使所测高差增大。这种误差的影响在往返测高差的平均值中可得到有效地减弱。测量时,通常选择在坚实的地方放置尺垫,并将尺垫踩紧。

3. 地球曲率的影响

地球曲率对高程的影响是不能忽视的,这在第 1 章 1.4 节已经阐述。如图 2-24,水准仪提供的是水平视线,由于地球曲率的影响,标尺的后视读数 a 和前视读数 b 中分别含有地球曲率误差 δ_1 和 δ_2,则 A、B 两点间的高差为

$$h = (a - \delta_1) - (b - \delta_2) = (a - b) - (\delta_1 - \delta_2)$$

由式(1-2)可知,当仪器安置在 A、B 的中点时,$\delta_1 = \delta_2$,此时 A、B 两点之间的高差 $h = a - b$,这样就消除了地球曲率对每站高差的影响。

4. 大气垂直折光的影响

近地面大气层的密度分布随离地面的高度而变化,即存在密度梯度。当视线通过近地面大气层时,由于大气层密度在不断地变化,引起光线折射系数的变化,光线在垂直方向上弯向密度较大的一方,这种现象称为大气垂直折光的影响。一般情况下,大气层的密度上疏下密,水准仪的视线通过近地面大气层时并不是一条严格的水平线,而是一条弯向下方的曲线,且离开地面越近,弯曲的程度越大,导致标尺上的读数减小,其读数与水平视线读数的差值 R 称为折光差值(图 2-25)。在平坦地面,地面覆盖物基本相同,当前、后视距基本相等时,前、后视读数的折光差方向相同,大小也基本相等,高差中折光差的影响可大部分得到抵消。在上坡或下坡时,前、后视视线离开地面的高度相差较大,折光差的影响将增大,且具有系统性误差的性质。为了减弱大气垂直折光对观测高差的影响,应使视线离开地面一定的高度(最少不小于 0.3m),并使前后视距尽量相等,在坡度较大的路线上应适当缩短视距。

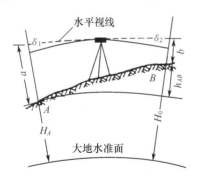

图 2-24 地球曲率的影响

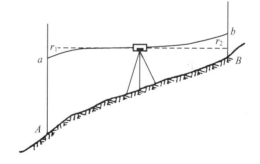

图 2-25 大气垂直折光的影响

思考题

1. 画图说明水准测量的基本原理,并理解后视、前视、测站、转点等概念。
2. 了解 DS_3 水准仪各部件的名称、作用。
3. 什么叫水准仪的粗平和精平?

4. 什么叫视差？怎样消除视差？
5. 固定点上能否放尺垫？转点上为什么要放尺垫？转点上的尺垫能否随便移动？
6. 水准路线有几种形式？如何计算水准路线闭合差？闭合差调整的方法是否相同？
7. DS_3 水准仪应满足哪几项几何轴线关系？何为仪器的 i 角误差？如何检校？
8. 水准测量的主要误差来源有几项？每项里面举出一例并说明在测量中的注意事项。
9. 比较闭合水准路线、附合水准路线、支水准路线在高程计算环节上的差异。

第 3 章

角 度 测 量

3.1 角度测量原理

要确定地面点的相互位置关系,角度是一个重要的因素,不管是控制测量还是碎部测量,角度测量都是一项重要的测量工作。角度测量包括水平角测量和竖直角测量两部分。

3.1.1 水平角测量原理

地面上两相交直线之间的夹角在水平面上的投影,称为水平角。如图 3-1 所示,地面上有任意 3 个高度不同的点,分别为 A、O 和 B,如果通过倾斜线 OA 和 OB 分别作两个铅垂面与水平面相交,其交线 Oa 与 Ob 所构成的夹角 $\angle aOb$ 就是空间夹角 $\angle AOB$ 的水平投影,即水平角。

假设在 O 点(称为测站点)的铅垂线上,水平地安置一个有一定分划的圆形度盘,并使圆盘的中心位于 O 点的铅垂线上。如果用一个既能在竖直面内上下转动以瞄准不同高度的目标,又能沿水平方向旋转的望远镜,依次从 O 点瞄准目标 A 和 B,设通过 OA 和 OB 的两竖直面在圆盘上截得的读数分别为 m 和 n,则水平角 β 就等于 n 减去 m,即

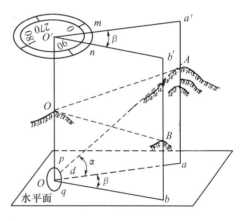

图 3-1 角度测量原理

$$\beta = n - m \qquad (3-1)$$

3.1.2 竖直角测量原理

竖直角也称垂直角,就是地面上的直线与其水平投影线(水平视线)间的夹角。如图 3-1,Aa 垂直于水平面并交于 a 点,$\angle Aoa$ 就是直线 OA 的竖直角,常用 α 表示。同样道理,如果在 O 点竖直放置一个有一定分划的度盘,就可以在此度盘上分别读出倾斜视线 OA 的读数 p

和水平视线 oa 的读数 q,则 OA 的竖直角 α 就等于 q 减去 p,即

$$\alpha = q - p \tag{3-2}$$

竖直角测量时,倾斜视线在水平视线以上时,α 为正("+"),称仰角,否则 α 为负("-"),称俯角。

3.2 光学经纬仪及其使用

经纬仪是测量水平角和竖直角的主要仪器。我国对光学经纬仪按测角精度从高到低分为 DJ_{07}、DJ_1、DJ_2 和 DJ_6 等几种类型,其中"D"为大地测量仪器的总代号,"J"为经纬仪的代号,即汉语拼音的第一个字母,下标表示经纬仪的精度指标,即室内检定时一测回水平方向观测中误差(″)。DJ_{07}、DJ_1 多用于高等级控制测量,本节将主要介绍工程测量中广泛使用的 DJ_6 和 DJ_2 光学经纬仪。

3.2.1 DJ_6 光学经纬仪

1. 基本构造

由于生产厂家不同,DJ_6 型光学经纬仪有多种,常见的有:北京光学仪器厂、苏州光学仪器厂和西安光学仪器厂等生产的 DJ_6 型光学经纬仪,瑞士威尔特厂生产的 Wild T_1 等。尽管仪器的具体结构和部件不完全相同,但基本构造大体一致,主要由照准部、水平度盘和基座三大部分构成。图 3-2 给出了某光学仪器厂生产的一种 DJ_6 经纬仪的外形,各部分的构造及其作用如下。

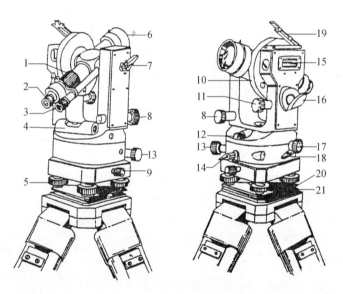

图 3-2 国产 DJ_6 级光学经纬仪

1—对光螺旋;2—目镜;3—读数显微镜;4—照准部水准管;5—脚螺旋;6—望远镜物镜;
7—望远镜制动螺旋;8—望远镜微动螺旋;9—中心锁紧螺旋;10—竖直度盘;11—竖盘指标水准微动螺旋;
12—光学对中器目镜;13—水平微动螺旋;14—水平制动螺旋;15—竖盘指标水准管;16—反光镜;
17—度盘变换手轮;18—保险手柄;19—竖盘指标水准管反光镜;20—托板;21—压板。

1)照准部

照准部由望远镜、横轴、竖轴、竖直度盘、照准部水准管和读数显微镜等部分组成,它是基座和水平度盘上方能转动部分的总称。

望远镜由目镜、物镜、十字丝环和调焦透镜等组成,用于照准目标,它固定在横轴上,并可绕横轴在竖直面内作俯仰转动,这种转动由望远镜的制动螺旋和微动螺旋控制。

横轴也称水平轴,由左右两个支架支承,是望远镜作俯仰转动的旋转轴。

竖轴也称垂直轴,它插入水平度盘的轴套中,可使照准部在水平方向转动,这种转动由水平制动螺旋和水平微动螺旋控制。

竖直度盘由光学玻璃制成,装在望远镜的一侧,其中心与横轴中心一致,随着望远镜的转动而转动,用于测量竖直角。

照准部水准管用于整平仪器,使水平度盘处于水平状态。

读数显微镜用于读取水平度盘和垂直度盘的读数。

2)水平度盘

水平度盘是用光学玻璃制成的圆环,是测量水平角的主要器件。在度盘上按顺时针方向刻有 $0°\sim360°$ 的分划,度盘的外壳附有照准部水平制动螺旋和水平微动螺旋,用以控制照准部和水平度盘的相对转动。事实上,测角时水平度盘是固定不动的,这样当照准部处于不同的位置时,就可以在度盘上读出不同的读数。照准部在水平方向的微小转动由水平微动螺旋调节。

测量中,有时需要将水平度盘安置在某一个读数位置,因此就需要转动水平度盘,常见的水平度盘变换装置有度盘变换手轮和复测扳手两种形式。当使用度盘变换手轮转动水平度盘时,要先拨下保险手柄(或拨开护盖),再将手轮推压进去并转动,此时水平度盘也随着转动,待转到需要的读数位置时,将手松开,手轮退出,再拨上保险手柄。当使用复测扳手转动水平度盘时,先将复测扳手拨向上,此时照准部转动而水平度盘不动,读数也随之改变,待转到需要的读数位置时,再将复测扳手拨向下,此时度盘和照准部扣在一起同时转动,度盘的读数不变。

3)基座

基座是支撑整个仪器的底座,用中心螺旋与三脚架相连接。基座侧面有一个中心锁紧螺旋,当仪器插入竖轴轴孔后,该中心锁紧螺旋必须处于锁紧状态,否则在测角时仪器可能产生微动,搬动时容易甩出。基座上有一个光学对点器,即一个小型外对光望远镜,当照准部水平时,对点器的视线经折射后成铅垂方向,且与竖轴重合,利用该对点器可进行仪器的对中。基座底部有三个脚螺旋,转动脚螺旋可使照准部水准管气泡居中,从而使水平度盘处于水平状态。

2. DJ_6 经纬仪的读数设备与读数方法

DJ_6 光学经纬仪的读数设备有分微尺测微器和单平行玻璃板测微器两种。这里主要介绍分微尺测微器及其读数方法。

常用的国产 DJ_6 光学经纬仪,其读数设备大多属于分微尺测微器。来自于外界的光线经反光镜反射穿过光窗后,经棱镜一系列折射而分别照亮水平度盘、垂直度盘的分划线和分微尺指标镜,最终成像在读数显微镜目镜的焦平面上,这样透过读数显微镜就可以看到水平度盘、垂直度盘的分划线和分微尺的成像。

图3-3所示为经纬仪的读数视场。读数视场中的上部是水平度盘分划及其分微尺(上部标注"H"或"水平"),下部是垂直度盘的分划及其分微尺(下部标注"V"或"竖直")。不管

是水平度盘还是垂直度盘,其分划线的间隔皆为1°,如112°至113°,88°至89°。同时可以看到一根分微尺,分微尺的零位置称为指标线,用以指示度盘读数,分微尺的长度正好等于度盘的分划值1°,又分为60小格,每小格相当于1′,每10小格注记1、2、…、6,表示10′的倍数,因此从分微尺上可以直读至1′,估读至0.1′,即6″。

读数时,先读出指标线所指度盘的读数,如图3-3中指标线在112°和113°之间,应读112°,不足1°的部分要看指标线与112°分划线之间的数值,图中为54.0′,实际工作中,不足1′的数要随时换算成秒值,记簿时分值和秒值要写成两位数,因此水平度盘的最后读数为112°54′00″,同理垂直度盘的最后读数为89°06′18″。

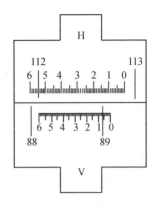

图3-3 分微尺测微器读数

3.2.2 DJ_2 光学经纬仪

与 DJ_6 光学经纬仪一样,DJ_2 光学经纬仪也有多种。我国北京和苏州等多家光学仪器厂都能批量生产 DJ_2 经纬仪,并且质量较高。国外生产的 DJ_2 光学经纬仪以 Wind T_2 为代表,由于这些仪器的质量较高,性能稳定,在我国的使用也比较普遍。DJ_2 光学经纬仪的构造和 DJ_6 光学经纬仪基本相同,图3-4为我国苏州第一光学仪器厂生产的 DJ_2 光学经纬仪的外形。但读数设备和读数方法有所差别,这里主要介绍其读数设备和读数方法。

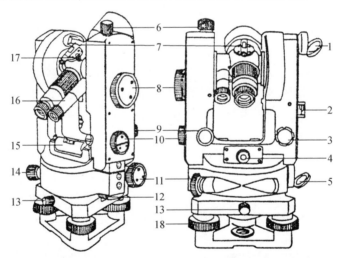

图3-4 苏一光 DJ_2 光学经纬仪

1—竖盘反光镜;2—竖盘指标水准管观察镜;3—竖盘指标水准微动螺旋;4—光学对中器目镜;
5—水平度盘反光镜;6—望远镜制动螺旋;7—光学瞄准器;8—测微手轮;9—望远镜微动螺旋;
10—换像手轮;11—水平微动螺旋;12—水平度盘变换手轮;13—中心锁紧螺旋;14—水平制动螺旋;
15—照准部水准管;16—读数显微镜;17—望远镜反光扳手轮;18—脚螺旋。

1. DJ_2 经纬仪的读数设备

DJ_2 经纬仪的读数设备包括度盘、光学测微器和读数显微镜三部分。度盘有水平度盘和垂直度盘。与 DJ_6 不同,DJ_2 在读数显微镜中不能同时看到水平度盘和垂直度盘的影像,也不共用同一个进光窗,因此要用换像手轮和各自的反光镜进行度盘影像的转换。当打开水平度盘反光镜,转动换像手轮使轮面的指标线水平时,从读数显微镜里就可以看到水平度盘的影像;当打开垂直度盘反光镜,转动换像手轮使轮面的指标线竖直时,从读数显微镜里就可以看到垂直度盘的影像。度盘上的分划线是由刻度机刻制的,度盘上相邻两分划线间的角值称为度盘格值,DJ_2 的格值为 $20'$。用 $20'$ 的精度直接测定角度显然是不能满足要求的,设置光学测微器就是为了解决这个问题。目前,DJ_2 经纬仪中采用的光学测微器有两种,即双平板玻璃光学测微器和双光楔光学测微器。

2. DJ_2 经纬仪的读数方法

图 3-5(a)是从读数显微镜里看到的一种 DJ_2 水平度盘的影像,读数窗中右上窗显示度盘的度值和 $10'$ 的整倍数值;左小窗为测微尺,用以读取 $10'$ 以下的分、秒值,共 600 小格,每格 $1''$,可估读到 $0.1''$,窗中左边的注字为分值,右边的注字为 $10''$ 的倍数值;右下窗为对径分划线的像。图 3-5(b)为另一种 DJ_2 水平度盘读数窗,左边对径分划线的上下注有度值,小框中左边为小于 $10'$ 的分值,右边注值为 $10''$ 的倍数值。

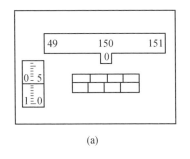 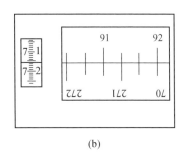

图 3-5 DJ_2 光学经纬仪水平度盘读数视场

对于 DJ_2 光学经纬仪,一般采用对径分划重合法读数,即运用换像手轮和相应的反光镜,以便能从读数显微镜中看到所需要的度盘的影像(如图 3-5 所示的水平度盘的影像),再转动测微手轮,当对径分划线精确重合时便可读数。对于图 3-6,先读取上窗中央或中央左边的度值和小框中 $10'$ 的倍数值,再读取测微尺上小于 $10'$ 的分值和秒值,估读到 $0.1''$,最后将读得的数相加而得到整个读数,图 3-6(a)中的水平度盘读数为 $150°00' + 01'54.0'' = 150°01'54.0''$,图 3-6(b)中的垂直度盘读数为 $74°50' + 07'16.1'' = 74°57'16.1''$。对于图 3-5(b),当对径分划线重合后,由正像读出度数,数出读度分划与其对径分划之间的格数,乘以半格值 $10'$ 得到半格值的整倍数,再在测微器分划窗内读出分值和秒值,最后的读数为 $91° + 10' \times$

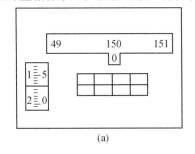 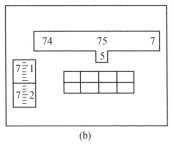

图 3-6 DJ_2 光学经纬仪读数

(a) 水平度盘读数;(b) 垂直度盘读数。

1 +07′16.0″ = 91°17′16.0″。为提高测角的精度,一般采用重合读数两次(通常是读秒盘两次),然后取其均值,这样既可检查读数的正确性,也可消除度盘偏心所产生的误差。

3.2.3　经纬仪的使用

经纬仪的使用包括对中、整平、整置检查、瞄准和读数五项操作步骤。

1. 对中

对中就是使仪器的中心(即水平度盘的中心)与测站点在同一铅垂线上。对中时,先将三脚架张开,并安放在测站上,调节架腿上的螺丝使架腿伸长,使架头升高到与观测者相适应的高度,同时要目测架头大致水平,架头中心大致对准测站点中心,然后安上仪器,旋紧中心连接螺旋。对中的方法有垂球对中和光学对中两种。

利用垂球进行对中时,挂上垂球,若垂球偏离测站点较远,可平移三脚架使垂球对准测站点。若垂球偏离测站点很近,可稍微旋转仪器的3个脚螺旋,使垂球尖对准测站点,然后均匀地将架腿踩紧,使之稳固地插入土中。

现在的光学经纬仪大多有光学对中设备,即光学对点器。利用光学对点器进行对中时,将架腿置于测站点上,并调节到适当高度,安上仪器,旋紧中心连接螺旋。从光学对点器目镜观察测站点,看其是否位于对点器里的小圆圈中。如果偏离较远,可平移三脚架使测站点位于小圆圈中;如果偏离很近,可稍微旋转仪器的3个脚螺旋使测站点位于小圆圈中。

2. 整平

整平就是使仪器的竖轴处于铅垂位置,并使水平度盘处于水平。整平包括粗略整平和精确整平,整平的次序是先粗平后精平。

粗平方法:保持架腿位置不变,稍微旋松架腿上的螺丝,使架腿伸长或缩短(有时需要伸缩一个架腿,有时可能需要伸缩3个架腿),同时观察圆水准气泡,其规律是圆水准气泡向伸高脚架腿的一侧移动,每次伸缩架腿都应当使气泡逐渐趋向中间,最后使气泡位于圆水准器的小圆圈内。

精平方法:放松照准部水平制动螺旋,使照准部水准管与任意两个脚螺旋的连线平行,如图3-7(a),两手相对旋转这两个脚螺旋使水准管气泡居中,其规律是圆水准气泡移动方向与用左手大姆指旋转脚螺旋的方向一致;然后如图3-7(b)将照准部旋转90°,转动第三个脚螺旋再一次使水准管气泡居中。如此反复几次,直至仪器处于任何位置时气泡都居中为止。一般要求水准管气泡偏离中心的误差不超过一格。

3. 整置检查

仪器整平过程中不可避免地会影响仪器的对中,当仪器整平时,要观察垂球尖是否对准测站点标志(如果使用光学对中,要观察测站点标志是否位于对点器的小圆圈内),如果对中误差不大于2mm,可认为仪器整置符合要求;如果对中误差大于2mm,可稍微松开中心连接螺丝,平行移动基座,使对中误差满足要求,然后再拧紧中心连接螺旋;如果移动基座仍不能满足对中误差,就必须重新整置仪器了。

仪器装置时应注意:架腿伸缩后一定要拧紧架腿上的固定螺丝,如果脚架安置在坚硬的地面上而无法踩紧,最好用绳子将架腿绑好。3个脚螺旋高低不应相差太大,开始时最好调整到中部位置。当脚螺旋已旋到极限位置仍不能使气泡居中时,就不能再旋转了,以免造成脚螺旋的损坏。当移动基座进行对中时,手不能碰到脚螺旋,对中后一定要立即旋紧中心连接螺旋。

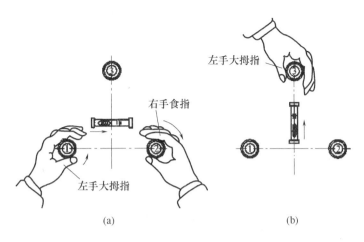

图 3-7 经纬仪的精确整平

4. 瞄准

瞄准是指用望远镜十字丝交点精确照准被测目标。测角时的照准标志,一般是竖立于测点的标杆、测钎、用三根竹杆悬吊垂球的线或觇牌等,其操作步骤如下:

(1) 松开水平制动螺旋和望远镜制动螺旋,将望远镜对向明亮背景(如白墙、天空等,注意不要对向太阳),转动目镜调焦螺旋,使十字丝变为最清晰;

(2) 用望远镜上方的粗瞄准器对准目标,然后拧紧水平制动螺旋和望远镜制动螺旋;

(3) 转动物镜调焦螺旋,使目标成像清晰,并注意消除视差;

(4) 转动水平微动螺旋和望远镜微动螺旋,使十字丝交点对准目标。观测水平角时,将目标影像夹在双纵丝内且与双纵丝对称,或用单纵丝平分目标;观测竖直角时,则应使用十字丝中丝与目标顶部相切。

5. 读数

瞄准目标后,即可读数。读数前先打开度盘照明反光镜,调整反光镜的开度和方向,使进光明亮均匀、读数窗亮度适中,然后旋转读数显微镜的目镜进行调焦,使刻划线清晰,然后读数。最后,将所读数据记录在角度观测手簿上相应的位置。

3.3 角度测量方法

3.3.1 水平角测量

在角度观测时,为了消除仪器的某些误差,通常需要用盘左和盘右两个位置进行观测。盘左也称正镜,即观测者面对目镜时垂直度盘在望远镜的左边;盘右也称倒镜,即观测者面对目镜时垂直度盘在望远镜的右边。

水平角的测量方法有多种,采用何种观测方法视目标的多少而定,常用的方法有测回法和全圆测回法。

1. 测回法

如果观测方向少于等于3个,可采用测回法。如图3-8,设待测水平角为∠AOB,观测步骤如下:

(1) 在测站点 O 安置经纬仪,并进行对中、整平。在 A、B 点上竖立花杆、插钎或觇牌。

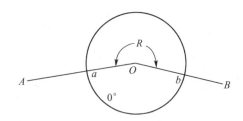

图 3-8 测回法

（2）置望远镜于盘左位置（也称正镜位置，即观测者面对目镜时垂直度盘在望远镜的左边），松开照准部制动螺旋，顺时针旋转照准部使望远镜大致照准左边目标 A，拧紧照准部制动螺旋，用水平微动螺旋 使望远镜十字丝的竖丝精确照准目标 A，读取水平度盘读数 a_1，记入观测手簿（表3-1）。精确照准时，应根据目标的成像大小，采用单丝平分目标或双丝夹住目标，并尽量照准目标的底部。

表 3-1　水平角观测记录与计算（测回法）

仪器：DJ_6，NO：78018　　观测者：李凯　　天气：晴
观测日期：2005.10.18　　记录者：范小东　　成像：清晰

测站（测回）	竖盘位置	目标	读数 °	′	″	半测回角值 °	′	″	一测回角值 °	′	″	各测回平均值 °	′	″	备注
O(1)	左	A	0	01	06	85	35	12	85	35	09				
		B	85	36	18										
	右	A	180	01	24	85	35	06							
		B	265	36	30							85	35	06	
O(2)	左	A	90	00	36	85	35	06	85	35	03				
		B	175	35	42										
	右	A	270	00	48	85	35	00							
		B	355	35	48										

（3）松开照准部制动螺旋，顺时针转动照准部，用同样的方法照准右边的目标 B，读取水平度盘读数 b_1，记入观测手簿。

步骤（2）、（3）称为上半测回，测得水平角为

$$\beta_1 = b_1 - a_1 \tag{3-3}$$

（4）倒转望远镜成盘右位置（也称倒镜位置，即观测者面对目镜时垂直度盘在望远镜的右边），按上述方法先照准目标 B 进行读数，再照准目标 A 进行读数，分别设为 b_2 和 a_2，并记入相应的表格中。这样就完成了下半测回的操作，测得水平角为

$$\beta_2 = b_2 - a_2 \tag{3-4}$$

上述的上、下半测回合起来称为一测回。如果两个半测回测得的角值互差（称为半测回差）在规定的限差范围内，就可以取其平均值作为一测回的观测结果，即

$$\beta = \frac{1}{2}(\beta_1 + \beta_2) \tag{3-5}$$

实际作业中，为了减弱度盘分划误差的影响，提高测角的精度，有时要测量多个测回，各测回的起始读数应根据规定用度盘变换手轮或复测扳手加以变换。如果设测回数为 m，则对于

DJ_6 经纬仪,每测回应将度盘改变 $180°/m$。对于 DJ_1、DJ_2 经纬仪,各测回水平度盘的起始位置应为

$$\frac{180°}{m}(i-1) + \tau'(i-1) + \frac{\omega''}{m}\left(i-\frac{1}{2}\right) \qquad (3-6)$$

式中,m 为测回数;i 为测回序号,$i = 1、2、\cdots、m$;τ' 为测回间度盘分数变动量,DJ_1、DJ_2 分别为 $4'$ 和 $10'$;ω'' 为测微器以秒记的分格值,DJ_1、DJ_2 分别为 $60''$、$600''$。

记录人员在手簿的记录与计算中,要及时地进行测站限差的检查,发现问题及时纠正直至重测。对于 DJ_6 经纬仪,测站限差有:上、下两个半测回角值之差 $36''$,测回差 $24''$;对于 DJ_2 经纬仪,测站限差有:上、下两个半测回角值之差 $12''$,测回差 $9''$。

2. 全圆测回法

如果在一个测站上需要观测 3 个以上方向时,常采用全圆测回法,以加快观测速度,并便于计算测站上所有的水平角。如图 3-9 所示,O 为测站点,A、B、C、D 为 4 个待测方向,采用全圆测回法观测水平角,其观测步骤如下。

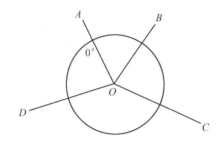

图 3-9 全圆测回法

(1) 将经纬仪安置于测站 O 上,并进行对中和整平。在 A、B、C、D 点上竖立观测标志。

(2) 置望远镜于盘左位置,顺时针旋转照准部使望远镜大致照准所选定的起始方向(又称零方向)A,拧紧照准部制动螺旋,用水平微动螺旋使望远镜十字丝的竖丝精确照准目标 A,将度盘配置在稍大于 $0°00'$ 的读数处,读取水平度盘读数,记入观测手簿。精确照准时,同样要根据目标的成像大小,采用单丝平分目标或双丝夹住目标,并尽量照准目标的底部。

(3) 松开照准部制动螺旋,顺时针转动照准部,用同样的方法依次照准目标 B、C、D,并分别读取水平度盘读数,记入观测手簿。最后使望远镜再一次精确照准目标 A,读取水平度盘读数并记入观测手簿。

步骤(2)、(3)的观测次序可归纳为 $ABCDA$,称为上半测回。最后一步返回起始方向 A 的操作称为"归零",目的是检查在观测过程中水平度盘的位置有无变动。

(4) 倒转望远镜成盘右位置,按上述方法先照准目标 A 进行读数,再依次照准目标 D、C、B 进行读数,分别记入相应的表格中。最后再一次精确照准目标 A,读取水平度盘读数并记入观测手簿。这样就完成了下半测回的操作,观测次序可归纳为 $ADCBA$,盘右位置再一次返回起始方向 A 的操作称为第二次"归零"。

与测回法相同,采用全圆测回法测角有时也需要观测多个测回,应该根据测回数相应地配置每个测回起始方向的度盘读数。记录人员要及时地进行手簿的记录、计算和检查,以确保观测成果满足测站限差的要求。有关规范对全圆测回法的限差要求见表 3-2。

表 3-2 全圆测回法测站限差要求

项 目	水利水电测量规范		城市测量规范	
	DJ_6	DJ_2	DJ_6	DJ_2
半测回归零差	24	12	18	8
同一测回 2C 互差	18		13	
各测回同一方向值较差	24	12	24	9

表 3-3 为全圆测回法观测水平角的记录与计算手簿,表中有关限差的计算方法说明如下。

表 3-3 水平角观测记录与计算(全圆测回法)

仪器:DJ_6,NO:78018   观测者:王耕   天气:晴
观测日期:2005.11.18   记录者:许文静   成像:清晰

测站	目标	水平度盘读数		2C = L+R ±180°	平均读数 = (L+R± 180°)/2	归零后方向值	各测回归零方向平均值	水平角
		盘左 L	盘右 R					
1	2	3	4	5	6	7	8	9
		° ′ ″	° ′ ″	° ′ ″	° ′ ″	° ′ ″	° ′ ″	° ′ ″
O					0 01 15			
	A	0 01 06	180 01 12		0 01 09	0 00 00	0 00 00	
	B	71 52 06	251 52 00		71 52 03	71 50 48	71 50 42	71 50 42
	C	145 30 48	325 30 48		145 30 48	145 29 33	145 29 29	73 38 47
	D	210 12 12	30 12 06		210 12 09	210 10 54	210 10 54	64 41 25
	A	0 01 24	180 01 18		0 01 21			
O					90 01 26			
	A	90 01 24	270 01 18		90 01 21	0 00 00		
	B	161 52 06	341 52 00		161 52 03	71 50 37		
	C	235 30 54	55 30 48		235 30 51	145 29 25		
	D	300 12 24	120 12 06		300 12 21	210 10 55		
	A	90 01 36	270 01 24		90 01 30			

半测回归零差:半测回起始方向的两次读数之差,等于第二次读数减去第一次读数。

同一测回 2C 互差:C 为仪器的视准轴误差,2C 值等于盘左读数减去盘右读数与 ±180° 的和。

各测回同一方向值较差:分别计算每个测回各个方向的方向值,并对同名方向的方向值进行相互比较,其差值应满足规范要求。

表 3-3 中有关计算的基本步骤如下:

(1) 计算半测回归零差。例如表中第一测回上、下半测回的归零差分别为 24″-06″ = 18″,18″-12″=06″。当半测回归零差满足要求后方可进行后续计算,否则应查明原因,直至重测。

(2) 计算同一测回 2C 互差。因 DJ_6 级仪器无此限差要求,表 3-3 未作计算。

(3) 计算各个方向的平均读数。将盘左读数与盘右读数 ±180° 的和取平均即得到各个方

向的平均读数。对于起始方向,先分别求其平均读数,如 0°01′09″和 0°01′21″,再求出这两者的平均值 0°01′15″作为起始方向最终的方向值。

(4) 计算归零后的方向值。将起始方向的方向值减去自身 0°01′15″化归为零,将其他方向的平均读数减去起始方向的方向值 0°01′15″就得到归零后的方向值。

(5) 计算各测回归零后的方向平均值。当各测回同一方向值较差满足要求后,取各个测回同名方向值的平均值作为最终的方向值。

(6) 计算水平角的角值。用后一个方向的方向值减去相邻前一个方向的方向值,就得到这两个方向之间的水平角角值。

3.3.2 竖直角测量

3.1 节中已经介绍了竖直角测量的基本原理,就是通过观测倾斜视线及其水平视线在竖直度盘上的读数以求得竖直角的大小。这里将介绍竖直度盘的基本构造、竖直角的观测与计算方法。

1. 竖直度盘的基本构造

如图 3 - 10 所示,竖直度盘 1 固定在望远镜 5 横轴 7 的一端,当望远镜在竖直面内作俯仰转动时,它也随着作俯仰转动,因此要读取倾斜视线及其水平视线在竖直度盘上的读数就必须有一个固定的读数指标。竖直度盘以读数窗内的零分划线作为读数指标线,竖直度盘上的读数指标线和指标水准管 3 以及一系列棱镜透镜组成的光具组连成一体,并固定在竖盘指标水准管微动框架上。旋转指标水准管微动螺旋时,指标水准管和指标绕着横轴一起转动,当水准管气泡居中时,指标水准管轴水平,指标处于正确位置,就可以进行竖盘的读数。

近年来,国内外已经生产了一种更便于操作的经纬仪,这种经纬仪带有竖盘指标自动补偿装置,而舍去了竖盘指标水准管。这种自动补偿装置的作用类似于自动安平水准仪,即当经纬仪有微小倾斜时,该装置能自动调节内部的光路,使竖盘读数仍相当于指标水准管气泡居中时的读数。因此用这种经纬仪观测水平角时,只要将照准部水准管气泡居中,就可以照准目标进行竖盘的读数了。

竖盘的注记形式有多种,常见的为全圆式注记。图 3 - 11(a) 为顺时针注记形式,即注记值顺时针增加,国产 DJ_6 经纬仪多为此种。图 3 - 11(b) 为逆时针注记形式,即注记值为逆时针增加。

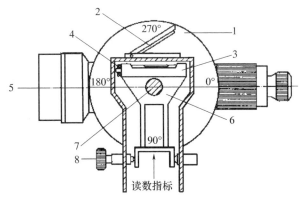

图 3 - 10 竖直度盘的构造

1—竖直度盘;2—竖盘指标管水准器反射镜;3—竖盘指标管水准器;4—竖盘指标管水准器校正螺钉;
5—望远镜视准轴;6—竖盘指标管水准器支架;7—横轴;8—竖盘指标管水准器微动螺旋。

由图 3-11(a)可以看出,当指标水准管气泡居中时,指标线所指的读数应为 90°或 270°,而图 3-11(b)中指标线所指的读数应为 0°或 180°,这些读数都是视线水平时的读数,称为始读数。因此实际测量中,只要读出视线倾斜时的竖盘读数,就可以求出竖直角。

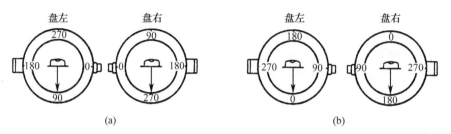

图 3-11 竖盘的注记形式

当指标水准管气泡居中时,上述指标线所指的读数仅仅是一种理想的情况,实际上可能比这个常数大或者小一个微小的角值,这个微小的角值称为竖盘指标差,通常用 i 表示。如果仪器存在竖盘指标差,竖直角中就一定含有其影响,需要采用一定的观测方法予以消除。

2. 竖直角的观测方法

竖直角的观测步骤如下:

(1)如图 3-12,在测站 A 上安置经纬仪,并进行对中和整平。

(2)置望远镜于盘左位置,使望远镜视线大致水平,观察指标所指的读数以确定始读数。然后旋转照准部和望远镜使之大致照准待测目标 B 的某一特定位置,如觇牌中心、标杆顶部、照准圆筒的上缘等,固定照准部和望远镜,再调节水平微动螺旋和望远镜微动螺旋使十字丝中丝精确地切准上述的特定位置。

(3)转动竖盘指标水准管微动螺旋,使指标水准管气泡居中,读取竖盘盘左读数 L,记入观测手簿(表 3-4)。

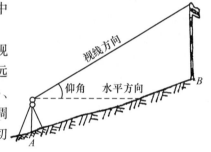

图 3-12 竖直角测量

表 3-4 竖直角观测记录与计算

仪器:DJ$_6$,NO:78018													
观测者:张强 天气:晴													
观测日期:2005.11.28 记录者:肖岚 成像:清晰													

测站	目标	竖盘位置	竖盘读数			半测回角值			一测回角值			指标差 /(″)	仪器高 /m	目标高 /m
			°	′	″	°	′	″	°	′	″			
A	B	盘左	87	52	18	+2	07	42	+2	07	36	-6	1.52	1.35
		盘右	272	07	30	+2	07	30						
A	C	盘左	93	16	54	-3	16	54	-3	16	45	+9	1.52	2.15
		盘右	266	43	24	-3	16	36						

(4)松开水平制动螺旋和望远镜制动螺旋,置望远镜于盘右位置,依上述方法精确地切准同一目标的同一位置,读取竖盘盘右读数 R,记入观测手簿。

测量竖直角的目的主要有两个。一是将两点之间的实测距离化为水平距离,另一个是为了计算测站点和目标点之间的高差,这些内容将在后续章节中介绍。因此,在竖直角记录手簿中一般含有仪器高和目标高等内容。

3. 竖直角和指标差的计算

竖直角等于倾斜视线的读数减去始读数,有仰角(" + ")和俯角(" - ")之分。当指标水准管气泡居中时,盘左时指标线所指的读数不一定恰好是90°或0°,盘右时指标线所指的读数也不一定恰好是270°或180°,即存在一个竖盘指标差 i。现以 DJ_6 经纬仪的竖盘注记形式为例,介绍竖直角和指标差的计算方法。

如图 3 – 13(a)所示,望远镜处于盘左位置,当望远镜视线水平,指标水准管气泡居中时,指标不是指向理想的90°,而是 $90°+i$。如图 3 – 13(b)所示,当望远镜视线向上倾斜时,可从竖盘读出其盘左读数为 L,进而可以求出正确的竖直角为

$$\alpha = 90° - L + i = \alpha_左 + i \tag{3-7}$$

此时 α 角为仰角,值为" + "。同理,当望远镜视线向下倾斜时,可推出同样的计算公式,此时 α 角为俯角,值为" - "。

如图 3 – 13(c)所示,望远镜处于盘右位置,当望远镜视线水平,指标水准管气泡居中时,指标不是指向理想的270°,而是 $270°+i$。如图 3 – 13(d)所示,当望远镜视线向上倾斜时,可从竖盘读出其盘右读数为 R,进而可以求出正确的竖直角为

$$\alpha = R - 270° - i = \alpha_右 - i \tag{3-8}$$

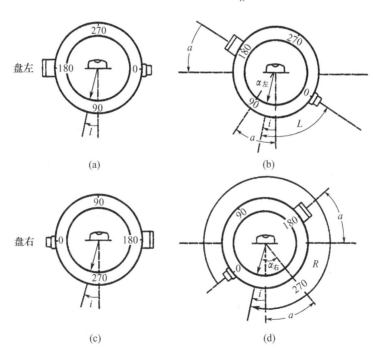

图 3 – 13 竖直角和指标差的计算
(a)、(c) 视线水平;(b)、(d) 视线向上倾斜。

此时 α 角为仰角,值为" + "。同理,当望远镜视线向下倾斜时,可推出同样的计算公式,此时 α 角为俯角,值为" - "。

将式(3-7)与式(3-8)相加得

$$\alpha = \frac{1}{2}(R - L - 180°) = \frac{1}{2}(\alpha_左 + \alpha_右) \quad (3-9)$$

由此可见,采用盘左、盘右观测取平均值的方法,可自动消除竖盘指标差对竖直角的影响。

将式(3-7)与式(3-8)相减得

$$i = \frac{1}{2}(R + L - 360°) = \frac{1}{2}(\alpha_右 - \alpha_左) \quad (3-10)$$

指标差的值有正有负,当指标差太大时,可通过校正指标水准管来减小或消除;当指标差较小时,如果只用盘左一个位置进行观测(也可以只用盘右),在测得的竖直角上应加上指标差改正;当指标差很小且测量精度要求不高时,可只用盘左或盘右一个位置观测,且不用考虑指标差的影响。

在野外测量中,通常采用多个测回测量以提高观测值的精度,对于 DJ_6 和 DJ_2 级仪器,要求不同测回测得的竖直角互差分别小于 24″ 和 15″。用同一测回中各方向指标差的互差来衡量竖直角测量的稳定性,对于 DJ_6 和 DJ_2 级仪器,要求指标差互差分别小于 24″ 和 15″。

3.4 经纬仪的检验与校正

和水准仪一样,经纬仪也是由多个不同的部件组合而成,因此利用经纬仪进行角度测量时,为保证观测值的精度,经纬仪的结构上也必须满足一定的条件。经纬仪结构上的关系也是用其轴线上的关系来表示的,如图 3-14 所示,经纬仪各轴线应满足下列条件:

(1) 照准部管水准轴应垂直于垂直轴(竖轴),即 $LL \perp VV$。
(2) 十字丝的竖丝应垂直于水平轴(横轴)。
(3) 视准轴应垂直于水平轴,即 $CC \perp HH$。
(4) 水平轴应垂直于垂直轴,即 $HH \perp VV$。

此外还要求,仪器的竖轴垂直通过水平度盘的中心,横轴垂直通过竖直度盘的中心,竖盘指标差要尽量小,光学对中器位置要正确。

由于经纬仪本身的结构变化和外界因素的影响,这些轴线关系也经常不能得到充分满足,从而影响角度测量的精度。经纬仪的检查也分为外部的检视和内部的检验。外部检视主要是检视其外观有无破损,读数窗分划线是否清晰,各个螺旋运行是否正常等。内部检验则需要采用一定的检验方法,检验仪器是否满足正确的轴线关系,必要时进行仪器的校正。

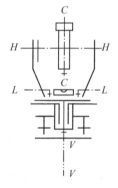

图 3-14 经纬仪的主要轴线关系

3.4.1 照准部管水准轴垂直于垂直轴的检校

检验方法:先将仪器大致整平,然后转动照准部使水准管与任意两个脚螺旋的连线平行,并相对转动这两个脚螺旋使水准管气泡居中。将照准部旋转 90°,再转动第三个脚螺旋使水准管气泡居中。将照准部转到原先位置,观察气泡是否居中,如果不居中,再相对旋转两个脚螺旋使气泡精密居中。将照准部旋转 180°,观察气泡是否居中,如果气泡偏离中心不超过半个分划可视为合格,否则可视为不合格,应予校正。

校正方法：照准部管水准轴不垂直于竖轴的原因，主要是因为支承水准管的校正螺丝（图3-15）有了变动。校正时，用校正针拨动水准管支架一端的上、下两个校正螺丝，使气泡向相反方向移动到偏离量 1/2 的位置，再相对转动两个脚螺旋使水准管气泡居中。将照准部转到原来位置，观察气泡是否居中，如果不居中，可用脚螺旋使气泡再次居中，将照准部旋转 180°后再次校正。此项校正有时需要重复几次方能完成。需要注意一点，用校正针拨动水准管上、下两个校正螺丝时，应一松一紧，使其始终处于顶紧状态。

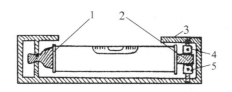

图 3-15　照准部水准管
1—水准管；2—支柱；3—度盘外壳；4、5—校正螺丝。

3.4.2　十字丝的竖丝垂直于水平轴的检校

检验方法：精确整平仪器，在仪器前方适当距离处悬挂一垂球线，旋转照准部用望远镜照准该垂球线，如果十字丝的竖丝与垂球线完全重合，则此条件满足，否则应予校正。或者，用十字丝竖丝瞄准前方一清晰小点，固定照准部和望远镜，用望远镜微动螺旋使望远镜上、下微动，如果小点始终在十字丝竖丝上移动，说明条件满足，否则应予校正。

校正方法：造成十字丝的竖丝不垂直于水平轴的原因，可能是十字丝环的校正螺丝松动，使十字丝分划板产生平面旋转。校正时，打开目镜端十字丝分划板护盖，松开 4 个十字丝校正螺丝，转动目镜筒使十字丝分划板旋转，直至十字丝竖丝与垂球线完全重合，再旋紧 4 个十字丝校正螺丝，盖好护盖。

3.4.3　视准轴垂直于水平轴的检校

如图 3-16，OC 为视准轴的正确位置，与水平轴 HH' 垂直。OC' 为视准轴的实际位置，与水平轴之间有一个夹角 c，称为视准轴误差。一般规定视准轴偏向竖直度盘一侧时，c 为正值，反之为负值。视准轴误差主要是因为十字丝交点的位置不正确而引起的。

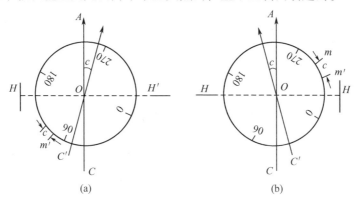

图 3-16　视准轴误差

检验方法:在平坦场地整置仪器,选择一个与仪器等高的点 A。如图 3 – 16(a),盘左位置照准目标 A,水平度盘读数为 $m'_左$,而视准轴在正确位置的读数应为 $m_左$,两者相差一个 c 角,即 $m_左 = m'_左 + c$。如图 3 – 16(b),盘右位置照准同一目标 A,水平度盘读数为 $m'_右$,而视准轴在正确位置的读数应为 $m_右$,则有 $m_右 = m'_右 - c$。理论上,$m_左 = m_右 \pm 180°$,即 $m'_左 + c = m'_右 - c \pm 180°$,整理后得

$$2c = m'_右 - m'_左 \pm 180° \quad (3-11)$$

$$c = \frac{1}{2}(m'_右 - m'_左 \pm 180°) \quad (3-12)$$

对于 DJ_6 和 DJ_2 级经纬仪,一般要求 c 的绝对值分别小于 $30''$ 和 $15''$。

校正方法:按式(3 – 12)求出 c 值后,即可求出盘左和盘右的正确读数 $m_左$ 和 $m_右$。旋转照准部使水平度盘读数为 $m_左$ 或 $m_右$,此时目标 A 将偏离十字丝交点,一松一紧地拨动十字丝左、右两个校正螺丝,使十字丝的竖丝精确照准目标,此时条件得以满足。

又由上述 $m_左 = m'_左 + c$ 和 $m_左 = m'_右 - c \pm 180°$ 的关系,若将该两式相加后再求均值,得

$$m = \frac{1}{2}(m'_左 + m'_右 \pm 180°) \quad (3-13)$$

由此可见,采用盘左、盘右读数的平均值作为某一目标的方向值,可消除视准轴误差的影响。

3.4.4 水平轴垂直于垂直轴的检校

如图 3 – 17(a)、(b),当垂直轴垂直时,水平轴不垂直于垂直轴而倾斜了一个 i 角,这个 i 角称为水平轴倾斜误差。一般规定水平轴在竖直度盘一侧下倾时,i 为正值,反之 i 为负值。水平轴倾斜误差主要是由于仪器左右两端的支架不等高或水平轴两端轴径不相等而引起的。

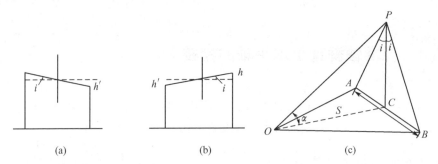

图 3 – 17 水平轴误差

检验方法:在墙面高处选择一点 P,离墙面 20m ~ 30m 地面上选择一点 O,整平仪器。在盘左位置精确照准 P 点后,转动望远镜至水平位置,依十字丝交点在墙面上作标志 A。倒转望远镜成盘右位置,再精确照准 P 点后,依同样方法在墙面上作标志 B。如果 A、B 两点重合,则条件满足,否则存在水平轴误差 i。对 DJ_6 级仪器,i 值一般要求不大于 $30''$。

校正方法:量取 A、B 之间的距离,取其中点 C,盘右位置使望远镜精确照准 C,上仰望远镜照准目标 P,此时 P 点必偏离十字丝交点。打开望远镜右支架横轴端的护盖,转动支承横轴的偏心环的螺丝,使横轴的右端升高或降低,使十字丝的交点对准 P 点。由于偏心环密封在支架内,作业人员一般只做检验,而校正由专业人员在室内进行。

3.4.5 竖盘指标水准管的检校

检验方法:整平仪器,照准高处一明显目标,用中丝法观测垂直角一个测回,依式(3-10)计算竖盘指标差,一般当指标差的绝对值大于1′时,应予校正。

校正方法:用盘右读数减去指标差,求得盘右位置的正确读数。盘右位置,转动竖盘指标水准管微动螺丝,使竖盘读数为正确读数,此时竖盘指标水准管的气泡将不居中。打开水准管校正螺丝的护盖,一松一紧地调节水准管校正螺丝使气泡再次居中。此项工作需反复进行,直到指标差的大小满足要求为止。

3.5 角度测量的误差来源与注意事项

和水准测量一样,角度测量也不可避免地存在误差,也可概括为仪器误差、观测误差和外界条件的影响三个方面。因此要提高角度测量的精度,测量中应采取措施减弱或消除这些误差的影响。

3.5.1 仪器误差

仪器误差有两种情况:一种是仪器检校不完善所残留的误差,如视准轴误差和水平轴误差,它们都可以通过正、倒镜观测取均值予以消除,但照准部水准管轴不垂直于垂直轴的误差却不能通过这种方法消除,因此测量中应特别注意水准管气泡的居中。另一种是仪器制造加工不完善所带来的误差,这种误差无法校正,如度盘刻划误差和度盘偏心差、照准部偏心差等,前者可通过每测回变换度盘位置的方法予以减弱,后者可通过正、倒镜观测取均值予以消除。

3.5.2 观测误差

1. 仪器整置误差

仪器整置误差包括仪器的对中误差和整平误差两部分。

1)对中误差

如图3-18,O点为测站中心,如果观测时仪器没有精确对中而偏至O',OO'之间的距离e称为测站偏心距。设角度观测值为β',正确值为β,则β与β'之差$\Delta\beta$就为对中不精确所带来的角度误差,即$\Delta\beta = \beta - \beta' = \delta_1 + \delta_2$。因为$e$值很小,$\delta_1$和$\delta_2$也是一个小角,所以可以将$e$看作一段小圆弧,于是有下式

$$\Delta\beta = \delta_1 + \delta_2 = e\rho\left(\frac{1}{d_1} + \frac{1}{d_2}\right) \tag{3-14}$$

式中,$\rho = 206265''$,d_1、d_2为水平角两边的边长。由式(3-14)可以看出:对中误差与测站偏心距成正比,与边长成反比。假设$e = 3\text{mm}$,当$d_1 = d_2 = 100\text{m}$、50m、25m时,可算出$\Delta\beta = 12.4''$、

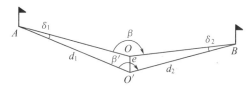

图3-18 对中误差

24.8″、49.6″，因此当边长较短时应特别注意对中,减少对中误差。

2) 整平误差

仪器的整平误差包括两方面,一是水准管轴与垂直轴本身不垂直,这是因为仪器制造加工和检校不完善;二是仪器整平时气泡没有严格居中,这种误差是不能通过所采用的观测方法予以消除的,而且随着观测目标的竖直角变大而变大,所以应特别注意仪器的整平。当进行多测回观测时,一般在一个测回观测结束进行下一测回观测时,应检查气泡是否居中,必要时重新整平仪器。如果在一测回观测过程中发现气泡偏离中心一格以上,应整平仪器重新观测。在野外阳光下观测,应使用遮阳伞,以免仪器的水准管受阳光直射而影响整平的效果。

2. 目标偏心误差

测角时,要求所照准的目标要垂直而且准确地竖立在标志中心,如果目标倾斜或者没有准确地竖立在标志中心,所测得的角度中必然含有目标偏心误差。如图 3-19 所示,仪器安置于 O 点,仪器中心至目标中心的距离为 D,目标 A 偏斜至 A' 的水平距离为 d,设角度观测值为 β',正确值为 β,则 β 与 β' 之差 $\Delta\beta$ 就为目标偏心所带来的角度误差,即

$$\Delta\beta = \beta - \beta' = \frac{d}{D}\rho'' \tag{3-15}$$

由式(3-15)可知,目标偏心误差与偏心距成正比,与仪器中心至目标中心的距离成反比,所以测角时照准目标应竖直,并尽量瞄准目标的底部。

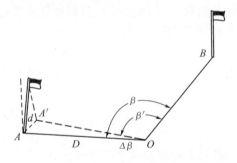

图 3-19　目标偏心误差

3. 照准误差和读数误差

1) 照准误差

照准误差由望远镜的放大率和人眼的分辨力等因素引起。一般来说,人眼的分辨力为60″,如果用放大倍率为 V 的望远镜进行观测,可以认为照准误差为 $\pm 60''/V$。如望远镜的放大倍率为 30 倍时,照准误差为 $\pm 2.0''$。

2) 读数误差

读数误差的大小与仪器的读数设备有关,对于 DJ_6 经纬仪,最小格值为 1′,可估读到 0.1′,则可以认为读数误差为 $\pm 6''$。

3.5.3　外界条件的影响

外界条件对角度测量的影响是多方面的,也是很复杂的,概括起来主要有以下几方面。

1. 大气折光的影响

当光线通过密度不均匀的空气介质时,会折射而形成一条曲线,并弯向密度大的一方。如图 3-20 所示,当安置在 A 点的经纬仪观测 B 点时,其理想的方向线应为 A、B 两点的直

线方向,但由于大气折光的影响,望远镜实际所照准的方向是一条曲线在 A 点处的切线方向,即图中的 AC 方向,这个方向与弦线 AB 之间有一个夹角 δ,这个值即为大气折光的影响。大气折光可以分解成水平和垂直两个分量,通常称为旁折光和垂直折光,也分别对水平角和垂直角的观测产生影响。要减弱旁折光对水平角观测的影响,选择点位时应使其视线离开障碍物 1m 以外,同时选择较有利的观测时间。要减弱垂直折光对垂直角观测的影响,应使视线高于地面 1m 以上,同时选择较有利的观测时间,并尽可能避免长边。

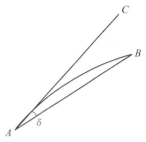

图 3-20　大气折光的影响

2. 大气层密度和大气透明度对目标成像的影响

角度观测时,要求目标成像要稳定和清晰,否则将降低照准的精度。目标成像的稳定与否取决于视线通过大气层密度的变化情况,而大气层密度的变化程度又取决于太阳对地面的热辐射程度以及地形的特征。如果大气层密度均匀,目标成像就稳定,否则目标成像就会产生上下左右跳动,减弱其影响的方法是选择较好的观测时段。目标成像的清晰与否取决于大气的透明程度,而大气透明度又取决于空气中尘埃和水蒸气的多少以及太阳辐射的程度,减弱其影响的方法仍然是选择有利的观测时间。

3. 温度变化对视准轴的影响

观测时,如果仪器受太阳的直接照射,各轴线之间的正确关系可能发生变化,从而降低观测精度。一般要求在野外观测时,使用遮阳伞以免仪器受太阳的直接照射。

3.6　电子经纬仪简介

近些年来,一些国家的测绘仪器厂生产了一种新型经纬仪,称作电子经纬仪,它由精密光学器件、机械器件、电子扫描度盘、电子传感器和微处理机等组成,采用光电测角代替了光学测角。这种仪器的外形和结构与光学经纬仪基本相似,但是它能通过微处理机的控制,自动以数字显示所观测的角值,从而使得测角电子化和自动化变成了现实。光电测角可分为编码度盘测角和光栅度盘测角等。

3.6.1　编码度盘及其测角原理

要进行自动化数字电子测角,经纬仪须具有角—码光电转换系统,这套系统包括电子扫描度盘和相应的电子测微读数系统。因此电子经纬仪与光学经纬仪相比,其度盘和读数系统有本质上的区别。

如图 3-21 所示,编码度盘就是在光学圆盘上刻制多道同心圆环,每一个同心圆环称为一个码道。图中表示的是一个有 4 个码道的纯二进制编码度盘,分别以 2^0、2^1、2^2、2^3 表示,度盘按码道数 n 等分为 $2n$ 个码区,共 16 个码区,度盘的分辨率为 $2\pi/2^n = 22.5°$。为确定各个码区在度盘上的绝对位置,将码道由内向外按码区赋予二进制代码,16 个码区的代码为 0000 ~ 1111 四个二进制的全组合,且每个代码表示不同的方向值。

编码度盘各码区中有黑色和白色空隙,分别属于不透光和透光区域。在编码度盘的一侧安有电源,另一侧直接对着光源安有光传感器,电子测角就是通过光传感器来识别和获取度盘位置信息的。当光线通过度盘的透光区并被光传感器接受时表示为逻辑 0,当光线被挡住而

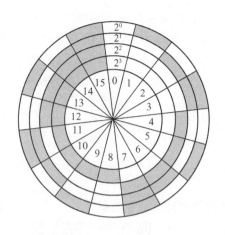

图 3-21 编码度盘

没有被光传感器接受时表示为逻辑 1，因此当望远镜照准某一方向时，度盘位置信息通过各码道的传感器，再经光电转换后以电信号输出，这样就获得了一组二进制代码。当望远镜照准另一方向时，又获得另一组二进制代码。有了两组方向代码，就得到了两方向间的夹角。

为了提高编码度盘的分辨率，应该增加码道的数目。但是仅靠增加码道数来提高编码度盘的分辨率是比较困难的，而且当码道数增多时，纯二进制编码度盘将暴露出一个缺点，就是某些相邻方向的代码需要在几个码道上同时进行透光区和不透光区的过渡转换，如果光传感元器件中光电晶体管的排列不十分严格地通过度盘中心的直线上时，就会降低观测成果的可靠性。由于这些原因，实用中的度盘编码是经过改进后的二进制编码，称循环码，因为这种编码是葛莱(Cray)等人发明创造的，所以又称葛莱编码。在葛莱编码中，任何相邻读数只有一位代码发生变化，因此观测结果不会发生太大的错误。

3.6.2 光栅度盘及其测角原理

所谓光栅，就是在光学玻璃度盘的径向上均匀地刻制明暗相间的等宽度格线。在度盘的一侧安有光源，另一侧相对于光源有一个固定的光感器，固定光栅的格线间距和宽度与度盘上的光栅完全相同，固定光栅的平面与度盘光栅的平面平行，且相错一个固定的小角(图 3-22)。

当度盘随照准部转动时，光线透过度盘光栅和固定光栅，进而显示出径向移动的明暗相间的干涉条纹。如果设 x 为光栅度盘相对于固定光栅的移动量，设 y 为干涉条纹在径向的移动量，两光栅之间的夹角为 θ，则有

$$y = x\cot\theta \qquad (3-16)$$

由于 θ 是小角，则有

$$y = \frac{x}{\theta}\rho'' \qquad (3-17)$$

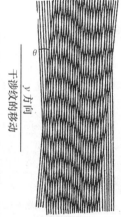

图 3-22 光栅

由此可见，对于任意选定的 x，θ 角越小，干涉条纹在径向的移动量就越大。如果两光栅的相对移动从一条格线移到另一条格线，干涉条纹将移动一整周，即光强由暗到明，再由明到暗变化一个周期，干涉条纹移动的总周数将与通过的格线数相等。如果数出和记录光感器所接受的

光强曲线总周数,就可以测得移动量,经光电信号转换后就得到角度值。下面以 Wild 厂生产的 T_{2000} 电子经纬仪为例(图 3-23),说明光栅度盘动态测角的基本原理。

图 3-23　T_{2000} 电子经纬仪

T_{2000} 电子经纬仪的测角原理是建立在光电扫描计时动态绝对测角基础上的,整个测角系统包括绝对式光栅度盘及其驱动系统、固定光栅探测器 L_S 和活动光栅探测器 L_R(图 3-24)。L_S 安置在度盘的外缘,相当于光学经纬仪度盘的零位。L_R 安置在度盘的内缘,随照准部转动,相当于望远镜的瞄准线。在光学度盘玻璃上,沿圆周均匀刻制明暗相间的等宽度光栅条纹 1024 条,每明→明(或暗→暗)条纹角距(即光栅度盘的单位角值)ϕ_0 为 $2\pi/1024 = 21'05''.625$。

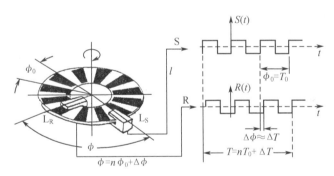

图 3-24　动态测角原理

由图 3-24 可知,$\phi = n\phi_0 + \Delta\phi$,$\phi$ 表示望远镜照准方向后 L_S 和 L_R 之间的角度,也是待测的角度,它等于 n 个整分划间隔 ϕ_0 和不足一个整分划间隔 $\Delta\phi$ 之和,这个原理类似于光电测距中的相位式测距,其实质就是将角度测量转换为相位测量。要测量角度 ϕ,就要先测定 n 和 $\Delta\phi$,整个测量由粗测和精测同时完成。

粗测:整分划间隔 ϕ_0 的个数 n 是通过测定通过 L_S 和 L_R 的脉冲计数 (nT_0) 求得的。在度盘径向的外、内缘上设有两个标记 a 和 b,当标记 a 通过 L_S 时,微处理机的计数器立即开始计取整分划间隔 ϕ_0 的个数,当标记 b 通过 L_R 时,计数器立即停止计数,此时就得到整数 n,因为 ϕ_0 已知,所以粗测值 $n\phi_0$ 可以准确测定。

精测:即测量 $\Delta\phi$,由通过光栅 L_S 和 L_R 产生的两个脉冲信号 S 和 R 的相位差 ΔT 求得。

当某一分划通过 L_S 时,精测计数立即开始计取通过的脉冲个数,而当另一分划通过 L_R 时,计数器立即停止计数,由计数器所计的数值即可求得 $\Delta\phi$。度盘一周有 1024 个分划间隔,每一分划间隔计数一次,度盘转动一周可测得 1024 个 $\Delta\phi$,然后取平均值就得到 $\Delta\phi$ 值。

实际测量时,粗测和精测是同时进行的,并由微处理机以数字方式显示或存储最后的角度观测值。由于该仪器的度盘划分为很多个分划间隔,又采用对整个度盘上的每一分划间隔进行扫描和精测,因而消除了度盘光栅刻划误差和度盘偏心差的影响,提高了观测值的精度。该仪器观测值可显示到 0.1″,一测回方向中误差为 ±0.5″。

3.6.3 电子经纬仪的性能

图 3-25 所示为苏一光 DT200 系列电子经纬仪的外形及外部构件名称。接下来以此电子经纬仪为例,说明电子经纬仪不同于光学经纬仪的性能。

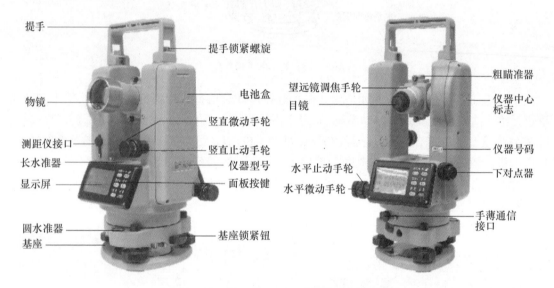

图 3-25 苏—光 DT200 系列电子经纬仪

1. 操作面板和显示屏

电子经纬仪的照准部有双面的操作面板和显示屏,便于盘左、盘右观测时仪器操作和度盘读数。如图 3-26 所示,显示屏位于面板左侧,同时显示水平度盘读数和垂直度盘读数;面板右侧有一排操作按钮,从上自下依次为:

(1) 左右按钮,在无切换时用于改变左右角增量方式,在切换状态时用于启动测距;

(2) 角度/斜度按钮,在无切换时用于改变角度斜度显示方式,在切换状态时用于平距、斜距、高差切换;

(3) 锁定按钮,在无切换时用于角度锁定,在切换状态时用于复测;

(4) 置 0 按钮,在无切换时用于置零,在切换状态时用于调整时间;

(5) 切换按钮,在无切换时用于键功能切换,在切换状态时用于夜照明;

(6) 开关按钮,用于开关、记录、确认。

2. 度盘读数显示

液晶显示屏同时显示水平度盘读数和垂直度盘读数,如图 3-26 所示,显示屏共显示四行内容,第一行为当前日期及时间;第二行为垂直度盘角度;第三行为水平度盘角度,"水平$_右$"表示水平度盘角度且顺时针转动仪器为角度的增加方向,"水平$_左$"表示水平度盘角度且逆时针转动仪器为角度的增加方向;第四行为电池容量和仪器状态, 表示电池容量,黑色填充越多表示电池容量越充足。

图 3 – 26　苏一光 DT200 系列电子经纬仪操作面板

3. 度盘读数设置

在瞄准某一方向的目标后,可以将水平度盘读数设置为 0°00′00″,称为"置零",也可以设置为某一角值,称为"水平度盘定向";垂直度盘读数可以设置为天顶距模式(显示角度值范围为 0°～360°,天顶为 0°)或坡度模式(显示坡度值范围为 – 100%～100%,水平方向为 0)。

4. 观测数据的存储与传输

可以将观测数据存储于仪器中,并通过数据接口将储存的数据传输至电子记录手簿或计算机中。

思考题

1. 什么叫水平角和竖直角?它们有正、负之分吗?
2. DJ_6 和 DJ_2 在结构上有何区别?读数设备和读数方法相同吗?
3. 电子经纬仪由哪几部分组成?和光学经纬仪相比,其度盘和读数系统有何不同?
4. 经纬仪对中和整平的目的是什么?怎样进行对中和整平?
5. 什么叫测回法和全圆测回法?测站上有哪些限差要求?
6. 竖直角测量时,竖盘气泡居中的目的是什么?怎样理解竖盘指标差的概念?
7. 经纬仪应满足怎样的轴线关系?怎样检校?
8. 角度测量有哪些主要误差来源?哪些误差可以通过正倒镜的方法予以消除?

第4章 距离测量

所谓距离一般是指地面上两点间的水平距离,是确定地面点相对位置的三个基本要素之一。距离测量是测量工作的三项基本工作之一。距离代表了测量对象的尺度。在实际作业中若所测得是倾斜距离,一般要改化为水平距离,则可用于平面测量数据的处理。随着电子仪器的发展,平面与高程同时处理的空间三维网得到了广泛的应用,因此倾斜距离也可直接用于控制网的数据处理。现阶段常用的测量距离的方法有钢尺量距、光电测距、视距测量三种。

4.1 钢尺量距

4.1.1 量距工具

钢尺是薄钢制成的带尺,可卷放在十字架上或金属盒内,尺宽 10mm～15mm,厚约 0.4mm,长度有 20m、30m 及 50m 等数种。钢尺的基本分划为 cm,在每米及每分米处有数字注记。一般钢尺在起点处 1dm 内刻有 mm 分划,也有的钢尺,整个尺内都有 mm 分划。

钢尺有端点尺和刻线尺之分,主要区别是零点位置不同(图 4-1)。端点尺是以尺的最外端点作为尺长的零点,而刻线尺的零点一般从尺内端的某一刻线开始,因此在使用钢尺时,首先应了解是哪种尺。另外当进行不同区域的距离测量时,可选择不同的钢尺,以方便量距。如当从建筑物墙边开始丈量时使用端点尺较为方便。

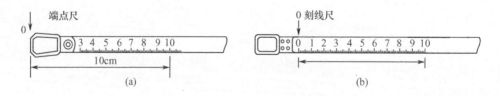

图 4-1 端点尺和刻线尺

钢尺是丈量距离的主要工具,除此之外,还用到花杆、测钎、垂球、温度计、弹簧秤等辅助工具。花杆用于标定直线。测钎用于标志尺段端点位置和计算已量过的整尺段数。垂球在斜坡上量距时用来投点。温度计、弹簧秤在精度较高的量距时,用于测量量距时的温度与拉力,以对观测距离进行改正。

4.1.2 直线定线

当被量距离大于一钢尺长度或地面坡度较大时,在丈量之前必须进行直线定线,以使所量测距离为被量测地面点两点间的直线距离。所谓直线定线就是在地面上标定出位于同一直线上的若干点,以便分段丈量。根据精度要求不同,可分为目视定线和经纬仪定线两种。

1. 目视定线

用于一般的量距。如图 4-2 为直线两端点 A、B,要定出 1、2 点,先在端点 A、B 上竖立花杆,测量员甲立在 A 点后 1m~2m 处,由 A 瞄向 B,使视线与花杆边缘相切;指挥持杆的测量员乙左、右移动,直到 A、1、B 三花杆在一条直线上,然后将花杆竖直地插下。同法定出点 2 的花杆。

2. 经纬仪定线

如果测距精度要求较高,需用经纬仪定线。如图 4-3 所示,在直线 AB 上定出 C 点的位置,可由测量员甲安置经纬仪于 A 点,用望远镜照准 B 点,固定水平制动螺旋,此时甲通过望远镜利用竖直的视准面,指挥乙移动花杆,当花杆移动至与十字丝竖丝重合时,便在花杆位置打下木桩,再根据十字丝在木桩上准确地定出 C 点的位置。

图 4-2 目视定线

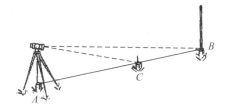

图 4-3 经纬仪定线

4.1.3 钢尺量距的一般方法

当地面比较平坦时,可沿地面丈量。首先进行直线定线,然后由两人以尺段为单位进行逐段丈量。如图 4-4,后尺手持尺的零点位于直线起点 A,并在 A 点上插一测钎。前尺手持尺的末端并携带一组测钎,沿 AB 方向前进,行至一尺段处停下。后尺手以手势指挥前尺手将钢尺拉在直线 AB 方向上;后尺手以尺的零点对准 A 点,当两人同时把钢尺拉紧、拉稳和拉平后,前尺手在尺的末端刻线处竖直地插下一测钎,得到 1 点。这样便量完了一个尺段。随之后尺手拔起 A 点上的测钎与前尺手共同举尺前进,同法量出第二尺段。如此继续丈量下去,直至最后不足一整段时,前尺手将尺上某一整数分划对准 B 点,由后尺手在尺的零端读出毫米数,两数相减,即可求得不足一尺段的余长。于是,AB 两点间的水平距离为

$$D = n \cdot l + q \qquad (4-1)$$

式中,n 为整尺段数(即后尺手手中的测钎数,但注意不包括 n 点的测钎);l 为钢尺整尺长度;q 为不足一整尺的余长。

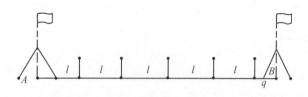

图 4-4 平地量距

4.1.4 钢尺量距的记录方法与量距的精度

1. 量距的记录格式

丈量距离常用的记录手簿,如表 4-1 所列。在表中除了记录实测数据外,尚需核算丈量结果的精度,如表中所列。

表 4-1 距离测量手簿

工程名称:××××××		天 气:晴、微风		测量:××× ×××		
日 期:××××年××月××日			仪 器:钢尺 012	记录:×××		
测线	分段丈量长度/m		总长度/m	平均长度/m	精度 K	备注
	整尺段/(nl)	零尺段/(l')				
AB 往	6×50	36.547	336.537	386.482	$\dfrac{1}{3087}$	量距方便地区 $K \leqslant \dfrac{1}{3000}$
AB 返	6×50	36.428	336.428			

2. 量距的精度

在实际量距中,为了提高量距的可靠性,及时发现错误,提高量距的精度。往往采用往、返丈量法。往、返丈量距离的精度可用"相对误差"来衡量。如丈量 AB 两点间的水平距离,由 A 向 B 量一次,称为往测;然后再由 B 向 A 量一次,称为返测,合称为往、返丈量。往、返所测结果的差与往返所测结果的平均值的比值称为量距的相对误差,一般用分子为 1 的分数表示,即

$$K = (D_{往} - D_{反})/D_{平} = 1/M \tag{4-2}$$

例如,丈量距离 AB,往测时为 336.537m,返测时为 336.428m,则往、返测距离之差为 0.109m,往、返距离的平均值为 336.482m,从而可求得其相对误差:

$$K = \frac{0.109}{336.482} = \frac{1}{3087}$$

一般规定,在平坦地区,钢尺量距的相对误差应不大于 1/3000;在量距困难地区,其相对误差不应大于 1/1000。量距结果如能符合此要求,即认为精度合格,取往、返测距离的平均值为该两点间的最终结果;否则,应进行重测,直至满足精度要求为止。

为了避免差错,提高量距的精度,量距时应注意以下几点:

(1) 丈量前,要认清钢尺的零点和末端位置及分划注记,不要用错。

(2) 丈量时,定线要准;尺要拉平,拉力要均匀;对点要准,测钎要竖直地插下,并插在钢尺的同一侧。

(3) 记清整尺段数,读好不足一尺段的余长。

(4) 钢尺不准在地面上拖拉,量距时不许车辆或行人践踏。

(5) 外业工作完毕后,应用软布擦去钢尺上的泥沙和水,涂上机油,以防生锈。

4.1.5 钢尺量距的精密方法

1. 沿地面丈量

当量距的精度要求高于 1/3000,称为精密量距,需采用精密量距方法。当地面比较平坦时,可用沿地面丈量法。首先用经纬仪定线,定线时,用钢尺概量,每隔大约一整尺段(比尺长大约小 5cm)打一木桩,木桩高出地面约 2cm~3cm。并在桩顶划线表示直线方向,再划细垂线,形成十字交点,作为钢尺读数的起迄点。钢尺应有毫米分划,至少零点端有毫米分划。尺子需经检定,并有尺长方程式,以便对量具结果进行改正。丈量时用弹簧秤施加检定时的拉力。用水准测量方法测定各桩顶间高差,作为分段倾斜改正的依据。

丈量的方法有读数法与划线法两种。读数法丈量时钢尺两端都对准尺段端点进行读数,若钢尺仅零端有毫米分划,则需以尺末端某分米分划对准尺段一端,以便零端读出毫米数。每尺段丈量 3 次,以尺子的不同位置对准端点,其移动量一般在 1dm 以内。3 次读数所得尺段长度之差,一般不超过 2mm~5mm。若超限,需进行第 4 次丈量。表 4-2 为钢尺量距手簿的一种形式。

表 4-2 钢尺量距手簿

线段 $A-B$ 尺长方程式: $l_t = 30 + 0.005 + 1.25 \times 10^{-5}(t-20℃) \times 30$ 检定时拉力 __10kg__

钢尺号 __K1228__   日期 __2006__ 年 __8__ 月 __08__ 日

尺段号	钢尺读数/m				中数/m	高差测定/m			温度/℃
	第一次	第二次	第三次	第四次		点号	往测标尺读数	返测标尺读数	
A 1	前 后 前−后	29.8905 0.0455 29.8450	29.9000 0.0570 29.8430	29.9100 0.0660 29.8440		29.8400	A 1 h	1.354 1.039 +0.504	1.644 1.139 +0.505	+9.4
						+0.504			
1 2	前 后 前−后	29.9205 0.0375 29.8830	29.9300 0.0470 39.8830	29.9505 0.0685 29.8820		29.8827	1 2 h	1.427 1.106 +0.321	1.528 1.207 +0.321	+10.0
						+0.321			
2 B	前 后 前−后	16.7800 0.0240 16.7560	16.7900 0.0350 16.7550	16.8115 0.0565 16.7550		6.7553	6 B h	1.352 1.2748 +0.104	1.453 1.348 +0.105	+11.1
						+0.104			

刻线法是以整尺段为单位,中间全用整尺段丈量,无需读数,用铅笔在桩顶划线或插入细针来表示尺段端点。也可用有 3 个尖脚的小铁片代替木桩,丈量时将小铁片踏入丈量方向的地面上,铁片表面用粉笔涂色。当拉力稳定且后尺端正好对准零点时,前司尺员可用小刀或铅笔在此小铁片上划线,其零尺段还是要用读数的方法量出余长。

精密丈量时也常采用悬空丈量,用钢线尺或因瓦线尺,也可用钢带尺或因瓦带尺。在每尺段处放置带有轴杆头的脚架,线尺端有分划尺,可供读取读数。量距时在钢尺后端零分划线对准起点的十字线的同时,在前端 50m 处,用钢针作一记号,并用小三角板划一条与定线方向垂直的细线。拉力用弹簧秤衡量。

精密丈量的成果,除需加入尺长改正数、温度和高差改正数外,应根据测区高程,将该长度投影到大地水准面上。设投影后的长度为 D_0,则

$$D_0 = D - \frac{H_m}{R} \cdot D \qquad (4-3)$$

式中,H_m 为该距离的平均高程;R 为地球半径。

如果需将该长度投影到施工区域的平均高程面上,则投影后的长度 D'_0 为

$$D'_0 = D + \frac{D}{R}(H_n - H_m) \qquad (4-4)$$

式中,H_n 为工程区域的平均高程。

当远离投影带中央子午线的地区进行距离测量时,还应考虑距离改化,其计算为

$$D' = D + \frac{y^2}{2R^2} \cdot D \qquad (4-5)$$

式中,y 为该距离的平均横坐标。

是否加入投影改正与距离改化,取决于丈量距离的精度。

悬空丈量时,因尺重与拉力平衡,尺子呈悬链线形状。按悬链线理论,尺长与弦长之差,即钢尺下垂改正数的计算公式为

$$\Delta l_a = \frac{W^2 l^3}{24 P^2} \qquad (4-6)$$

式中,W 为钢尺每米长的质量,通常为 0.017kg/m ~ 0.021kg/m;l 为钢尺长度;P 为测量时钢尺的拉力,对于 30m 钢尺为 10kg,对于 50m 钢尺为 15kg。

对于 30m 钢尺,$\Delta l_a = 4.5$mm。对于 50m 钢尺,中间不加托桩,$\Delta l_a = 9.3$mm;其中间加一托桩,则 $\Delta l_a = 2.3$mm。这对距离丈量来说是必须考虑的因素。

2. 钢尺的检定

当要求量距的精度较高时,对外业量距的成果必须首先进行各项改正,如尺长、温度、拉力等,这是由于尺子本身以及量距时的外界环境不同引起的。较精密的钢尺在出厂时在尺子上都注明温度、拉力、尺长,并附有尺长方程。温度、拉力是指钢尺被检定时的温度、拉力,而尺长是指尺子的刻划长度,也称名义长度,一般与其实际长度有所不同,二者之差称为尺长改正数。该值并不是一成不变的,随着使用时间的变化,应定期到国家计量局认定的单位进行检定,得到尺长方程。

设 l_0 表示名义长度,l_i 表示实际长度,则 $\Delta l = l_i - l_0$ 为尺长改正数。可见 Δl 有正负,当实际长度大于名义长度时,为正,否则为负。尺子在不同的拉力下,长度会发生变化,因此在进行实际量距时应尽量采用钢尺检定时的拉力;钢尺的长度受温度变化热胀冷缩,在不同的温度环境下,尺长不同,因此需考虑以温度为引数的改正。综合尺长改正、温度改正可以写出下列方程

$$l_t = l_0 + \Delta l + l_0 \alpha (t - t_0) \qquad (4-7)$$

式中,l_t 为温度为 t 时的实际长度;α 为钢尺膨胀系数,一般为 $(1.16 \sim 1.25) \times 10^{-5}$;$t_0$ 为钢尺

检定时的温度。

有了尺长方程,即可对所测距离进行改正。

例 4-1：用一根尺长方程为 $l_t = 30\text{m} + 0.005\text{m} + 30 \times 1.25 \times 10^{-5} \times (t - 20℃)$ 的钢尺,在温度为 25℃ 的情况下,往测测得某段距离为 165.453m,返测得 165.492m,二者间的高差为 2.225m,问该次丈量的距离是否达到 1/3000 的精度要求,实际平距为多少?

解：每尺的实际长度为

$l_t = 30\text{m} + 0.005\text{m} + 30 \times 1.25 \times 10^{-5} \times (25 - 20℃) = 30.0069(\text{m})$

$L_{往} = \dfrac{165.453}{30} \times 30.0069 = 165.491(\text{m})$

$L_{返} = \dfrac{165.492}{30} \times 30.0069 = 165.530(\text{m})$

$L_{平} = (L_{往} + L_{返})/2 = 165.5105(\text{m})$

$K = |L_{往} - L_{返}|/L_{平} = 1/4000 \leqslant 1/3000$,满足精度要求,实际距离为 165.5105m

平距为：$\sqrt{165.5105^2 - 2.225^2} = 165.4955\text{m}$。

4.1.6 钢尺量距的误差分析

影响丈量距离的误差较多,有仪器误差(尺子本身的误差)、观测误差(包括定线误差、读数误差)、外界条件引起的误差(风力、地球重力等)。

1. 定线误差

在图 4-5 中,AB 为正确位置,虚线为偏离测线的位置,可见偏离测线的长度总是大于 AB,属系统性影响。根据理论推导知若要求 $\Delta \leqslant +1\text{mm}$,当 l 为 30m 时,则应使定线误差不超过 0.1m。可见这时采用目估花杆定线是可行的。

图 4-5 定线误差

2. 钢尺尺长误差

精密距离丈量必须使用检定过的钢尺,即使用的钢尺必须具有近期的尺长方程,以对丈量结果进行改正,这样可保证尺长误差小于 ±1mm。若用未经检定的钢尺或不按新的尺长方程式计算距离,则距离中必然含该项误差。用一根尺往返丈量不会发现此项误差,而用两根尺子同向丈量所反映的只是两尺尺长改正数 Δl 的差与整尺段数的乘积。

3. 测定地面倾斜的误差

当在斜面上丈量距离时,斜距必须改化为平距,由改化公式可知,若使 $m_{\Delta D_h} = \pm 1\text{mm}$,则当 $h = 1\text{m}$ 时,一尺段 30m 测定高差的误差应小于 3cm,这用普通水准测量是容易达到的。

4. 温度误差

温度改正数的公式为 $\Delta D_t = a(t - t_0)D'$,$m_{D_t} = aD'm_t$。如仍设一尺段中因温度产生的误差为 ±1mm,则测定温度的误差约为 3℃。问题在于测定空气的温度有时与钢尺温度相差较大,夏季沿地面丈量时尤为显著,因此应设法量取钢尺的温度。

5. 拉力误差

钢尺具有弹性,设弹性模量 E 约为 $2 \times 10^6 \text{kg/cm}^2$,钢尺截面设为 $A = 0.04 \text{cm}^2$,拉力误差 Δp,按虎克定律,钢尺伸长为 $\Delta l_p = \dfrac{\Delta pl}{EA}$。对于 30m 钢尺而言,若使 Δl_p 为 $\pm 1\text{mm}$,则拉力误差(与检定时拉力相比较)应小于 3kg。

6. 丈量本身的误差

包括钢尺端点的对准误差,插测钎的误差,分划尺读数的误差等。虽属偶然性误差,可抵消其中一部分,但仍属丈量的主要误差来源。如钢尺的基本分划为毫米,读数只要求读到毫米,就可能有 0.5mm 的凑整误差。再考虑其他丈量误差,要保证1mm 的精度是不容易的。为此,宁可对其他系统误差控制得严一些,以保证总的丈量精度。

4.2 视距测量

4.2.1 视距测量的概念

视距测量是根据几何光学原理,使用带有视距丝的仪器间接地同时测定地面上两点间距离和高差的方法。这种方法观测速度快,操作方便,不受地形限制,尽管测距精度较低(一般为 1/200 ~ 1/300),但能满足地形测量的要求,普遍应用在地形测图中用来测定大量地面点的位置和高程。

视距测量的工具包括带有测量距离装置的经纬仪、水准仪以及与之配套的标尺。测量距离的装置,称为视距装置,最简单的是在十字丝分划板上,除了十字丝的竖丝和横丝外,还刻有两条上、下对称的短丝,即视距测量的视距丝。与视距测量配套的尺子称为视距尺,可用普通水准尺代替。

4.2.2 视距测量的原理和公式

1. 视准轴水平时

如图 4-6 所示,在 A 点安置经纬仪,在 B 点竖立视距尺。p 为上、下视距丝的间隔,f 为物镜的焦距,δ 为物镜到仪器中心的距离,d 为物镜焦点至视距尺的距离。当望远镜视线水平时,使视距尺成像清晰。根据透镜成像原理,从视距丝 m、g 发出的平行于望远镜视准轴的光线,经物镜后产生折射且通过焦点 F 而交于视距尺上 M、G 两点。M、G 两点的读数差称为视距间隔,用 n 表示。因 ΔFmg 与 ΔFMG 相似,从而可得

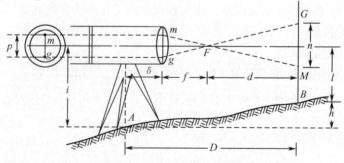

图 4-6 视距测量—视线水平

$$\frac{d}{f} = \frac{n}{p}, d = \frac{f}{p}n$$

由图可知：

$$D = d + f + \delta = \frac{f}{p}n + f + \delta \quad (4-8)$$

令 $K = \frac{f}{p}, q = f + \delta$，则 A、B 两点间的水平距离为

$$D = Kn + q$$

式中，K 为视距乘常数；q 为视距加常数。

为了简化公式，在仪器的设计中，使 $q \approx 0$，而使 K 值为 100。即测距时，只要用视距丝读取视距尺间隔 n，乘以乘常数 100，即得待测距离

$$D = Kn \quad (4-9)$$

可见，当视线水平时，十字丝中横丝在尺上的读数为 l，设经纬仪横轴中心至地面标志 A 的距离称为仪器高 i，则测站点 A 至立尺点 B 的高差 h 为

$$h = i - l \quad (4-10)$$

这种情况适用于水准仪，因此在水准测量的过程中，若读取上、下丝读数，即可求出水准仪与水准尺间的距离。在四等以上的水准测量中，通过读取上、下丝来求取前后视距长，以控制前后视距的差值，减小视准轴与水准轴不平行的误差以及地球曲率、大气折光的误差。

2. 视准轴倾斜时

为了测定地面上任意两点的距离，由于地面高低起伏，使用水准仪受到很大限制，一般要使视线倾斜才能在尺上读数，这时视准轴不与尺面垂直，如图 4-7 中 M、N 两读数之差，可见上面所推导的公式不再适用。

如图 4-7，设想将尺子以中丝在尺上的交点 C 为中心，转动一个 α 角，使尺与视线相垂直，这时上、下视距丝截尺于 M'、N' 两点，得视距间隔为 n'，则可用式(4-9)求得斜距 D' 为

$$D' = Kn'$$

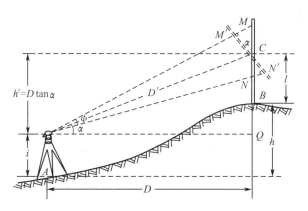

图 4-7 视距测量—视线倾斜

那么 $M'N'$ 与 MN，即 n' 与 n 有什么关系呢？由于 φ 角很小，$\frac{\varphi}{2}$ 一般仅有 $17.9'$。所以可将 $\angle MM'C$ 和 $\angle NN'C$ 看成直角。则在直角三角形 $MM'C$ 和 $NN'C$ 中，$M'C = MC \cdot \cos\alpha$；$N'C = NC \cdot \cos\alpha$，则 $n' = M'C + N'C = (MC + NC)\cos\alpha = n\cos\alpha$

$$D' = Kn' = Kn\cos a \qquad (4-11)$$

再将斜距化为水平距离,在 $\triangle OCQ$ 中,$D = D'\cos a$,将式(4-11)代入上式得视线倾斜时 A、B 间的水平距离为

$$D = Kn\cos^2 a \qquad (4-12)$$

由图 4-7 可知

$$h + l = h' + i$$

而

$$h' = CQ = D\tan a$$

则视线倾斜时的高差公式为

$$h = h' + i - l = D\tan a + i - l = Kn\cos^2 a\tan a + i - l = Kn\sin a\cos a + i - l$$

或者

$$h = \frac{1}{2}Kn\sin 2a + i - l \qquad (4-13)$$

4.2.3 视距测量的误差来源

对于视距测量的误差来源同样可以从三个方面考虑,即仪器误差、观测误差、外界条件引起的误差等。

1. 仪器误差

包括视距尺分划误差、常数 K 的误差等。

1) 视距尺的分划误差

由视距测量公式 $D = Kn\cos^2 a$ 不难看出,若 n 不准确,则将成 $K\cos^2 a$ 倍影响距离。如视距尺为水准尺,其分米分划线的偶然中误差为 ±0.5mm,对距离的影响为 ±0.071m。

2) 常数 K 不准确的误差

普通视距仪的常数已认定 $K = 100$。前已述及,在仪器制造时,使 $K = 100$。$K = \frac{f}{p}$,可见影响 K 的误差,主要是视距丝间隔的误差,在仪器制造时要求对乘常数的影响应小于 0.2%。如果重新测定 K 值,测定中各项误差也会使 K 产生误差。此外,常数受气温等变化而不稳定。设 K 的中误差为 m_k,则对视距 D 的误差 m_D 为

$$m_D = n \cdot m_k$$

2. 观测误差

1) 用视距丝读取视距间隔的误差

读取 n 有两种方法。即取上、下丝直接读数的差;或者使一根丝与尺子的某分划重合,另一丝读取读数。读数的误差与尺子最小分划的宽度、距离远近、望远镜的放大率及成像清晰情况有关。

2) 观测竖直角的误差

由 $D = Kn\cos^2 \alpha$ 知,α 有误差必然影响视距测量的精度。α 一般小于 45°,$\sin 2\alpha$ 为增函数,可见其影响随竖直角 α 的增大而增大。设 $Kn = 100$m,$\alpha = 45°$,测角误差取 ±10″,则对距离的影响为 5mm;当 $m_\alpha = ±1'$ 时,也只有 30mm。可见此项误差影响较小。

3) 视距尺竖立不直的误差

尺子不竖立,将对视距产生误差。设 n 和 n' 分别为视距尺竖直与不竖直时视距丝的间

隔,尺子的倾斜角为 φ,视准轴的倾斜(即竖直角)为 α,则对距离的影响为

$$\Delta D_\varphi = Kn'\cos^2 a \left(\frac{\varphi^2}{2\rho^2} - \frac{\varphi}{\rho}\tan a \right)$$

式中括号内的第一项与视线的竖直角 α 无关,影响也较小,如 $\varphi = 3°$ 时为 1/730。第二项随 α 的增大而迅速增大,例如当 $\varphi = 3°$,α 为 10° 和 20° 时,分别为 1/108 及 1/52。这在视距测量中是不可忽视的,特别在山区作业,视距尺倾斜 3° 是完全可能的。为减少其影响,应在尺上安置圆水准器。

3. 外界条件的影响

外界条件的变化,如大气的竖直折光,会使视线产生弯曲,特别是靠近地面,折光影响显著,会影响测距的精度。又如晴天或视线通过水面时,使视距尺的成像不稳定,造成读数误差增大。还有风力较大时使尺子抖动,两根视距丝又不能在同一时间读数。这些都会给视距间隔 n 带来误差。

综上所述,影响视距测量精度的因素很多,表现最大的是用视距丝读取视距间隔误差、视距尺竖立不直的误差和外界条件的影响等 3 种误差。根据理论和实验资料分析,在良好的外界条件下,普通视距的相对误差约为 1/200 ~ 1/300。当外界条件较差或尺子竖立不直时,甚至只有 1/100 或更低的精度。

4.3 光 电 测 距

由前几节的介绍可以看出,长距离的卷尺丈量是一项十分繁重的工作,劳动强度很大,工作效率低,而且受地形的影响比较大,且精度较低,远远不能满足测量的需要。视距测量虽然降低了劳动强度,但精度很低,仍然不能满足测量的需要。从 20 世纪 50 年代开始人们研制生产出了光电测距仪(简称测距仪)。利用光电测距仪来测量距离,即光电测距,它具有测距精度高、速度快、测程大以及不受地形的影响等优点。

光电测距仪的种类比较多。按其测程大小,可分为短程(3km 以内)、中程(3km ~ 15km)和远程(大于 15km)三种;如按载波来分,采用光波(可见光或红外光)作为载波的称为光电测距,采用微波段的无线电波作为载波的称为微波测距。光电测距仪中利用氦氖(He - Ne)气体激光器,其波长为 $0.6328\mu m$ 的红色可见光的就是激光测距仪,它的测程长,精度也高。光电测距仪中使用的载波在电磁波红外线波段,波长一般为 $0.86\mu m \sim 0.94\mu m$ 的称红外测距仪。由于红外测距仪是以砷化镓(GaAs)发光二极管为载波源,发出红外线的强度随注入的电信号的强度而变化,因此这种发光管兼有载波源和调制器的双重功能。又由于电子线路的集成化,仪器可以做得很小,与测角设备和计算机结合,自动化程度较高。按其所用光源分,一般有红外测距仪和激光测距仪两种;按其精度的高低,又可分为Ⅰ、Ⅱ、Ⅲ级,如表 4 - 3。

表 4 - 3 光电测距等级分类

等级	精度	表达式
Ⅰ级	$\|m_D\| \leq 5mm$	$m_D = \pm(a + b * D)$
Ⅱ级	$5mm < \|m_D\| \leq 10mm$	m_D 为测距中误差;a 为固定误差(加常数),b 为比例误差(乘常数)(10^{-6})
Ⅲ级	$10mm < \|m_D\| \leq 20mm$	

4.3.1 光电测距仪的基本工作原理

光电测距仪是通过测量光波在待测距离上往、返一次所经过的时间 t,间接地确定两点间距离 D 的一种仪器。如图 4-8,测定两点间的距离时,在 A 点安置光电测距仪,在 B 点安置反光棱镜,仪器发出的光束由 A 到达 B,经反光棱镜反射后又返回到仪器。设光速 c 为已知,如果若再知道光束在待测距离 D 上往、返传播的时间 t_{2D},则距离 D 就可由下式求得

$$D = t_{2D} \cdot c/2 \tag{4-14}$$

这就是光电测距仪工作的基本原理。

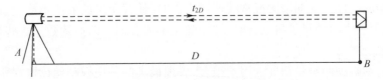

图 4-8 光电测距原理图

可见只要能精确测定时间 t,就可精确测定距离。如果要求测距误差 $dD \leq 1\text{cm}$,并取 $c_0/n = 3 \times 10^5 \text{km/s}$,测定时间间隔 t_{2D} 的精度为

$$dt_{2D} \leq \frac{2n}{c_0}dD = \frac{2}{3 \times 10^{10}}(\text{s})$$

脉冲法测距是直接测定电磁波脉冲信号在待测距离上往返传播的时间,由于直接测定传播时间的精度只有 10^{-8} s,测距精度受到限制。脉冲法测距多用于光能量很大的激光测距仪,适用于远距离测量。近年来已有毫米级的脉冲式激光测距仪出现,是在原来的基础上进行了改进。要进一步提高精度,还可以采用间接的测时手段,即通过测定测距仪所发出的一种连续调制光波在测线上往返传播所产生的相位移,以间接测定时间 t_{2D}。许多高精度的光电测距仪一般都采用"相位法"间接测定时间。因此,这种测距仪又称为相位式测距仪。

4.3.2 相位式光电测距仪

相位式光电测距仪就是通过测量调制光在测线上往返传播所产生的相位移,间接地测定时间 t,按式(4-14)求出距离 D。

由光源经调制器后射出的光强随高频信号调制光,经反射镜反射后被接收器所接收,然后由相位计将发射信号(又称参考信号)与接收信号(又称测距信号)进行相位比较,并由显示器显示出调制光在被测距离上往返传播所引起的相位移 φ。如果将调制波的往返测程摊平,则有如图 4-9 所示的波形。

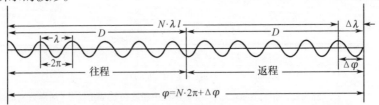

图 4-9 相位测量距离原理图

若已知相位移 φ,则

$$t_{2D} = \frac{\varphi}{\omega} = \frac{\omega}{2\pi f}$$

代入式(4-13)得

$$D = \frac{c \cdot \varphi}{2f \cdot 2\pi} \qquad (4-15)$$

由图 4-9 可以看出:

$$\varphi = N \cdot 2\pi + \Delta\varphi = 2\pi(N + \Delta N) \qquad (4-16)$$

式中,N 为零或正整数,表示 φ 的整周期数;$\Delta\varphi$ 为不足整周期的相位移尾数,$\Delta\varphi < 2\pi$;ΔN 为不足整周期的比例数,$\Delta N = \frac{\Delta\varphi}{2\pi} < 1$。

将式(4-15)代入式(4-14)可得

$$D = \frac{c}{2f}\left(N + \frac{\Delta\varphi}{2\pi}\right) = \frac{c}{2f}(N + \Delta N) = \frac{\lambda}{2}(N + \Delta N) \qquad (4-17)$$

式(4-17)为相位式测距的基本公式。

令 $\frac{\lambda}{2} = L_D$,则式(4-17)为

$$D = NL_D + \Delta N L_D \qquad (4-18)$$

式(4-18)与钢尺量距时的公式相比较,可以看出 L_D 相当于钢尺长度,称为光尺。于是,距离 D 也可以看成是光尺长度乘以光尺整尺段数和余尺数之和。由于光速 c 和调制频率 f 是已知的,所以光尺的长度 L_D 是已知的。显然,要测定距离 D,就必须确定整尺段数 N 和余长比例数 ΔN。

在相位式测距仪中,相位计只能分辨 0°~360°的相位值,也就是测不出相位变化的整周期 $N \cdot 2\pi$ 数,而只能测出相位变化的尾数 $\Delta\varphi$(或 $\Delta N = \frac{\Delta N}{2\pi}$),因此使式(4-18)产生多值解,距离 D 仍无法确定。为了求得完整距离,在测距仪上,采用多把测尺,即多个调制频率的方法来解决。例如选定一个 10m 的测尺和一个 1000m 的测尺,设待测距离为 328.315m,则用 10m 测尺测得小于 10m 的尾数 8.315m,而 1000m 测尺测得小于 1000m 的数,如 328.2m,将两数衔接起来(对于 1000m 测尺只取百米、十米位),即为所求的距离值。若距离再大,还需要第三把测尺。

4.3.3 仪器的构造

测距仪的型号很多,但其外部构造及使用方法基本类似。以威特 DI5 为例(图4-10),它是一种相位式红外测距仪。在一般气象条件下,一块反射棱镜的测程为 2.5km,3 块棱镜达 3.5km,7 块棱镜可达 4.5km,11 块棱镜可达 5km,最大测程可达 7km。测距精度为 3mm ($1 + 10^{-6}$)。利用接合器可将 DI5 的照准头安置在该厂生产的 T1、T2 或 T2000 等型号的经纬仪望远镜上,采用砷化镓(GaAS)半导体二极管的红外荧光(波长为 $0.885\mu m$)作为光源。调制频率 $f_1 = 4.870255$MHz,相应的精测尺长度为 30.7692m,$f_2 = 74.927$kHz,相应粗测尺长为 2000m。测距仪主要由照准头、控制器、反光镜等组成。

1. 照准头

照准头内装有发射和接收光学系统、光调制器和光接收器电路。照准头内的电子元件及

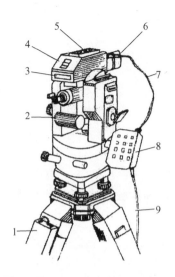

图 4-10 DI5 光电测距仪

1—电池箱；2—平衡锤；3—显示窗；4—DI5；5—测量按键；6—键盘电缆插座；
7—键盘电缆；8—键盘；9—电池电缆。

两个伺服机构，一个用于控制内、外光路自动转换；另一个控制两块透过率不同的滤光片以减弱近距离时反回的过强信号。利用平衡锤使安置照准头后起到平衡作用。照准头侧面有电缆与控制器相连接。

2. 控制器

控制器是测距仪的核心部分，内装有低频电子线路、相位计及计算器等部件，它直接装在经纬仪上。通过控制面板来进行距离操作。控制面板上有电源开关、检验/起动开关、距离选择开关、测量单位互换开关等。面板上还有显示器的选择开关，白天是液晶显示，天暗和地下工程作业能自动打开内部传感器进行显示。在 2km 以内，最小计算单位为 0.001m；大于 2km 时为 0.01m。

3. 反光镜

反射镜的作用是在被测点将发射来的调制光反射至接收系统。随着测程的不同，使用的反射棱镜数目也不同。但当测距小于 100m 时，由于反射镜反回的光强很大，应使用滤光器以减弱光强。

4.3.4 测量距离的步骤

将测距仪和反射镜分别安置于测线两端点，照准反射镜，检查经反射镜反回的光强信号，合乎要求后即可开始测距。为避免错误和减少照准误差的影响，重新照准反射镜。每次可读取若干次读数，称为一测回。根据不同精度要求规定的测回数，最好在不同的时间段进行往返测量（精度要求不高时也可单向测量）。同时应由温度计和气压计读取大气温度和气压值。所有观测结果均记入相应的记录手簿中。

4.3.5 光电测距的成果整理

测距时所得的一测回或几测回距离读数平均值 S 为野外观测值，还必须经过改正，才能得两点间正确的水平距离。

1. 仪器常数改正

仪器常数包括乘常数 K 和加常数 C 两项。距离的乘常数改正值：

$$\Delta S_R = K \cdot S \qquad (4-19)$$

式中，R 的单位为 mm/km，S 的单位为 km。

例如，测得的观测值 $S=816.350\text{m}$，$K=+6.3\text{mm/km}$，则 $\Delta S_R = 6.3 \times 0.816 = +5(\text{mm})$。

距离的加常数改正值 ΔS_C 与距离的长短无关，因此有

$$\Delta S_C = C \qquad (4-20)$$

例如，$C = -8\text{mm}$，则 $\Delta S_C = -8\text{mm}$。

2. 气象改正

光在大气中传播速度会受到气温、气压等气象条件的影响。因此，当测距精度要求较高时，测距时还应测定气温、气压，以便进行气象改正。距离的气象改正值 ΔS_A 与距离的长度成正比，因此气象改正参数 A 也是一个乘常数。一般在仪器的说明书中给出 A 的计算公式。例如，REDmini 测距仪以 $t_s = 15℃$，$p = 760\text{mmHg}$ 为标准状态，此时 $A = 0$；在一般大气条件下

$$A = (278.96 - 0.3872 \times p/(1 + 0.003661 \times t_x))(\text{mm/km}) \qquad (4-21)$$

距离的气象改正值为

$$\Delta S_A = A \cdot S \qquad (4-22)$$

例如，观测时，$t_x = 30℃$，$p = 740\text{mmHg}$，则 $A = +20.8\text{mm/km}$；对于测得的观测值 $S = 816.350\text{m}$，则 $\Delta S_A = +20.8 \times 0.816 = +17(\text{mm})$。

3. 倾斜改正

在进行光电测距时，用经纬仪已经测得视线的竖直角 α，因此可用前面的公式将观测的斜距 S 改化为水平距离。不难推出将斜距化为平距的倾斜改正值为

$$\Delta S_a = S \cdot (\cos\alpha - 1) \qquad (4-23)$$

例如，斜距 $S = 816.350\text{m}$，竖直 $\alpha = +5°18'00''$ 时，则

$$\Delta S_a = 816.350 \times (\cos 5°18'00'' - 1) = -3.490(\text{m})$$

根据上述各项改正，即可得到光电测距的最终结果

$$D = S + \Delta S_k + \Delta S_C + \Delta S_A + \Delta S_a \qquad (4-24)$$

例如，上述的斜距观测值，经各项改正得到平距

$$D = 816.350 + 0.005 - 0.008 + 0.017 - 3.490 = 812.874(\text{m})$$

4. 距离的投影改正

在实际工作中，为了满足工程的需要，往往要求将距离投影到不同的高程面上。具体投影方法可参考式(4-3)~式(4-5)。

4.3.6 光电测距的误差分析

1. 仪器误差

影响测距精度的主要有比例误差、固定误差。除上述误差外，还包括仪器和反射镜的对中误差。在误差中还包括了因仪器内部固定电子信号窜扰和测相单元移相电路失调引起的相位

误差,因其误差大小随测尺长度呈周期性变化,故称为周期误差。

1) 比例误差

(1) 真空中光速值 c_0 的测定误差为 10^{-8},它对测距成果的影响很小,可忽略不计。

(2) 大气折射率的误差。由于测定的气温、气压等的误差,以及在测线一端或两端测定的数值不能代表整个测线上平均气象因素的误差和计算折射率公式本身的误差,致使计算得的 n 有误差。若要测距精度达到 10^{-6},则求定折射率的精度也应有 10^{-6}。根据计算,测定温度的误差应小于 $\pm 1℃$,气压测定的误差应小于 ± 2.5mmHg。

(3) 调制频率的测定误差。调制频率决定了测尺长度,它的变化会引起测尺长度的变化。为了保证仪器的可靠性,要定期进行频率的检测。

2) 固定误差

(1) 仪器加常数的校准误差。一般仪器在出厂前都经过严格检测,并利用逻辑电路来预置加常数,以便对测距结果自动进行加常数改正。但在长期使用过程中,加常数 C 可能发生变化,因此必须定期地进行此项检测,若超出允许范围,应重新预置常数或将加常数的变化值(剩余加常数)对测距结果进行改正。

(2) 测相误差,包括测相系统的误差、照准误差和幅相误差。

测相系统的误差是由于相位计的灵敏度和大气扰动以及噪声的干扰所引起的。这主要靠提高仪器设计质量来解决。通常显示的距离值都是仪器千万次测相自动取平均值的结果,藉以提高测相的精度。

照准误差是由于发光管面上各点发光的延迟时间不一,调制光的起始相位不同而产生的。因而在发射调制光束的同一横截面上,各部分的相位不同。这样反射镜接收到不同部位的调制光,从而产生了测距误差。在实际作业中,先用望远镜瞄准反射镜,称为"光瞄准",再根据面板上的光强信号指示,调整仪器的水平、竖直微动螺旋,直到信号强度指示达到最大值时,就表明仪器照准好了,这称为"电瞄准"。

幅相误差是由于接收光信号的强弱不同而引起的距离误差。观测时,必须调节光栏孔径,根据检测电表将接收信号强度控制在一定的范围内。有些短程光电测距仪上设有自动减光板,可自动控制接收信号的强度。

3) 周期误差

由于送到数字检相器的不仅是测距信号,还包括仪器内部的窜扰信号,由此产生相位误差。窜扰信号的相位是固定不变的,而测距信号的相位随距离和测尺在 $0°\sim 360°$ 作周期性变化。变化的周期 T 通常为 $\lambda/2$(HGC-1 测距仪为 10m),周期误差改正数可用下式表示:

$$v_{Ei} = A\sin(\phi_0 + \theta_i) \qquad (4-25)$$

式中,v_{Ei} 为与距离 D_i 相应的周期误差改正值;A 为周期误差的振幅;ϕ_0 为仪器的初相角,即显示距离为 0m 时的相角;θ_i 为相应于距离 D_i 的相位差,$\theta_i = \dfrac{D_i}{T} \times 360°$。

在仪器使用过程中,周期误差也可能会发生变化,因此必须定期检测。

2. 观测误差

对于光电测距仪,观测工作对测距结果的影响主要有:照准误差,对中误差,整平误差等。

3. 外界环境引起的误差

外界条件的变化影响测距的精度,特别是大气折光,是影响光电测距最显著的误差之一。

在实际作业中要进行气象改正,并注意视线要离地面一定的高度,特别是当视线通过水面时,更应注意。

4.4 全 站 仪

4.4.1 全站仪概述

全站仪是电子测角、光电测距、微处理器及其软件组合而成的智能型测量仪器。由于全站仪一次观测即可获得水平角、竖直角和倾斜距离 3 种基本观测数据,而且借助机内的固化软件可以组成多种测量功能(如自动完成平距、高差、镜站点坐标的计算等),并将结果显示在液晶屏上。全站仪还可以实现自动记录、存储、输出测量结果,使测量工作大为简化。目前,全站仪已广泛应用于控制测量、大比例尺数字测图以及各种工程测量中。

全站仪按其结构形式可分成积木式全站仪和整体式全站仪两大类。

积木式全站仪又称组合式全站仪或半站仪,是全站仪的早期产品。它由电子经纬仪和测距仪组合在一起构成全站仪,两者可分可合。作业时,测距仪安装在电子经纬仪上,相互之间通过电缆实现数据通信;作业结束后,卸下分别装箱。这种仪器可根据作业精度要求,由用户自行选择不同测角、测距设备进行组合,灵活性较好。

整体式全站仪也称集成式全站仪,是全站仪的现代产品。它将电子经纬仪、光电测距仪和微处理机融为一体,共用一个光学望远镜,仪器各部分构成一个整体,不能分离。这种仪器性能稳定,使用方便。

目前全站仪的品种越来越多,精度越来越高。常见的全站仪有瑞士莱卡(LEICA)、日本索佳(SOKKIA)、日本拓普康(TOPOCON)、尼康(NIKON)、我国的南方等多种品牌。随着电子技术和计算机技术的不断发展与应用,全站仪的智能化程度越来越高,为用户提供了更大的方便。

4.4.2 全站仪的基本构造及功能

1. 全站仪的基本构造

图 4-11 所示为全站仪的基本构造。它通过数据采集设备和微处理机的有机结合,实现了既能自动完成数据采集,又能自动处理数据的功能,使整个测量过程有序、快速、准确地进行。

1)数据采集设备

主要有电子测角系统、电子测距系统,还有自动补偿设备等,主要用于测量角度、距离和高差等。

2)微处理机

微处理机是全站仪的核心装置,主要由中央处理器、随机存储器和只读存储器等构成。测量时,微处理机根据键盘或程序的指令控制各分系统的测量工作,进行必要的逻辑和数据运算以及数字存储、处理、管理、传输、显示等。

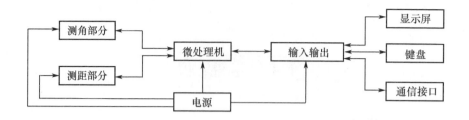

图 4-11　全站仪基本结构框图

2. 全站仪的功能

全站仪所能实现的功能与仪器内置的软件直接相关。目前的智能型全站仪普遍具有以下功能。

（1）角度测量。自动显示瞄准目标的水平度盘和竖盘读数。

（2）距离测量。瞄准棱镜后可直接测定斜距和水平距离。

（3）高差测量。输入仪器高和棱镜高后可直接获得两点间的高差。

（4）三维坐标测量与放样。根据已知点坐标、高程,已知方位角和观测的角度、距离、高差计算出三维坐标。也可以根据输入的坐标进行坐标放样,并显示放样点的位置。

（5）对边测量。可以测定任意两点的距离、方位角和高差。测量模式既可以是相邻两点之间的折线方式,也可以是固定一个点的中心辐射方式。

（6）悬高测量。用于测量计算不可接触点,如架空电线远离地面无法安置反射棱镜时,测定其悬高点的三维坐标。

（7）自由设站。通过测量(角度、距离、高差测量的任意组合)若干已知量来自动计算所设站点的坐标和高程。

（8）偏心测量。用于待测点处不能设置棱镜的情形,将棱镜设置在待测点的左侧或右侧,通过测量可以获得待测点的坐标。

（9）面积测量。用于测量计算闭合多边形的面积,可以用任意直线和弧线段来定义一个面积区域,通过测量各点的坐标或利用文件中的数据计算出区域的面积。

（10）导线测量。利用角度和距离测量数据,按单一导线形式进行平差,平差后的坐标将自动记录到仪器内存。

4.4.3　莱卡 TC(R) 系列全站仪简介

1. TC(R)403/405/407 系列全站仪

图 4-12 所示为瑞士莱卡公司生产的 TC(R)403/405/407 全站仪的外观和面板的基本操作。该系列全站仪具有坚固耐用、测程长、内存容量大、操作简单、实用方便、易学易用等优点,特别是具有红外光(配备棱镜)和可见激光(无棱镜)两种测距功能,以及电子水准器和激光对中功能,内置丰富的应用软件以及强大的数据管理系统,是一种全中文智能型全站仪。这个系列的全站仪在简单的工程测量、放样工作和全数字化地形图数据采集工作中尤为实用。

2. TC(R)403/405/407 系列全站仪的技术参数

表 4-4 列出了 TC(R)403/405/407 系列全站仪的技术参数。

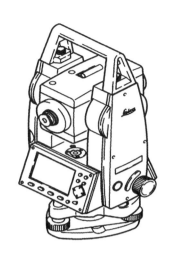
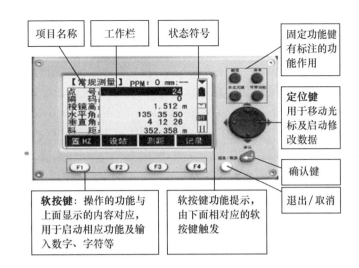

图 4-12 TC(R)403/405/407 系列全站仪

表 4-4 TC(R)403/405/407 系列全站仪主要技术参数

仪器型号		TC(R)403	TC(R)405	TC(R)407
距离测量	最大距离（良好天气）单个棱镜	3.5km		
	最大距离（良好天气）三个棱镜	5.4km		
	数字显示	1mm		
	精度	$2mm(1+10^{-6})$		
	测量时间	<1s		
	气象修正、棱镜常数修正	输入参数自动改正		
角度测量	测角方式	光电增量法		
	最小读数	1″		
	精度	3″	5″	7″
望远镜	成像	正像		
	放大倍数	30 倍		
	视场角	1°30′		
	最小对焦距离	1.7m		
自动垂直补偿器	系统	双轴液体补偿器		
	工作范围	±4′		
	精度	1″	1.5″	2″
水准器	电子水准器	20″/2mm		
	圆水准器	6′/2mm		
显示部分	类型	8 行×13 个中文汉字		
机械电池	电源	可充电镍氢电池		
	电压	6V		
	电容量	3600mA·h		
重量	重量	5.2kg		

3. 全站仪的使用方法

（1）全站仪安置。包括对中与整平,方法与光学仪器基本相同。有的全站仪使用激光对中器,操作十分方便。仪器有双轴补偿器,整平后气泡略有偏差,对观测并无影响。

（2）开机和设置。开机后仪器进行自检,自检通过后,显示主菜单。测量前应进行相关设置,如各种观测量单位与小数点位数设置、测距常数设置、气象参数设置、标题信息设置、测站信息设置、观测信息设置等。

（3）角度、距离、坐标测量。在标准测量状态下,角度测量模式、斜距测量模式、平距测量模式、坐标测量模式之间可互相切换。全站仪精确照准目标后,通过不同测量模式之间的切换,可得到所需要的观测值。

不同品牌和型号的全站仪实现同一种测量功能的操作程序不同。为了全面发挥全站仪的先进使用功能,并确保仪器的安全使用,使用前应详细阅读操作手册。

 思考题

1. 在丈量距离之前,为什么要进行直线定线？如何进行直线定线？
2. 钢尺量距应注意哪些事项？
3. 试写出视距测量的公式。视距测量有哪些误差源？
4. 光电测距仪的精度标准是什么？光电测距成果应进行哪些改正？
5. 全站仪的功能主要有哪些？

第 5 章

测量误差的基本知识

5.1 测量误差的概念

5.1.1 测量误差的来源与分类

一种情况是,若对某观测量进行重复测量,比较其测量结果,就会发现这些测量结果之间往往存在一些差异。例如,对同一段距离重复丈量若干次,得到的距离观测值通常互有差异。另一种情况是,已经知道某观测量或某几个观测量之间应该满足某一理论关系,但当对这几个量进行测量后,也会发现实际观测结果往往不能满足应有的理论关系。例如,根据几何理论平面三角形三内角之和应等于180°,但如果对这三个内角进行观测,三内角观测值之和常常不等于180°,而是存在差异。

在同一量的各观测值之间,或在观测值与其理论值之间存在差异的现象,在测量工作中是普遍存在的。为什么会产生这种差异呢?这是由于观测值中包含有测量误差的缘故。

产生测量误差的原因很多,概括起来主要有以下三方面。

1)测量仪器方面

测量工作通常是利用测量仪器进行的。由于每一种仪器都具有一定限度的精密度,因而使观测值的精密度也受到了一定的限度。例如,用只刻有厘米分划的普通水准尺进行水准测量时,就难以保证在估读厘米以下的尾数时完全正确无误。同时,仪器本身制造上也有一定的误差,例如,水准仪的视准轴不完全平行于水准轴、水准尺的分划误差等。因此,使用这样的水准仪和水准尺进行观测,就会使得水准测量的结果产生误差。

2)观测者方面

由于观测者感觉器官的鉴别能力有一定的局限性,所以在仪器的安置、照准、读数等方面都会产生误差。同时,观测者的工作态度和技术水平,也对观测成果质量有直接影响。

3)外界条件方面

观测时所处的外界条件,如温度、湿度、风力、气压等因素都会对观测结果产生影响;温度的高低、湿度的大小、风力的强弱等的不同,对观测结果的影响也随之不同,因而在这样的客观环境下进行观测,就必然使观测的结果产生误差。

上述测量仪器、观测者、外界条件等是引起观测误差的三个主要因素。因此,把这三方面的因素综合起来称为观测条件。观测条件的好坏与观测成果的质量有着密切的联系。观测条件好,观测中所产生的误差平均说来就可能相应地小,观测成果的质量就会高一些。反之,观测条件差,观测成果的质量就会低一些。如果观测条件相同,观测成果的质量也就可以说是相同的。因此,观测成果的质量高低也就客观地反映了观测条件的优劣。

但是,不管观测条件如何,在整个观测过程中,由于受到上述种种因素的影响,观测的结果就会产生误差。从这一意义上来说,在测量中产生误差是不可避免的。当然,在客观条件允许的情况下,测量工作者可以而且必须确保观测成果具有较高的质量。

根据测量误差对观测结果的影响性质,可将观测误差分为系统误差和偶然误差、粗差3种。

1. 系统误差

在相同的观测条件下作一系列的观测,如果误差在大小、符号上表现出系统性,或者按一定的规律变化,或者为某一常数,那么这种误差称为系统误差。

例如,用具有某一尺长误差的钢尺量距时,由尺长误差所引起的距离误差与所测距离的长度成正比地增加,距离愈长,所积累的误差也愈大;经纬仪因校正不完善而使所测角度产生误差等。这些都是由于仪器不完善或工作前未经检验校正而产生的系统误差。又如,用钢尺量距时的温度与检定尺长时的温度不一致,而使所测的距离产生误差;测角时因大气折光的影响而产生的角度误差等,这些都是由于外界条件所引起的系统误差。此外,如有些观测者在照准目标时,总是习惯于把望远镜十字丝对准目标中央的某一侧,也会使观测结果带有系统误差。

系统误差对观测结果的影响一般具有累积作用,它对成果质量的影响也特别显著。在实际工作中,应该采用各种方法来尽量削弱或消除系统误差,减小其对观测成果的影响,达到可以忽略不计的程度。例如,在进行水准测量时,采用前后视距相等,以消除由于视准轴不平行于水准轴对观测高差所引起的系统误差;对量距用的钢尺预先进行检定,求出尺长误差的大小,对所量的距离进行尺长改正,以消除由于尺长误差对量距所引起的系统误差等,都是消弱系统误差的方法。

2. 偶然误差

在相同的观测条件下作一系列的观测,如果误差在大小和符号上都表现出偶然性,即从单个误差看,误差的大小和符号没有规律性,但就大量误差的总体而言,具有一定的统计规律,这种误差称为偶然误差。

例如在用经纬仪测角时,测角误差是由照准误差、读数误差、外界条件变化所引起的误差、仪器本身不完善而引起的误差等综合的结果。而其中每一项误差又是由许多偶然(随机)因素所引起的小误差的代数和。例如照准误差可能是由于脚架或觇标的晃动或扭转、风力风向的变化、目标的背景、大气折光和大气透明度等偶然因素影响而产生的小误差的代数和。因此,测角误差实际上是许多微小误差项的总和,而每项微小误差又随着偶然因素影响的不断变化,其数值忽大忽小,其符号或正或负,这样,由它们所构成的总和,就其个体而言,无论是数值的大小或符号的正负都是不能事先预知的,因此,把这种性质的误差称为偶然误差。

如果各个误差项对其总和的影响都是均匀地小,即其中没有一项比其他项的影响占绝对优势时,那么它们的总和将是服从或近似地服从正态分布的随机变量。因此,偶然误差就其总体而言,都具有一定的统计规律,故有时又把偶然误差称为随机误差。

3. 粗差

在测量工作的整个过程中，除了上述两种性质的误差以外，还可能出现粗差。粗差是在数据获取、传输和加工过程中，由于不规则差错造成的且不能作为可接受的观测值所假定或所估计的误差。在观测过程中，由于各种原因，如仪器、观测人员的不注意，或环境的突变等，会使观测数据含有粗差。这种误差将不再服从正态分布。如由于工作中的粗心大意，造成数据读错、记错。粗差的存在不仅大大影响测量成果的可靠性，而且往往造成返工浪费，给工作带来难以估量的损失。因此，必须采取适当的方法和措施，以保证观测结果中不存在错误。

系统误差与偶然误差在观测过程中总是同时产生的。当观测值中有显著的系统误差时，偶然误差就居于次要地位，观测误差就呈现出系统误差的性质。反之，即呈现出偶然误差的性质。

当观测列中已经排除了系统误差的影响，或者与偶然误差相比已处于次要地位，则认为该观测列中主要是存在着偶然误差。

由于观测结果不可避免地存在着偶然误差，因此，在实际工作中，为了提高成果的质量，同时也为了检查和及时发现观测值中有粗差存在，通常要使观测值的个数多于必要未知量的个数，也就是要进行多余观测。例如，对一条边，丈量一次就可得出其长度，但实际上总要丈量两次或更多次；一个平面三角形，只需要观测其中的两个内角，即可决定它的形状，但通常是观测三个内角。由于偶然误差的存在，使多余观测间存在矛盾与不符值。因此，必须对这些带有偶然误差的观测值进行处理，使得消除矛盾与不符值，得到观测量的最可靠结果。

5.1.2 偶然误差的规律性

任何一个观测量，客观上总是存在着一个能代表其真正大小的数值。这一数值被称为该观测量的真值。

设对某观测量进行了 n 次观测，其观测值为 $L_1、L_2、\cdots、L_n$，假定观测量的真值为 $\tilde{L}_i$，由于各观测值都带有一定的误差，因此，每一观测值与其真值 $\tilde{L}$ 或 $E(L_i)$ 之间必存在一差数，设为

$$\Delta_i = L_i - \tilde{L}_i \tag{5-1}$$

式中 Δ_i 称为真误差，有时简称为误差。

在前面已经指出，就单个偶然误差而言，其大小或符号没有规律性，即呈现出一种偶然性（或随机性）。但就其总体而言，却呈现出一定的统计规律性，并且指出它是服从正态分布的随机变量。人们从无数的测量实践中发现，在相同的观测条件下，大量偶然误差的分布也确实表现出了一定的统计规律性。下面通过实例来说明这种规律性。

设在某测区，在相同的条件下，独立地观测了 358 个三角形的全部内角，由于观测值带有误差，故三内角观测值之和不等于其真值 $180°$，根据式（5-1），各个三角形内角和的真误差可由下式算出

$$\Delta_i = (L_1 + L_2 + L_3)_i - 180°, (i = 1,2,\cdots,358)$$

式中 $(L_1 + L_2 + L_3)_i$ 表示各三角形内角和的观测值，Δ_i 称为三角形闭合差。现取误差区间的间隔 $d\Delta$ 为 $0.20''$，将这一组误差按其正负号与误差值的大小排列，统计误差出现在各区间内的个数 v_i，以及"误差出现在某个区间内"这一事件的频率 $\dfrac{v_i}{n}$（此处 $n = 358$），结果列于表 5-1 中。

表 5-1　三角形闭合差分布表

误差区间	Δ 为负值			Δ 为正值			备注
	个数 v_i	频率 $\dfrac{v_i}{n}$	$\dfrac{v_i}{n}/\mathrm{d}\Delta$	个数 v_i	频率 $\dfrac{v_i}{n}$	$\dfrac{v_i}{n}/\mathrm{d}\Delta$	
0.00~0.20	45	0.126	0.630	46	0.128	0.640	
0.20~0.40	40	0.112	0.560	41	0.115	0.575	
0.40~0.60	33	0.092	0.460	33	0.092	0.460	
0.60~0.80	23	0.064	0.320	21	0.059	0.295	$\mathrm{d}\Delta = 0.20''$；等于区间左端值的误差算入该区间内
0.80~1.00	17	0.047	0.235	16	0.045	0.225	
1.00~1.20	13	0.036	0.180	13	0.036	0.180	
1.20~1.40	6	0.017	0.085	5	0.014	0.070	
1.40~1.60	4	0.011	0.055	2	0.006	0.030	
1.60 以上	0	0	0	0	0	0	
和	181	0.505		177	0.495		

从表 5-1 中可以看出，误差的分布情况具有以下性质：

（1）误差的绝对值有一定的限值，这里是 1.6；
（2）绝对值较小的误差比绝对值较大的误差多；
（3）绝对值相等的正负误差的个数相近。

误差分布的情况，除了采用上述误差分布表的形式表达外，还可以利用直方图来表达。以横坐标表示误差的大小，纵坐标代表各区间内误差出现的频率除以区间的间隔值，即 $\dfrac{v_i/n}{\mathrm{d}\Delta}$（此处间隔值均取为 $\mathrm{d}\Delta = 0.20''$）。根据表 5-1 的数据绘制出图 5-1。可见，此时图中每一误差区间上的长方条面积就代表误差出现在该区间内的频率。例如，图 5-1 中画有斜线的长方条面积，就是代表误差出现在 $0.00'' \sim +0.20''$ 区间内的频率 0.128。可见直方图形象地表示了误差的分布情况。

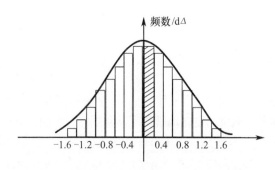

图 5-1　误差分布曲线

在 $n \to \infty$ 的情况下，由于误差出现的频率已趋于完全稳定，如果此时把误差区间间隔无限缩小，则可想象到，图 5-1 中各长方条顶边所形成的折线将变成如图 5-1 所示的光滑曲线。这种曲线称为误差的概率分布曲线，或误差分布曲线。可见，随着 n 的逐渐增大，偶然误差的频率分布是以正态分布为其极限的。通常也称偶然误差的频率分布为其经验分布，而将正态分布称为它们的理论分布。因此，在以后的理论研究中，都是以正态分布作为描述偶然误差分布的数学模型。这不仅可以带来工作上的便利,而且也是基本符合实际情况的。

通过以上讨论,还可以进一步用概率的术语来概括偶然误差的几个特性:

(1) 在一定的观测条件下,误差的绝对值有一定的限值,或者说,超出一定限值的误差,其出现的概率为零;

(2) 绝对值较小的误差比绝对值较大的误差出现的概率大;

(3) 绝对值相等的正负误差出现的概率相同;

(4) 偶然误差的数学期望(算术平均值)为零,即

$$E(\Delta) = E[L - E(L)] = E[L - \tilde{L}] = E(L) - \tilde{L} = 0 \quad (5-2)$$

换句话说,偶然误差的理论平均值为零。

对于一系列的观测而言,不论其观测条件是好是差,也不论是对同一个量还是对不同的量进行观测,只要这些观测是在相同的条件下独立进行的,则所产生的一组偶然误差必然都具有上述的4个特性。前面讲过,图5-1中各长方条的纵坐标为 $\dfrac{v_i/n}{\mathrm{d}\Delta}$,其面积即为误差出现在该区间内的频率。如果将这个问题提到理论上来讨论,则以理论分布取代经验分布,此时,图5-1中各长方条的纵坐标就是 Δ 的密度函数 $f(\Delta)$,而长方条的面积为 $f(\Delta)\mathrm{d}\Delta$,即代表误差出现在该区间内的概率,即

$$P(\Delta) = f(\Delta)\mathrm{d}\Delta \quad (5-3)$$

其概率密度公式为

$$f(\Delta) = \dfrac{1}{\sqrt{2\pi}\sigma}\mathrm{e}^{-\dfrac{\Delta^2}{2\sigma^2}} \quad (5-4)$$

式中 σ 为中误差。当式(5-4)中的参数 σ 确定后,即可画出它所对应的误差分布曲线。由于 $E(\Delta)=0$,所以该曲线是以横坐标为0处的纵轴为对称轴。例如,图5-2中就是表示 σ 不相等时的两条曲线。由上述讨论可知,偶然误差 Δ 是服从 $N(0,\sigma^2)$ 分布的随机变量。

5.2 衡量精度的指标

如何正确理解"精度"的含义以及怎样衡量精度的高低,是本节所要讨论的主要内容。

从直方图看,误差分布较为密集时,其图形在纵轴附近的顶峰则较高,且由各长方条所构成的阶梯比较陡峭;而误差分布较为分散时,在纵轴附近的顶峰则较低,且其阶梯较为平缓。这个性质,同样反映在误差分布曲线(图5-2)的形态上,即误差分布曲线Ⅰ较高而陡峭,误差分布曲线Ⅱ则较低而平缓。

在一定的观测条件下进行的一组观测,它对应着一种确定的误差分布。不难理解,如果分布较为密集,即离散度较小时,则表示该组观测质量较好,也就是说,这一组观测的精度较高;反之,如果分布较为离散,即离散度较大时,则表示该组观测质量较差,也就是说,这一组观测精度较低。

所谓精度,就是指误差分布的密集或离散的程度,也就是指离散度的大小。假如两组观测成果的误差分布相同,则两组观测成果的精度就相同;反之,若误差分布不同,则精度也就不同。

在相同的观测条件下所进行的一组观测,由于它们对应着同一种误差分布,因此,对于这

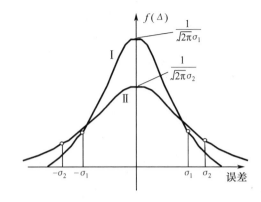

图 5-2　不同方差的误差分布曲线

一组中的每一个观测值,都称为是同精度观测值。例如,表 5-1 中所列的 358 个观测结果是在相同观测条件下测得的,各个结果的真误差彼此并不相等,有的甚至相差很大(例如有的出现于 0.00″~0.20″区间,有的出现于 1.40″~1.60″区间)。但是由于它们所对应的误差分布相同,这些观测彼此是同精度的。

为了衡量观测值的精度高低,可以按 5.1 节的方法,把在一组相同条件下得到的误差,用组成误差分布表、绘制直方图或画出误差分布曲线的方法来比较。但在实际工作中,这样做比较麻烦,有时甚至很困难。而且人们还需要对精度有一个数字概念。这种具体的数字应该能够反映误差分布的密集或离散的程度,即应能够反映其离散度的大小,因此称它为衡量精度的指标。

衡量精度的指标有很多种,下面介绍几种常用的精度指标。

5.2.1　方差和中误差

由上节知,误差 Δ 概率密度函数为

$$f(\Delta) = \frac{1}{\sqrt{2\pi}\sigma} e^{-\frac{\Delta^2}{2\sigma^2}}$$

式中 σ^2 是误差分布的方差。由方差的定义知:

$$\sigma^2 = D(\Delta) = E(\Delta^2) = \int_{-\infty}^{+\infty} \Delta^2 f(\Delta) \mathrm{d}\Delta \tag{5-5}$$

σ 称为中误差:

$$\sigma = \sqrt{E(\Delta^2)} \tag{5-6}$$

不同的 σ 对应着不同形状的分布曲线,σ 愈小,曲线愈陡峭,误差分布比较密集。σ 愈大,则曲线愈为平缓,误差分布比较离散。由概率密度函数可知,正态分布曲线具有两个拐点,它们在横轴上的坐标为 $X_{拐} = \mu_x \pm \sigma$,μ_x 为变量 X 的数学期望。对于偶然误差而言,由于其数学期望 $E(\Delta) = 0$,所以拐点在横轴上的坐标应为

$$\Delta_{拐} = \pm \sigma \tag{5-7}$$

由此可见,σ 的大小可以反映精度的高低。故常用中误差 σ 作为衡量精度的指标。

如果在相同的条件下得到了一组独立的观测误差,根据定积分的定义

$$\sigma^2 = D(\Delta) = E(\Delta^2) = \int_{-\infty}^{+\infty} \Delta^2 f(\Delta) \mathrm{d}\Delta$$

$$\lim_{n\to\infty}\sum_{k=1}^{n}\Delta_k^2 f(\Delta_k)\mathrm{d}\Delta = \lim_{n\to\infty}\sum_{k=1}^{n}\frac{v_k\Delta_k^2}{n} = \lim_{n\to\infty}\sum_{k=1}^{n}\frac{\Delta_k^2}{n}$$

即

$$\begin{cases}\sigma^2 = D(\Delta) = E(\Delta^2) = \lim_{n\to\infty}\dfrac{[\Delta\Delta]}{n} \\ \sigma = \lim_{n\to\infty}\sqrt{\dfrac{[\Delta\Delta]}{n}}\end{cases} \tag{5-8}$$

根据前面的定义,方差是真误差平方(Δ^2)的数学期望,也就是Δ^2的理论平均值。在分布规律为已知的情况下,它是一个确定的常数。方差(σ^2)和中误差(σ),分别是$\dfrac{[\Delta\Delta]}{n}$和$\sqrt{\dfrac{[\Delta\Delta]}{n}}$的极限值,它们都是理论上的数值。但是,实际观测个数n总是有限的,由有限个观测值的真误差只能求得方差和中误差的估(计)值。方差(σ^2)和中误差(σ)的估值用符号$\hat{\sigma}^2$和$\hat{\sigma}$表示。在本书中,还用符号m来表示中误差的估值,因而方差的估值也可写成m^2,即

$$\begin{cases}m^2 = \hat{\sigma}^2 = \dfrac{[\Delta\Delta]}{n} \\ m = \hat{\sigma} = \sqrt{\dfrac{[\Delta\Delta]}{n}}\end{cases} \tag{5-9}$$

这是根据一组等精度真误差计算方差和中误差估值的基本公式。

顺便指出,由于分别采用了不同的符号以区分方差和中误差的理论值和估值,因此在本书以后文字叙述中,在不需要特别强调"估值"意义的情况下,也将"中误差的估值"简称为"中误差"。

5.2.2 平均误差

在一定的观测条件下,一组独立的偶然误差绝对值的数学期望称为平均误差。设以θ表示平均误差,则有

$$\theta = E(|\Delta|) = \int_{-\infty}^{+\infty}|\Delta|f(\Delta)\mathrm{d}\Delta$$

同样,如果在相同条件下得到了一组独立的观测误差,上式也可写为

$$\theta = \lim_{n\to\infty}\frac{[|\Delta|]}{n} \tag{5-10}$$

即平均误差是一组独立的偶然误差绝对值的算术平均值之极限值。

因为

$$\theta = \int_{-\infty}^{+\infty}|\Delta|f(\Delta)\mathrm{d}\Delta = 2\int_{0}^{\infty}\Delta\frac{1}{\sqrt{2\pi}\sigma}e^{-\frac{\Delta^2}{2\sigma^2}}\mathrm{d}\Delta =$$
$$\frac{2}{\sqrt{2\pi}}\int_{0}^{\infty}(-\sigma\mathrm{d}(e^{-\frac{\Delta^2}{2\sigma^2}}) = \frac{2\sigma}{\sqrt{2\pi}}[-e^{-\frac{\Delta^2}{2\sigma^2}}]_{0}^{\infty}$$

所以有

$$\begin{cases} \theta = \sqrt{\dfrac{2}{\pi}}\sigma \approx 0.7979\sigma \approx \dfrac{4}{5}\sigma \\ \sigma = \sqrt{\dfrac{2}{\pi}}\theta \approx 1.253\theta \approx \dfrac{5}{4}\theta \end{cases} \quad (5-11)$$

式(5-11)是平均误差 θ 与中误差 σ 的理论关系式。由此式可以看到,不同大小的 θ,对应着不同的 σ,也就对应着不同的误差分布曲线。因此,也可以用平均误差 θ 作为衡量精度的指标。

由于观测值的个数 n 总是一个有限值,因此在实用上也只能用 θ 的估值 $\hat{\theta}$ 来衡量精度,并用 ϑ 表示 θ 的估值,但仍简称为平均误差。则

$$\vartheta = \pm \dfrac{[|\Delta|]}{n} \quad (5-12)$$

由式(5-11)也可以写出它与中误差(估值)的关系式为

$$\begin{cases} \vartheta \approx 0.797m \approx \dfrac{4}{5}m \\ m \approx 1.253\vartheta \approx \dfrac{5}{4}\vartheta \end{cases} \quad (5-13)$$

5.2.3 或然误差

随机变量 X 落入区间 (a,b) 内的概率为

$$P(a < X < b) = \int_a^b f(x)\,dx$$

对于偶然误差 Δ 来说,误差 Δ 落入区间 (a,b) 的概率为

$$P(a < \Delta \leq b) = \int_a^b f(\Delta)\,d\Delta \quad (5-14)$$

或然误差 ρ 的定义是:误差出现在 $(-\rho, +\rho)$ 之间的概率等于 $1/2$,即

$$\int_{-\rho}^{+\rho} f(\Delta)\,d\Delta = \dfrac{1}{2} \quad (5-15)$$

如图 5-3 所示,图中的误差分布曲线与横轴所包围的面积为 1,则在曲线下 $(-\rho, +\rho)$ 间的面积为 $\dfrac{1}{2}$。

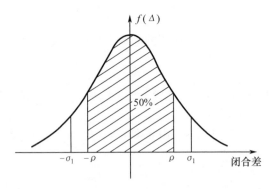

图 5-3 或然误差

由概率积分表可查得,当概率为 1/2 时,积分限为 0.6745σ,即得

$$\begin{cases} \rho \approx 0.6745\sigma \approx \dfrac{2}{3}\sigma \\ \sigma \approx 1.4826\rho \approx \dfrac{3}{2}\rho \end{cases} \quad (5-16)$$

式(5-16)是或然误差 ρ 与中误差 σ 的理论关系。由此式也可以看到不同的 ρ 也对应着不同的误差分布曲线,因此,或然误差 ρ 也可以作为衡量精度的指标。

5.2.4 极限误差

前已指出,中误差不是代表个别误差的大小,而是代表误差分布的离散度的大小。由中误差的定义可知,它代表一组同精度观测误差平方的平均值的平方根极限值,中误差愈小,即表示在该组观测中,绝对值较小的误差愈多。在大量同精度观测的误差中,误差落在 $(-\sigma, +\sigma)$、$(-2\sigma, +2\sigma)$ 和 $(-3\sigma, +3\sigma)$ 的概率分别为

$$P(-\sigma < \Delta < +\sigma) \approx 68.3\%$$

$$P(-2\sigma < \Delta < +2\sigma) \approx 95.5\%$$

$$P(-3\sigma < \Delta < +3\sigma) \approx 99.7\%$$

也就是说,绝对值大于中误差的偶然误差,出现的概率为 31.7%;而绝对值大于 2 倍中误差的偶然误差出现的概率为 4.5%;绝对值大于 3 倍中误差的偶然误差出现的概率仅有 0.3%,这已经是概率接近于零的小概率事件,或者说这是实际上的不可能事件。因此,通常以 3 倍中误差作为偶然误差的极限值 $\Delta_{限}$,并称为极限误差。即

$$\Delta_{限} = 3\sigma \quad (5-17)$$

实践中,也有采用 2σ 作为极限误差的。实用上则以中误差的估值 m 代替 σ,即以 $3m$ 或 $2m$ 作为极限误差。

在测量工作中,如果某误差超过了极限误差,那么就可以认为它是粗差,相应的观测值应舍去不用。

5.2.5 相对误差

对于某些观测结果,有时单靠中误差还不能完全表达观测结果的好坏。例如,分别丈量了 1000m 及 80m 的两段距离,观测值的中误差均为 ±2cm,虽然两者的中误差相同,但就单位长度而言,两者精度并不相同,显然前者的相对精度比后者要高。此时,需采用另一种办法来衡量精度,通常采用相对中误差,它是中误差与观测值之比。如上述两段距离,前者的相对中误差为 1/50000,而后者则为 1/4000。

相对中误差是个无名数,在测量中一般化为 $\dfrac{1}{N}$ 表示。

对于真误差与极限误差,有时也用相对误差来表示。例如,经纬仪导线测量时,规范中所规定的相对闭合差不能超过 1/2000,它就是相对极限误差;而在实测中所产生的相对闭合差,则是相对真误差。

与相对误差相对应,真误差、中误差、极限误差等均称为绝对误差。

5.3 误差传播定律

在实际工作中,有些量往往不能直接测得,而是由某些直接观测值通过一定的函数关系间接计算而得。例如在控制测量中,要求得各控制点的坐标,而坐标无法直接测得,而是通过测量距离、水平角求得。

由于直接观测值含有误差,因而它的函数必然要受其影响而存在误差,阐述观测值中误差与函数中误差之间关系的定律,称为误差传播定律。根据函数的形式不同,分为线性与非线性两种函数形式分别进行讨论。

▶ 5.3.1 线性函数的中误差

线性函数的一般形式为

$$Z = f_1 x_1 \pm f_2 x_2 \pm \cdots \pm f_n x_n \tag{5-18}$$

式中 x_1、x_2、$\cdots$、x_n 为独立观测值,其中误差分别为 m_1、m_2、$\cdots$、m_n,f_1、f_2、$\cdots$、f_n 为常数。

设函数 Z 的中误差为 m_z,下面来推导中误差之间的关系。为推导简便,先以两个独立观测值进行讨论,则式(5-18)为

$$Z = f_1 x_1 \pm f_2 x_2 \tag{5-19}$$

若 x_1 和 x_2 的真误差为 Δx_1 和 Δx_2,则函数 Z 必有真误差 ΔZ,即

$$Z + \Delta Z = f_1(x_1 + \Delta x_1) \pm f_2(x_2 + \Delta x_2) \tag{5-20}$$

式(5-20)减式(5-19)得真误差的关系式为

$$\Delta Z = f_1 \Delta x_1 \pm f_2 \Delta x_2 \tag{5-21}$$

对 x_1 及 x_2 均进行了 n 次观测,可得

$$\begin{cases} \Delta Z_1 = f_1(\Delta x_1)_1 \pm f_2(\Delta x_2)_1 \\ \Delta Z_2 = f_1(\Delta x_1)_2 \pm f_2(\Delta x_2)_2 \\ \vdots \\ \Delta Z_n = f_1(\Delta x_1)_n \pm f_2(\Delta x_2)_n \end{cases} \tag{5-22}$$

对式(5-22)等号两边平方求和,并除以 n,则得

$$\frac{[\Delta Z^2]}{n} = \frac{f_1^2[\Delta x_1^2]}{n} + \frac{f_2^2[\Delta x_2^2]}{n} \pm 2\frac{f_1 f_2[\Delta x_1 \cdot \Delta x_2]}{n} \tag{5-23}$$

由于 Δx_1、Δx_2 均为独立观测值的偶然误差,因此乘积 $\Delta x_1 \cdot \Delta x_2$ 也必然呈现偶然性,根据偶然误差的第四特性,有

$$\lim_{n \to \infty} \frac{f_1 f_2[\Delta x_1 \cdot \Delta x_2]}{n} = 0$$

由中误差的定义得

$$m_z^2 = f_1^2 m_1^2 + f_2^2 m_2^2 \tag{5-24}$$

推广之,可得线性函数中误差的关系式为

$$m_z^2 = f_1^2 m_1^2 + f_2^2 m_2^2 + \cdots + f_n^2 m_n^2 \tag{5-25}$$

5.3.2 非线性函数的中误差

对于非线性函数,一般形式表示为

$$Z = f(x_1、x_2、\cdots、x_n) \tag{5-26}$$

对函数取全微分,得

$$dZ = \frac{\partial f}{\partial x_1} dx_1 + \frac{\partial f}{\partial x_2} dx_2 + \cdots + \frac{\partial f}{\partial x_n} dx_n \tag{5-27}$$

因为真误差均很小,用以代替上式的 dZ、dx_1、dx_2、$\cdots$、dx_n,得真误差关系式

$$\Delta Z = \frac{\partial f}{\partial x_1} \Delta x_1 + \frac{\partial f}{\partial x_2} \Delta x_2 + \cdots + \frac{\partial f}{\partial x_n} \Delta x_n \tag{5-28}$$

$\frac{\partial f}{\partial x_i}$($i = 1、2、\cdots、n$)以观测值代入,值为常数,因此,式(5-28)是线性函数的真误差关系式,仿照前面的方法得函数 Z 的中误差关系式

$$m_z^2 = \left(\frac{\partial f}{\partial x_1}\right)^2 m_1^2 + \left(\frac{\partial f}{\partial x_2}\right)^2 m_2^2 + \cdots + \left(\frac{\partial f}{\partial x_n}\right)^2 m_n^2 \tag{5-29}$$

常用函数的中误差关系式均可由一般函数中误差关系式导出,现与一般函数中误差关系式一并列于表 5-2。

表 5-2 观测函数中误差

函数名称	函数关系式	中误差关系式
一般函数	$Z = f(x_1, x_2, \cdots, x_n)$	$m_z^2 = \left(\frac{\partial f}{\partial x_1}\right)^2 m_1^2 + \left(\frac{\partial f}{\partial x_2}\right)^2 m_2^2 + \cdots + \left(\frac{\partial f}{\partial x_n}\right)^2 m_n^2$
线性函数	$Z = k_1 x_1 \pm k_2 x_2 \pm \cdots \pm k_n x_n$	$m_z^2 = k_1^2 m_1^2 + k_2^2 m_2^2 + \cdots + k_n^2 m_n^2$
和差函数	$Z = x_1 \pm x_2$	$m_z^2 = m_1^2 + m_2^2$ 或 $m_z = \pm\sqrt{m_1^2 + m_2^2}$ $m_z = \pm\sqrt{2}m$(当 $m_1 = m_2 = m$ 时)
	$Z = x_1 \pm x_2 \pm \cdots \pm x_n$	$m_z^2 = m_1^2 + m_2^2 + \cdots + m_n^2$ $m_z = \pm\sqrt{n}m$(当 $m_1 = m_2 = \cdots = m_n = m$ 时)
算术平均值	$Z = \frac{1}{n}(x_1 + x_2 \cdots + x_n)$ $= \frac{1}{n}x_1 + \frac{1}{n}x_2 + \cdots + \frac{1}{n}x_n$	$m_z = \pm\frac{1}{n}\sqrt{m_1^2 + m_2^2 + \cdots + m_n^2}$ $m_z = \frac{m}{\sqrt{n}}$(当 $m_1 = m_2 = \cdots = m_n = m$ 时)
	$Z = \frac{1}{2}(x_1 + x_2)$	$m_z = \frac{1}{2}\sqrt{m_1^2 + m_2^2}$ $m_z = \frac{m}{\sqrt{2}}$(当 $m_1 = m_2 = m$ 时)
倍数函数	$Z = cx$	$m_z = cm$

应用误差传播定律求观测值函数的中误差时,首先应根据实际问题列出函数关系式,而后使用误差传播定律。如果问题复杂,所列出函数式为非线性的,则可对函数式进行全微分,再求函数的中误差。应用时应注意,观测值必须是独立的观测值,即函数式等号右边的各自变量应互相独立,不包含共同的误差,否则应作并项或移项处理,使其均为独立观测值为止。

例 5-1:在 1:2000 比例尺地形图上,量得某直线长为 167.85mm,中误差为 ±0.1mm。求实际长度及其中误差。

解:直线的实际长度与图上量得长度之间是倍数函数关系,即

$$D = cx = 2000 \times 167.85\text{mm} = 335.7\text{m}$$
$$m_D = cm = 2000 \times (\pm 0.1\text{mm}) = \pm 0.2\text{m}$$

最后结果写为

$$D = 335.7\text{m} \pm 0.2\text{m}$$

5.4 观测值的算术平均值及其中误差

5.4.1 最小二乘法的基本原理

在相同的观测条件(人员、仪器设备、观测时的外界条件)下进行的观测,称为等精度观测。在不同的观测条件下进行的观测,称为不等精度观测。无论哪一种观测,为确定一个未知量的大小,一般都对未知量进行多余观测,由于误差的存在,观测值之间就出现了矛盾。因此为了消除矛盾,就要对观测数据进行处理,求得未知量的最或是值(或最可靠),同时评定观测值及最或是值的精度。例如对于一段距离观测一次即可知道其大小,但为了提高精度和可靠度,一般进行往返观测,而往返观测值不会完全一样,从而出现矛盾。对于一个三角形的三个内角 a、b、c,只要观测其中任意两个,第三个角值就可以确定,但一般三个角都测,就有一个多余观测。所测三个角之和应满足三角形内角和条件(称为图形条件),但一般 $a+b+c \neq 180°$,则产生闭合差 f 为

$$f = a + b + c - 180°$$

为了消除闭合差以满足图形条件,求得各角的最或是值,就必须在每一角上加一改正数。

设 v_a、v_b、v_c 分别为三角的改正数,则

$$(a + v_a) + (b + v_b) + (c + v_c) = 180°$$

或

$$v_a + v_b + v_c = 180° - (a + b + c) = -f$$

一个方程求解三个未知数,存在多组解,因而需要确定 v_a、v_b、v_c 的一组最佳值。

设 L_1、L_2、$\cdots$、L_n 为一组互相独立的观测值,$\hat{L}_1$、$\hat{L}_2$、$\cdots$、$\hat{L}_n$ 为各观测值的最或是值(经平差后的值,也称平差值),其值为 $\hat{L}_i = L_i + v_i$,v_i 为观测值上所加的改正数,各观测值的中误差为 m_1、m_2、$\cdots$、m_n。未知数的概率密度函数为

$$G = \frac{1}{m_1 m_2 \cdots m_n (2\pi)^{1/2}} e^{-\frac{1}{2}\left(\frac{v_1^2}{m_1^2} + \frac{v_2^2}{m_2^2} + \cdots + \frac{v_n^2}{m_n^2}\right)} \qquad (5-30)$$

密度函数越大,误差出现的概率就越大,式(5-30)中当 $\frac{v_1^2}{m_1^2} + \frac{v_2^2}{m_2^2} + \cdots + \frac{v_n^2}{m_n^2} =$ 最小时,函数

G 的值为最大。因此,选择的改正数应是 $\frac{v_1^2}{m_1^2} + \frac{v_2^2}{m_2^2} + \cdots + \frac{v_n^2}{m_n^2} = \min$ 时的一组。

在等精度观测时,$m_1 = m_2 = \cdots = m_n = m$,则有 $v_1^2 + v_2^2 + \cdots + v_n^2 = \min$,或写作 $[vv] = \min$。

平方是一个数的自乘,也叫二乘,因此称为最小二乘法,这就是平差时应遵循的原则。

5.4.2 求最或是值

设对某量进行 n 次等精度观测,观测值为 $L_i(i=1,2,\cdots,n)$,最或是值为 $\hat{L}$,v_i 为观测值的改正数,则有

$$\begin{cases} v_1 = \hat{L} - L_1 \\ v_1 = \hat{L} - L_2 \\ \vdots \\ v_n = \hat{L} - L_n \end{cases} \quad (5-31)$$

两边平方求和,得

$$[vv] = (\hat{L} - L_1)^2 + (\hat{L} - L_2)^2 + \cdots + (\hat{L} - L_n)^2$$

根据最小二乘原理,必须使 $[vv] = \min$,为此,将 $[vv]$ 对 $\hat{L}$ 取一、二阶导数

$$\frac{d}{d\hat{L}}[vv] = 2[\hat{L} - L_1] + 2(\hat{L} - L_2) + \cdots + 2(\hat{L} - L_n)$$

$$\frac{d^2}{d\hat{L}^2}[vv] = 2n > 0$$

由于二阶导数大于零,因此,一阶导数等于零时,$[vv]$ 为最小,由此,求得最或是值

$$n\hat{L} = L_1 + L_2 + \cdots + L_n = [L]$$

或

$$\hat{L} = \frac{[L]}{n} \quad (5-32)$$

可见观测值的算术平均值就是最或是值。

如果将式(5-31)求和,得

$$[v] = n\hat{L} - [L] = n \cdot \frac{[L]}{n} - [L] = 0 \quad (5-33)$$

利用式(5-33)可以校核由式(5-31)算得各观测的改正数是否有错。

5.4.3 观测值的中误差

前面给出了评定精度的中误差公式

$$m = \sqrt{\frac{[\Delta\Delta]}{n}}$$

式中 $\Delta_i = L_i - X(i = 1,2,\cdots,n)$。由于真值一般难以知道,可用观测值的改正数 v_i 来推求,为此,将 $\Delta_i = L_i - X$ 与式(5-31)中 $v_i = \hat{L} - L_i$ 相加,得

$$\Delta_i = (\hat{L} - X) - v_i (i = 1,2,\cdots,n) \quad (5-34)$$

将式(5-34)等号两边自乘取和,得

$$[\Delta\Delta] = n(\hat{L} - X)^2 + [vv] - 2(\hat{L} - X)[v] \quad (5-35)$$

式(5-35)等号两边再除以 n,顾及 $[v]=0$,得

$$\frac{[\Delta\Delta]}{n} = \frac{[vv]}{n} + (\hat{L} - X)^2 \quad (5-36)$$

式(5-36)中 $\hat{L} - X$ 是最或是值(算术平均值)的真误差,也难以求得,通常以算术平均值的中误差 $m_{\hat{L}}$ 代替,表 5-2 中求算术平均值的中误差公式为 $m_{\hat{L}} = \frac{m}{\sqrt{n}}$,则

$$(\hat{L} - X)^2 = m_{\hat{L}}^2 = \frac{m^2}{n} \quad (5-37)$$

将式(5-37)代入式(5-36),并顾及 $m = \sqrt{\frac{[\Delta\Delta]}{n}}$,得

$$m^2 = \frac{[vv]}{n} + \frac{m^2}{n}$$

经整理,得

$$m = \sqrt{\frac{[vv]}{n-1}} \quad (5-38)$$

5.4.4 算术平均值的中误差

根据误差传播定律,等精度观测由观测值中误差 m 求得算术平均值的中误差 $m_{\hat{L}}$ 为

$$m_{\hat{L}} = \frac{m}{\sqrt{n}} = \sqrt{\frac{[vv]}{n(n-1)}} \quad (5-39)$$

例 5-2:用某经纬仪对某一水平角进行了 5 次观测,观测值列在表 5-3 中,求观测值的中误差 m 及算术平均值的中误差 $m_{\hat{L}}$。

计算过程及结果列在表 5-3 中。

表 5-3 观测值及算术平均值计算表

观测次序	观测值 L_i	v	vv	计算
1	85°42′20″	−14″	196	$m = \sqrt{\frac{1520}{5-1}} = \pm 19''.5$
2	85°42′00″	+6″	36	
3	85°42′00″	+6″	36	$m_{\hat{L}} = \frac{19.5}{\sqrt{5}} = \pm 8''.7$
4	85°41′40″	+26″	676	
5	85°42′30″	−24″	576	观测成果:
平均值 $\hat{L}=85°42′06″$		校核 $[v]=0$	$[vv]=1520$	85°42′06″ ± 8″.7

5.5 观测值的加权平均值及其中误差

5.5.1 权的定义

对于等精度的观测值,其最或是值为观测值的算术平均值,那么不同精度的观测值其最或

是值为多少呢？不同精度的观测值是在不同的观测条件下得到的。例如观测时使用不同精度的仪器，或使用同样的仪器但采用不同的观测方法，或观测的次数不同等。

不等精度观测时，用权可以衡量观测值的可靠程度，通常以 P 表示。不难理解，观测值精度愈高权就愈大，它是衡量可靠程度的一个相对性数值。

例如，观测某一量，用相同的仪器和相同的方法，分两组按不同的次数观测，第一组观测了 4 次，第二组观测了 6 次，其观测值与中误差列于表 5-4 中。

表 5-4 不等精度观测值的中误差

组别	观测值	观测值中误差	平均值	平均值中误差
一	l_1	m	$\hat{L}_1 = \dfrac{l_1 + l_2 + l_3 + l_4}{4}$	$m_{\hat{L}_1} = \dfrac{m}{\sqrt{4}}$
	l_2	m		
	l_3	m		
	l_4	m		
二	l_5	m	$\hat{L}_2 = \dfrac{l_5 + l_6 + l_7 + l_8 + l_9 + l_{10}}{6}$	$m_{\hat{L}_2} = \dfrac{m}{\sqrt{6}}$
	l_6	m		
	l_7	m		
	l_8	m		
	l_9	m		
	l_{10}	m		

由表 5-4 可见，第二组平均值的中误差小，结果比较精确可靠，应有较大的权。因此，可以根据中误差来确定观测值的权。权的定义为

$$p_i = \frac{\lambda}{m_i^2}, i = 1、2、\cdots、n \tag{5-40}$$

式中 λ 为任意常数，称为单位权方差。

表 5-4 中，设 $m = 2.''0$，算得 $m_{\hat{L}_1}^2 = 1, m_{\hat{L}_1}^2 = \dfrac{2}{3}$，则两组的权为

$$p_1 = \frac{\lambda}{1} = \lambda, p_2 = \frac{3}{2}\lambda$$

若 $\lambda = 1$，则 $p_1 = 1$ $p_2 = \dfrac{3}{2}$；

$\lambda = 2$，则 $p_1 = 2$ $p_2 = 3$；

$\lambda = 4$，则 $p_1 = 4$ $p_2 = 6$；

而 $p_1 : p_2 = 1 : \dfrac{3}{2} = 2 : 3 = 4 : 6$

可见权是衡量可靠程度的相对性数值，选择适当的 λ，可使权成为便利计算的数值。例如，选 $\lambda = 2$ 时，$p_1、p_2$ 均为整数；选 $\lambda = 4$ 时，权就是观测次数。

5.5.2 加权平均值

在不等精度观测时，采用加权平均的办法计算观测最后结果的最或是值。设对某量进行 n 次不等精度观测，观测值、中误差及权各为

观测值：$l_1、l_2、\cdots、l_n$

中误差：m_1、m_2、$\cdots$、m_n

权：p_1、p_2、$\cdots$、p_n

其加权平均值为

$$\hat{L} = \frac{p_1 l_1 + p_2 l_2 + \cdots + p_n l_n}{p_1 + p_2 + \cdots + p_n} = \frac{[pl]}{[p]} \qquad (5-41)$$

根据误差传播定律，加权平均值 $\hat{L}$ 的中误差为

$$m_{\hat{L}} = \pm \frac{\mu}{\sqrt{[p]}} \qquad (5-42)$$

式中，μ 为单位权中误差。

5.6 测量误差理论的应用

测量误差理论的应用很广泛，在每章的误差分析中我们都应用了这方面的知识。下面主要对水准测量、水平角测量中有关限差的制定加以推导说明。

5.6.1 在水准测量方面的应用——高差闭合差限差的制定

1. 水准测量中水准尺上读数的中误差

影响在水准尺上读数的因素很多，主要有：整平误差、照准误差及估读误差。

若用 DS_3 水准仪施测，DS_3 水准仪望远镜放大倍率不应小于 25 倍，符合水准器水准管分划值为 20″/2mm，视距不超过 100m。则

整平误差：

$$m_{平} = \frac{0.075\tau}{\rho''} \cdot D = 0.7(\text{mm})$$

照准误差：

$$m_{照} = \frac{60}{v\rho''} \cdot D = \frac{60}{25 \times 206265} \times 100 \times 1000 = 1.2(\text{mm})$$

估读误差：

$$m_{估} = \pm 1.5(\text{mm})$$

综合上述影响，读一个数的中误差 $m_{读}$ 为

$$m_{读} = \sqrt{m_{平}^2 + m_{照}^2 + m_{估}^2} = \sqrt{0.7^2 + 1.2^2 + 1.5^2} = 2.0(\text{mm})$$

2. 一测站高差的中误差

高差等于后视读数减前视读数，则一个测站的高差中误差为 $m_{站} = \sqrt{2} m_{读}$，以 $m_{读} = 2.0\text{mm}$ 代入，得 $m_{站} = 2.9\text{mm}$，取 3.0mm。

3. 水准路线的高差中误差及允许误差

设在两点间进行水准测量，共测了 n 个测站，求得高差为

$$h = h_1 + h_2 + \cdots + h_n \qquad (5-43)$$

每一测站测得的高差，其中误差为 $m_{站}$，h 的中误差为

$$m_h = m_{站}\sqrt{n} \qquad (5-44)$$

以 $m_{站} = 3\text{mm}$ 代入,得 $m_h = 3\sqrt{n}\text{mm}$。

对于平坦地区,一般 1km 水准路线不超过 15 站,如用千米数 L 代替测站数 n,则

$$m_h = 3\sqrt{15L} = 12\sqrt{L} \qquad (5-45)$$

以 3 倍中误差作为限差,并考虑其他因素的影响,规范规定等外水准测量高差闭合差的允许值为

$$f_{允} = \pm 10\sqrt{n}\,(\text{mm}) \quad \text{或} \quad f_{允} = \pm 40\sqrt{L}\,(\text{mm})$$

5.6.2 在水平角观测中的应用

1. 半测回所得角值的中误差

设用 DJ_6 型经纬仪观测水平角,一个方向一个测回的中误差为 $\pm 6''$。设望远镜在盘左(或盘右)位置观测该方向的中误差为 $m_{方}$,按误差传播定律,等精度算术平均值的公式,则有 $6'' = \dfrac{m_{方}}{\sqrt{2}}$,即

$$m_{方} = \sqrt{2} \times 6'' = \pm 8.''5$$

半测回的角值等于两方向之差,故半测回角值的中误差为

$$m_{\beta半} = m_{方}\sqrt{2} = 8''.5\sqrt{2} = 12''$$

2. 上、下两个半测回的限差

上、下两个半测回的限差是以两个半测回角值之差来衡量。两个半测回角值之差 $\Delta\beta$ 的中误差为

$$m_{\Delta\beta} = m_{\beta半}\sqrt{2} = 12\sqrt{2} = 17''$$

取 2 倍中误差为允许误差,则

$$f_{\Delta\beta允} = 2 \times 17'' = 34''(\text{规范规定为 } 36'')$$

3. 测回差的限差

两个测回角值之差为测回差,它的中误差为

$$m_{\beta测回差} = m_{\beta}\sqrt{2} = 8.''5\sqrt{2} = 12''$$

取 2 倍中误差作为允许误差,则测回差的限差为

$$f_{\beta测回差} = 2 \times 12'' = 24''$$

思考题

1. 误差分为几类?
2. 偶然误差有哪些特点?
3. 衡量精度的标准有哪些?如何定义?
4. 什么是误差传播定律?
5. 同精度观测值的最或是值是什么?

第 6 章 控制测量

绪论中曾经述及测量工作的基本原则是:"先整体,后局部","先控制,后碎部",也就是说在进行任何一种测量项目包括地形测图或施工测量时,为了控制误差累计和提高测量精度,必须首先在测区范围内建立测量控制网,进行控制测量,然后以此为基础或依据,进行细部的测量或放样。

6.1 概 述

6.1.1 测量控制网

测量控制网是指在测区范围内选择具有控制作用的若干点,通过测量角度、边长或高差构成不同的几何图形,以求得各点的坐标或高程。构成控制网的这些点称为控制点。控制网一般分为平面控制网和高程控制网。平面控制网的目的是确定各控制点的平面坐标(X,Y),为确定控制点的平面坐标(X,Y)所作的测量工作称为平面控制测量。平面控制测量可布设成测角网、测边网、边角网、导线网、GPS网等形式。在地面上选定一系列点构成以三角形相互连接的网称为三角网,如图6-1,这时网点也称三角点,称为三角测量。若测量各三角形顶点的水平角,再根据已知边长、方位角、点的坐标,根据几何关系推求各顶点平面位置,称为测角网。若测定各三角形的边长与起始方位角,再根据已知点的坐标,根据几何关系来推求各顶点平面位置,称为三边网或测边网。在网中既测量角度也测量边长,然后推求各顶点平面位置,称为边角网。将选定的地面点依相邻次序连成折线形式,依次测量各折线的长度、转折角,再根据已知数据推求各点的平面位置的测量方法,称为导线测量,这时控制网称为导线网,如图6-2,这时控制点称为导线点。随着空间技术的发展,全球定位系统用于建立平面控制日益普及,与

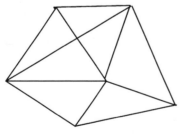

图 6-1 三角网

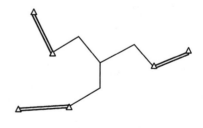

图 6-2 导线网

常规控制网的布设形式相似,可布设成 GPS 三角网与 GPS 导线。采用全球定位系统建立的控制网称为 GPS 控制网,控制点称为 GPS 点。

高程控制网的目的是确定各控制点的高程,为确定控制点的高程所作的测量工作称为高程控制测量。高程控制测量主要采用水准测量、三角高程测量的方法建立。用水准测量方法建立的高程控制网称为水准网,这时控制点称为水准点。三角高程测量由于受大气折光影响较大,一般只用于地形起伏较大、直接水准测量有困难的地区,为地形测图提供高程控制。

1. 国家等级平面控制网

国家等级平面图控制网提供全国性的、统一的空间定位基准,是全国各种比例尺测图和工程建设的基本控制,也为空间科学技术和军事提供精确的点位坐标、距离、方位资料,并为研究地球大小和形状、地震预报提供重要依据。国家等级平面控制网,是在全国范围内由三角测量和精密导线测量建立的控制网,按精度分为一、二、三、四等 4 个等级,一、二等一般布设成三角锁,有时根据地形也布设成精密导线网,构成国家平面控制的基础,平均边长分别为 25km 与 13km。在此基础上,进一步加密三、四等三角网,平均边长分别为 8km,2km ~ 6km。一等精度最高,低一级控制网是在高一级控制网的基础上建立的。

国家等级控制网一般每隔一定的时间更新一次,由于精度要求高,边长又长,常规的测角方法要求比较苛刻,特别是三角网一般要求与多点通视,要花费大量的人力、物力。GPS 的出现为建立国家等级控制网提供了良好的观测工具,现阶段我国正在更新全国等级网。1992 年国家测绘局制定了我国第一部《GPS 测量规范》,将 GPS 控制网分为 A ~ E 五级,其中 A、B 两级属于国家 GPS 控制网。我国已建成覆盖全国的 A 级网点 27 个,平均边长 500km;B 级网 730 个点,其边长和精度都超过相应等级的三角网。

2. 城市与工程控制网

国家等级控制网控制的范围大,密度小,不能满足相对较小范围的城市规划、建设的需要,为此建立城市控制网。城市控制网一般根据城市的规模可在不同等级的国家基本控制网的基础上发展而得。中小城市一般以国家四等网作为首级控制网。面积较小的城市(小于 $10km^2$)可用四等以下的小三角网或一级导线网作为首级控制。城市平面控制网的等级根据精度高低依次为二、三、四等,一、二级小三角,一、二级小三边或一、二、三级导线。与国家等级网相似,城市控制网可布设成三角网、精密导线网、GPS 网,只是相应等级的平均边长较短。

工程控制网是为满足各类工程建设、施工放样、安全监测等而布设的控制网。工程控制网一般根据工程的规模大小、工程建设所处位置的地形、工程建筑的类别等布设成不同的形式,精度要求也不同。例如为满足道路建设的需要,一般布设成导线网,精度要求相对较低;而为满足大型工业厂房的设备安装等一般布设成三角网,而且精度相对较高。与城市控制网一样,一般可布设成三角网、导线网、GPS 网等。

3. 图根控制网

为满足测图需要而建立的控制网称为图根控制网。图根控制网的目的就是直接用于地形图的测图,因此控制点(图根控制点)的密度较大,与测图比例尺以及地形状况有关。表 6 - 1 列出了控制点的密度要求。

图根控制网是在国家或城市控制网的基础上发展得来的。图根控制网的精度要求相对来说较低,一般要求图根点相对于图根起始点的点位中误差不大于图上 0.1mm。其布设形式分为图根小三角、导线测量、前方交会、后方交会等。

表 6-1　测图控制点的密度要求

比 例 尺	控制点数/km²	控制点数/图
1∶5000	4	20
1∶2000	15	15
1∶1000	40	10
1∶500	120	8

6.1.2　控制测量的过程

不管是高等级的国家控制网,还是精度相对较低的图根控制网,都必须遵照"先整体,后局部,分级布网,逐级控制"的原则。其施测过程也基本一致,大致可分为控制网的设计、工作大纲的编写、踏勘选点、埋石、外业观测、数据处理、技术总结、验收等几个步骤。

1) 控制网的设计

根据施测目的,确定布网形式。首先在图上选点,有条件的可进行精度估算。

2) 编写工作大纲

根据图上选点情况、精度估算情况,编写工作大纲。工作大纲主要包括测区概况、施测要求、工作依据、布网方案、具体施测方法、所用仪器设备、预计达到的精度、人员安排、工期等。

3) 踏勘选点、埋石

根据图上选点情况,到现场进行实地选点,根据实地情况对图上选点方案进行调整。对选定的点埋设相应的标志。控制点的等级不同,埋石的大小、规格、要求也不尽一致,应按照相应的规范执行。

4) 外业观测

根据工作大纲的施测方法、仪器,按照相应的规范规定的程序、限差施测。

5) 数据处理

对外业观测过程中需检验的限差需当场检查,超限及时重测,其余的放到室内处理。对于常规的三角网,数据处理主要包括三角形闭合差的检验、极条件的检验、边角条件的检验、平差处理、粗差剔除等。对于 GPS 网主要包括同步环、异步环的检验,三维自由网平差、约束平差、坐标转换等。

6) 技术总结

技术总结是对整个施测过程的一个总结。包括测区概况、具体布网方案、施测方法、所用仪器设备、外业观测的质量统计、最后达到的精度、工作中出现的问题及解决方法、工期等。

6.2　方位角及坐标正反算

6.2.1　直线定向

为了确定地面两点在平面上的相对位置,必须同时知道两点间的水平距离与两点所连直线的方向。直线的方向总是相对于某一标准方向而言的,一般用与标准方向之间的水平夹角来描述。确定直线与标准方向之间水平夹角的工作,称为直线定向。

1. 标准方向

1) 真子午线方向

通过地球南北极的子午线,称为真子午线。过真子午线上任一点所作的切线方向,称为该点的真子午线方向,又称真北方向。它可以用天文测量的方法观测,也可用陀螺经纬仪测定。

2)磁子午线方向

过地球南北两个磁极的子午线,称为磁子午线。过磁子午线上任一点所作的切线方向,称为该点的磁子午线方向,又称磁北方向。它是磁针在该点自由静止时的指向,故可用罗盘仪测定。

3)坐标纵轴方向

指高斯投影带中央子午线的方向,又称为坐标纵轴方向。过投影带内任意点的坐标纵轴方向都是相互平行的。

由于磁子午线与真子午线的方向各不相同,地球的南北极与地球的磁极不一致,因此同一点的三个标准方向也不一致。

2. 方位角

方位角是指从标准方向的北端起,顺时针量至某一直线的水平夹角,称为该直线的方位角,根据所依据的标准方向不同,又分为真方位角、磁方位角和坐标方位角,其取值范围为0°~360°,如图6-3。

对于同一直线上的两点 A、B,正方位角 AB 的方位角与反方位角 BA 的方位角不同,如图6-4,可见二者之差并不为常数,使用极不方便。而各点的坐标北是一致的,因此在测量上指方位角一般是指以坐标纵轴方向作为标准方向的坐标方位角。

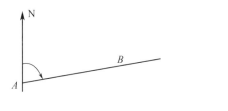

图6-3 方位角

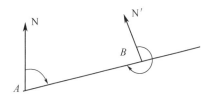

图6-4 正反方位角

3. 坐标方位角

从坐标纵轴方向的北端起,顺时针量至某一直线的水平夹角,称为该直线的坐标方位角,常用 α 表示,其取值范围为 0°~360°。

如图6-5所示,直线12的坐标方位角为 α_{12},而直线21的坐标方位角为 α_{21}。α_{12} 称为直线12的正坐标方位角,α_{21} 称为直线12的反坐标方位角。由图中的几何关系不难看出,正、反坐标方位角间的关系为

$$\alpha_\text{反} = \alpha_\text{正} \pm 180° \tag{6-1}$$

6.2.2 坐标方位角的推算

如图6-6,若已知直线12的方位角,以及直线12与23间的水平角,推算23的坐标方位角。按照123的前进方向,12和23两条直线在2点处的水平角 $\beta_{2左}$($\beta_{2右}$)位于前进方向的左(右)侧,称为左(右)角,由图显然有

$$\alpha_{23} = \alpha_{12} + \beta_{2左} - 180° \tag{6-2}$$

或

$$\alpha_{23} = \alpha_{12} - \beta_{2右} + 180° \tag{6-3}$$

因此,坐标方位角推算的通用公式可写为

$$\alpha_{i(i+1)} = \alpha_{(i-1)i} + \beta_i \pm 180° \quad (6-4)$$

实际应用中,若 β_i 为左角,则取"+"号,若 β_i 为右角,则取"-"号;若 $\alpha_{(i-1)i} \pm \beta_i$ 小于 180°,则式中的末项取 +180°;若算出的坐标方位角大于 360°,则还应减去 360°,若为负值,应加上 360°。

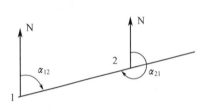

图 6-5 正反坐标方位角

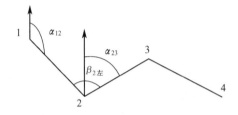

图 6-6 坐标方位角的推算

6.2.3 坐标的正、反算

若已知点 A 的坐标 X_A、Y_A,直线 AB 水平距离 S_{AB} 及其坐标方位角 α_{AB},推求 B 的坐标 X_B、Y_B,称为坐标的正算。

由图 6-7 可知

$$X_B = X_A + (X_B - X_A) = X_A + \Delta X_{AB} \quad (6-5)$$

$$Y_B = Y_A + (Y_B - Y_A) = Y_A + \Delta Y_{AB} \quad (6-6)$$

直线两端点坐标的差称为坐标增量,ΔX_{AB}、ΔY_{AB} 分别称作纵、横坐标增量。由图 6-7 可进一步看出,直线的坐标增量可由该直线的水平距离 S_{AB} 及其坐标方位角 α_{AB} 计算出,即

$$\Delta X_{AB} = S_{AB} \cdot \cos\alpha_{AB} \quad (6-7)$$

$$\Delta X_{AB} = S_{AB} \cdot \sin\alpha_{AB} \quad (6-8)$$

坐标增量的符号取决于坐标方位角的大小,或者说取决于该直线的方向。

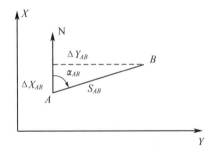

图 6-7 坐标正反算图

在图 6-7 中,若已知直线 AB 两端点的坐标 X_A、Y_A、X_B、Y_B,反过来也可计算该直线的水平距离 S_{AB} 及其坐标方位角 α_{AB},称为坐标的反算。由于两端点的坐标已知,很容易求得它们的坐标增量

$$\Delta X_{AB} = X_B - X_A \quad (6-9)$$

$$\Delta Y_{AB} = Y_B - Y_A \quad (6-10)$$

从图 6-7 中不难看出

$$\tan\alpha_{AB} = \Delta Y_{AB}/\Delta X_{AB}$$

$$S_{AB}^2 = \Delta X_{AB}^2 + \Delta Y_{AB}^2$$

即

$$\alpha_{AB} = \arctan(\Delta Y_{AB}/\Delta X_{AB}) \tag{6-11}$$

$$S_{AB} = \sqrt{\Delta X_{AB}^2 + \Delta Y_{AB}^2} \tag{6-12}$$

由于 α_{AB} 的取值范围为 $0°\sim360°$,而 $\arctan(\Delta Y_{AB}/\Delta X_{AB})$ 的周期为 $-90°\sim+90°$,因此应根据表 6-2 推算方位角。

表 6-2 坐标增量与坐标方位角对照表

坐标方位角	坐标增量符号		坐标方位角	坐标增量符号	
	ΔX	ΔY		ΔX	ΔY
由 0°~90°	+	+	由 180°~270°	-	-
由 90°~180°	-	+	由 270°~360°	+	-

6.3 导线测量

导线测量是控制测量的一种方法。由于其布设灵活、要求通视方向少、精度均匀、数据处理简单等优点,在图根控制测量方面中的应用极为普遍。本节主要阐述经纬仪导线测量的过程以及数据处理方法。

6.3.1 经纬仪导线测量的布设与建立

1. 导线的布设形式

根据测区已知点的分布,导线可布设成 3 种形式:闭合导线、附合导线、支导线,如图 6-8。闭合导线是从一已知点出发,经过若干控制点的连续折线又回到原来点,形成一闭合的多边形。附合导线从一已知点出发,经过若干控制点的连续折线附合到另一已知点的导线。支导线是从一已知点出发,经过若干控制点的连续折线没有回到原已知点,也未附合到其他已知点的导线。

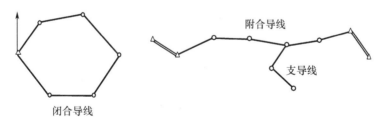

图 6-8 导线布设形式

2. 导线测量外业工作

1) 踏勘选点

根据测区已有的小比例尺地形图或测区具体情况,结合测图目的,拟定导线的布设形式,进行图上选点与实地选点,点间平均边长与测图比例尺有关(见表 6-3)。并设立标志,若该控制只用于测图,也可用木桩,在桩顶刻十字或打入一小钉作为点位,对所选定的点进行编号。

表6-3 点间平均边长与测图比例尺的关系

测图比例尺	边长/m	平均边长/m
1∶500	40~150	75
1∶1000	80~250	110
1∶2000	100~300	180

实地选点注意事项：

（1）点均匀分布，相邻边长度相差不宜过大。

（2）相邻点必须通视。

（3）导线点应选在视野广阔、便于测绘碎部点的地方。

（4）点应选在不易被行人车马触动、土质坚实便于安置仪器的地方。

2）水平角观测

为了便于写出方位角推算的通用公式，人为地将导线的转折角分为左角与右角，在导线前进方向左测的角称为左角，右侧的角称为右角。一般测量导线的左角。对于闭合导线而言，导线点按逆时针方向编号，这时导线的左角也是闭合导线的内角。

观测要求见表6-4。

3）导线边长测量

根据仪器配备情况与精度要求，可选用钢尺量距、光电测距中的一种。目前一般都采用光电测距。

（1）钢尺量距：用经检定的钢尺，采用第4章中钢尺量距的方法丈量各导线边的水平距离，要求往返丈量的相对中误差不得超过1/2000，困难地区不得超过1/1000。

（2）光电测距仪测距：图根导线的边长可采用Ⅲ类或以上光电测距仪测量，测回数取1，每测回照准棱镜一次，读数3次~4次，读数互差不得大于20mm，往返观测互差不得大于仪器标称精度的2倍。同时读取测站温度（精确至0.5℃）与气压（精确至100Pa）。水平距离可根据高差求得，或按垂直角（测量一测回）求得。对外业测量的导线边长进行仪器加、乘常数的改正，气象改正，倾斜改正。

4）测定方位角或连接角

对于连接角一般比转折角多测一个测回。对于图根导线，角度测量的测回数与限差列于表6-4。

表6-4 图根导线观测技术要求

比例尺	仪器	测回数	测角中误差	半测回差	测回差	角度闭合差
1∶500~ 1∶2000	DJ_2	两个"半测回"	±30″	±18″		±60″$\sqrt{n}$
	DJ_6	2		±36″	±24″	
1∶5000~ 1∶10000	DJ_2	两个"半测回"	±20″	±18″		±40″$\sqrt{n}$
	DJ_6	2		±36″	±24″	

3. 导线测量数据的内业处理

当外业观测完成后，应及时对数据进行检查处理，包括限差的检验、粗差的检查、导线点坐标的计算等。

导线测量数据的处理方法包括用严密的平差方法进行计算与用近似的方法进行计算。严密方法是根据最小二乘原则，根据观测值间的严密几何条件或导线点坐标与观测值之间的严密几何关系，通过平差消除观测值之间的矛盾，以求得观测值或导线点坐标的最或是值的方法。三角网、导线网等精度要求比较高的控制网一般采用严密方法处理。对于图根控制网,其精度要求相对较低,为了简化计算同时又不影响成果精度的情况下,可采用近似方法处理。近似方法简化了观测值之间的相关关系,对产生的几何矛盾进行分别合理处理,求得观测值的最或是值,并推算控制点坐标的方法。下面对导线测量的处理方法就是采用这种方法。

6.3.2 导线测量数据的内业计算

导线测量的目的就是求得各导线点的平面直角坐标,以作为下一步工作的基础,因此所计算的结果必须准确可靠,这就要求外业观测成果必须正确无误,因此在内业计算前必须认真审核外业原始资料、起算数据资料,保证准确无误。

对于各导线边,若能求得其坐标方位角,则根据各导线边计算坐标增量,从一已知点不难推得各点的坐标。不同形式的导线,由于其附合到一定数量的已知点上,从而构成不同的几何条件。如附合导线,从一端已知点的坐标推算到另一端已知点的坐标,应与给定的坐标相同。但由于误差的存在,二者出现差异,在规定的大小范围内可对其进行调整,使其满足相应的几何条件。这就是导线的内业计算。下面以附合导线为例来说明导线计算的方法。如图6-9为附合导线所测的数据(角度为左角)以及已知点坐标与方位角,计算2、3点的坐标。

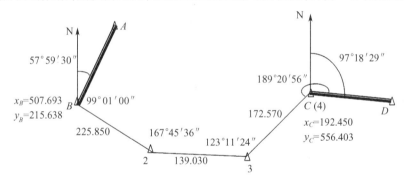

图6-9 附合导线计处略图

1. 角度闭合差计算与分配

根据起始边 AB 已知方位角与观测的角度用式(6-4)连续推算各边坐标方位角 α_{B2}、α_{23}、α_{3C}、α'_{CD},理论上应与 α_{CD} 相同,但由于误差的存在使二者之间存在差异,称为闭合差,$f_\beta = \alpha'_{CD} - \alpha_{CD}$。根据方位角的推算公式不难总结出 $\alpha'_{CD} = \alpha_{AB} + n \cdot 180° + \sum \beta_i$,$n$ 为导线边数。

根据规范规定,对于图根导线角度闭合差应小于 $\pm 60'' \sqrt{n}$,否则说明角度测量可能存在粗差。若角度闭合差满足限差要求,则将其反符号平均分配到各观测角上(称为观测值改正数)。一般按整秒数分配,当出现小数时可酌情凑整。改正数之和应与闭合差大小相等符号相反,以资校核。

这里:$|f_\beta| = |-3''| \le 60'' \sqrt{4} = 120''$,各角按顺序分配为:$+1''$ $+1''$ $+1''$ 0。

2. 推算各导线边的方位角

按式(6-4)及改正后的角值推算各边方位角。从起始边推得终点边的方位角,应等于给定的已知终点边方位角,否则计算有误,应重新计算。

3. 坐标增量的计算及其闭合差的调整

根据坐标正算公式,依次计算各导线边的坐标增量,并根据起始点的坐标推导各导线点的坐标,直到推出终点的坐标。推算出的终点坐标应与给定的坐标理论上一致,但由于误差的存

在使二者之间存在差异,称为坐标闭合差,不难理解

$$\begin{cases} f_x = x_{起} + \sum \Delta x - x_{终} \\ f_y = y_{起} + \sum \Delta y - y_{终} \end{cases} \quad (6-13)$$

由于 f_x, f_y 的存在,导线不能闭合,其偏差 $f_D = \sqrt{f_x^2 + f_y^2}$,称为全长闭合差,一般用全长闭合差与导线全长的比值 K 作为衡量导线测量精度的依据。K 称为全长相对闭合差,用分子为 1 的分数表示

$$K = \frac{f_D}{\sum D} = \frac{1}{\sum D / f_D}$$

根据规范规定,对于图根导线 K 的允许值为 1/2000,若在限差范围以内则说明成果合格,否则应检查内业计算与外业观测。成果合格则可将 f_x, f_y 反符号与距离成正比分配到各坐标增量。如设第 i 边的坐标增量改正数为 $v_{\Delta x_i}, v_{\Delta y_i}$,计算公式为

$$\begin{cases} v_{\Delta x_i} = -\dfrac{f_x}{\sum D} \times D_i \\ v_{\Delta y_i} = -\dfrac{f_y}{\sum D} \times D_i \end{cases} \quad (6-14)$$

一般图根导线计算精确到厘米即可。同样改正数之和应与相应的闭合差大小相等符号相反(注意小数的进位),否则计算有误。

4. 计算各导线点的坐标

根据坐标正算公式,利用改正后的坐标增量计算各导线点的坐标。

在实际的计算中,可用计算器以填表的形式进行,或者根据以上计算步骤编成程序,用计算机完成。表 6-5 为该例题的计算表格。

6.3.3 闭合导线的内业计算

从闭合导线的布设形式不难看出,闭合导线是附合导线的一种特殊形式,当附合导线的起点与终点重合时即为闭合导线。因此闭合导线的内业计算与附合导线的计算也大同小异,只是由于其特殊形式而略有不同。

1. 角度闭合差的计算不同,分配相同

由于闭合导线的各导线边构成一多边形,当测量的角度为导线的左角(内角)时,其内角和应与理论值相同,因此角度闭合差的计算公式为

$$f_\beta = \sum \beta_{测} - \sum \beta_{理} = \sum \beta_{测} - (n-2) * 180°$$

式中,n 为多边形的边数。改正后的多边形内角和应与理论值相同。

2. 坐标增量闭合差的计算不同,分配相同

由于起点与终点为同一点,所以

$$\begin{cases} f_x = x_{起} + \sum \Delta x - x_{终} = \sum \Delta x \\ f_y = y_{起} + \sum \Delta y - y_{终} = \sum \Delta y \end{cases} \quad (6-15)$$

除这两点外其他计算相同。

表 6-6 列出了图 6-10 闭合导线的坐标计算。A 点坐标为:100.00m,100.00m。

表 6-5 附合导线坐标计算表格 I

测站	转折角 观测值 ° ′ ″	转折角 改正后角值 ° ′ ″	方位角/α ° ′ ″	边长/m	坐标增量计算值 $\Delta X = D\cos\alpha$/m	坐标增量计算值 $\Delta Y = D\sin\alpha$/m	改正后坐标增量 ΔX/m	改正后坐标增量 ΔY/m	坐标 X/m	坐标 Y/m	测站
1	2	3	4	5	6	7	8	9	10	11	12
A			237 59 30								A
B	99 01 00 +1	99 01 01	157 00 31	225.852	36 −207.909	−48 88.215	−207.873	88.167	507.693	215.638	B
2	167 45 36 +1	167 45 37	144 46 08	139.031	22 −113.564	−29 80.203	−113.542	80.174	299.820	303.805	2
3	123 11 24 +1	123 11 25	87 57 33	172.569	26 6.146	−37 172.461	6.172	172.424	186.278	383.979	3
C	189 20 56 0	189 20 56	97 18 29						192.450	556.403	C
D				$D=$ 537.45	$\sum$ −315.328	$\sum$ 340.879	$\sum$ −315.243	$\sum$ 340.765			D
	$f_\beta = -3''$ $f_{\beta允} = \pm 120''$				$f_x = -0.084$ $f_y = +0.114$ $f = \pm\sqrt{(-0.084)^2+(0.114)^2}$ $= \pm 0.142$ $K = \dfrac{0.142}{537.45} = \dfrac{1}{3785} \leqslant \dfrac{1}{2000}$						

表 6-6 闭合导线坐标计算表格 II

测站	转折角 观测值 ° ' "	转折角 改正后值 ° ' "	方位角 α ° ' "	边长/m	坐标增量计算值 ΔX = Dcosα /m	坐标增量计算值 ΔY = Dsinα /m	改正后坐标增量 ΔX/m	改正后坐标增量 ΔY/m	坐标 X/m	坐标 Y/m	测站
1	2	3	4	5	6	7	8	9	10	11	12
A			96 51 36						100.00	100.00	A
	108 27 00	−12 108 26 48		201.58	−4 −24.08	+4 +200.14	−24.12	200.18			
B			25 18 24						75.88	300.18	B
	84 10 30	−12 84 10 18		263.41	−6 +238.13	+5 +112.60	238.07	112.65			
C			289 28 42						313.95	412.83	C
	135 48 00	−12 135 47 48		241.00	−6 +80.36	+5 −227.21	80.30	−227.16			
D			245 16 30						394.25	185.67	D
	90 07 30	−12 90 07 18		200.44	−4 −83.84	+4 −182.06	−83.88	−182.02			
E			155 23 48						310.37	3.65	E
	121 28 00	−12 121 27 48		231.32	−5 −210.32	+4 +96.31	−210.37	96.35			
A			96 51 36						100.00	100.00	A
B											

$\sum \beta_{测} = 540\ 01\ 00 \quad \sum \beta_{理} = 540\ 00\ 00$
$f_\beta = 60''\ f_{\beta允} = \pm 134''$
$\sum D = 1137.75$
$f_x = +0.25$
$f_y = -0.22$
$f = \pm\sqrt{0.25^2 + (-0.22)^2} = \pm 0.33$
$K = \dfrac{0.33}{1137.75} = \dfrac{1}{3400} \leqslant \dfrac{1}{2000}$
$\sum \Delta x = 0.0 \quad \sum \Delta y = 0.0$

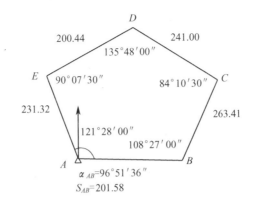

图 6-10 闭合导线计算略图

6.4 三 角 测 量

三角网是平面控制测量的主要布设形式,相对于导线测量来说,它有更多的检核条件与多余观测,因此其精度与可靠性也高,三角网的测量称为三角测量。前已述及三角网根据观测元素不同分为测角网、边角网、测边网三种。测角网是用全圆观测法观测网中各边的方向,利用三角形闭合差条件、圆周条件以及由正弦定理公式形成的条件来检验外业观测成果,同时也可利用这些条件构成一系列的条件方程式,进行条件平差,即求满足这些条件且使改正数平方和最小的解(最小二乘平差),然后推求各控制点的坐标。或者建立观测值与控制点坐标的观测方程,同样求满足这些方程且使改正数平方和最小的解,为间接平差。边角网除观测方向外,又观测所有或部分边长,同样可进行最小二乘平差,由于边条件与边角条件列起来特别复杂,一般采用间接平差。测边网则是观测所有的边长,一般也采用间接平差进行数据处理。随着计算机技术的普及,根据最小二乘的计算公式编制程序由计算机实现对控制网的数据处理已相当普遍。

以上三角测量称常规三角测量。目前也可采用 GPS 观测,称为 GPS 网。观测值是各边的基线向量,然后按最小二乘平差,求解各点坐标。

6.4.1 三角测量的实施

1. 踏勘、选点

首先在一定比例尺的地形图上进行图上选点,确定布网方案,并可进行精度估算。当不能满足精度要求时,一般改变观测方案,从而确定测角、测边所需的仪器精度。外业踏勘是根据实地情况对网形进行调整。在外业选点时应注意:控制点应稳定,便于架设仪器;三角网点一般要有多个通视方向等。

2. 造标、埋石

对所选定的点进行造标、埋石。在所选定的点位处埋设标石,根据控制点的等级可选用埋设预制好的标石与现场浇筑两种,埋设的深度、标石的大小应按相应等级控制点的规范要求。标石中心的铁质、铜质标中心即代表控制点位置。

3. 外业观测

角度观测一般采用全圆观测法。观测的测回数、限差要求应参照相应等级的三角测量规范执行。边长观测一般采用测距仪施测,观测的测回数、要求、限差等应参照相应等级的电磁波测距规范执行。

4. 内业数据处理

对外业观测记录手簿在进行内业计算前再进行全面的检查。内业数据处理主要包括各种限差的检验、平差计算、精度评定、编写技术总结等。

6.5 交会定点

交会定点是加密控制点的一种方法。由于简单、方便,在工程测量领域获得普遍应用,特别在图根控制点的密度不足以满足测图需要时,是加密控制点的有效方法。交会定点包括前方交会、侧方交会、后方交会、自由设站等。

6.5.1 前方交会

前方交会是在至少两个已知点上分别架设经纬仪,测定已知边与待定点间的夹角,求定待定点坐标的方法。如图 6-11,A、B 为已知点,P 为待定点,在 A、B 上架设经纬仪测量角度 α、β,求 P 点的坐标。

由于 A、B 为已知点,因此由坐标反算公式可求得 AB 的方位角、边长,根据 α、β 角及正弦定理可求得 AP、BP 的方位角及边长,根据坐标正算公式求得 P 点的坐标。

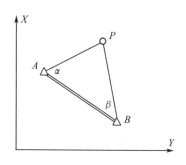

图 6-11 前方交会示意图(1)

由图可知:$\alpha_{AP} = \alpha_{AB} - \alpha$,则由坐标正算公式得

$$\begin{cases} x_P = x_A + D_{AP} \times \cos\alpha_{AP} = x_A + D_{AP} \times \cos(\alpha_{AB} - \alpha) \\ y_P = y_A + D_{AP} \times \sin\alpha_{AP} = y_A + D_{AP} \times \sin(\alpha_{AB} - \alpha) \end{cases} \quad (6-16)$$

展开得

$$\begin{cases} x_P = x_A + D_{AP} \times (\cos\alpha_{AB}\cos\alpha + \sin\alpha_{AB}\sin\alpha) \\ y_P = y_A + D_{AP} \times (\sin\alpha_{AB}\cos\alpha + \cos\alpha_{AB}\sin\alpha) \end{cases} \quad (6-17)$$

又因为

$$\begin{cases} \cos\alpha_{AB} = \dfrac{x_B - x_A}{D_{AB}} \\ \sin\alpha_{AB} = \dfrac{y_B - y_A}{D_{AB}} \end{cases}$$

代入上式得

$$\begin{cases} x_P = x_A + \dfrac{D_{AP}}{D_{AB}} \times [(x_B - x_A)\cos\alpha + (y_B - y_A)\sin\alpha] \\ = x_A + \dfrac{D_{AP}\sin\alpha}{D_{AB}} \times [(x_B - x_A)\cot\alpha + (y_B - y_A)] \\ y_P = y_A + \dfrac{D_{AP}}{D_{AB}} \times [(y_B - y_A)\cos\alpha - (x_B - x_A)\sin\alpha] \\ = y_A + \dfrac{D_{AP}\sin\alpha}{D_{AB}} \times [(y_B - y_A)\cot\alpha - (x_B - x_A)] \end{cases} \quad (6-18)$$

根据正弦定理可以写出

$$\frac{D_{AP}}{D_{AB}} = \frac{\sin\beta}{\sin(180° - \alpha - \beta)} = \frac{\sin\beta}{\sin\alpha\cos\beta + \cos\alpha\sin\beta} \tag{6-19}$$

从而

$$\frac{D_{AP}\sin\alpha}{D_{AB}} = \frac{\sin\alpha \cdot \sin\beta}{\sin\alpha\cos\beta + \cos\alpha\sin\beta} = \frac{1}{\cot\alpha + \cot\beta} \tag{6-20}$$

代入式(6-17)并整理得

$$\begin{cases} x_P = \dfrac{x_A\cot\beta + x_B\cot\alpha - y_A + y_B}{\cot\alpha + \cot\beta} \\ y_P = \dfrac{y_A\cot\beta + y_B\cot\alpha - x_A + x_B}{\cot\alpha + \cot\beta} \end{cases} \tag{6-21}$$

式(6-20)称为余切公式。由于该公式由图中的编号形式推得,因此在实际应用中应注意。

为了检核计算有无错误,可用下式

$$x_B = \frac{x_P\cot\alpha + x_A\cot P - y_P + y_A}{\cot\alpha + \cot\beta}$$

$$y_B = \frac{y_P\cot\alpha + y_A\cot P - x_P + x_A}{\cot\alpha + \cot\beta} \tag{6-22}$$

在实际作业中,为了检查外业观测是否有错,提高 P 点的精度与可靠性,一般规范规定用3个已知点进行交会,如图 6-12。分别以 A、B、B、C 交会 P 点,得到两组坐标,两组坐标差若不超过图上 0.2mm,即认为合格,取两组坐标的平均值作为最后坐标。

根据交会点的误差分析可知,当交会角等于 90°时,精度最好。一般不应大于 150°,小于 30°。

6.5.2 侧方交会

若两个已知点中有一个不易到达或不方便安置仪器时,可采用侧方交会。侧方交会是在一已知点与未知点上设站,测定两角度,如图 6-13。这时计算未知点的坐标同样可用前方交会公式,只是 β 角由观测角通过三角形内角和等于 180°计算而得。

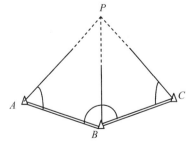

图 6-12 前方交会示意图(2)

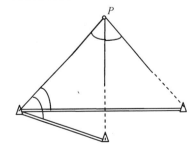

图 6-13 侧方交会示意图

6.5.3 后方交会

后方交会是在未知点上设站,测定至少 3 个已知点间夹角,确定未知点坐标的方法。如图 6-14,A、B、C 为 3 个已知点,P 为待定点,在 P 点测定 α、β。后方交会的公式很多,这里给出最常用的一种。

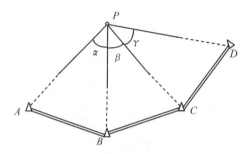

图 6-14 后方交会示意图

设

$$\begin{cases} K_1 = (x_A - x_C) + (y_A - y_C)\cot\alpha \\ K_2 = (y_A - y_C) + (x_A - x_C)\cot\alpha \\ K_3 = (x_B - x_C) + (y_B - y_C)\cot\beta \\ K_4 = (y_B - y_C) + (x_B - x_C)\cot\beta \end{cases} \quad (6-23)$$

$$\begin{cases} \tan\alpha_{CP} = \dfrac{K_3 - K_1}{K_2 - K_4} \\ \Delta x_{CP} = \dfrac{K_1 + K_2\tan\alpha_{CP}}{1 + \tan^2\alpha_{CP}} = \dfrac{K_3 + K_4\tan\alpha_{CP}}{1 + \tan^2\alpha_{CP}} \\ \Delta y_{CP} = \Delta x_{CP}\tan\alpha_{CP} \end{cases} \quad (6-24)$$

从而求得 P 点的坐标。当 P 点位于 A、B、C 三点所决定的圆周上,则无论 P 点位于圆上任何一点,所测角度都不变,即 P 点产生多解,测量上称该圆为危险圆。因此选点时,应使 P 点尽量远离危险圆。

为了提高定点的精度与可靠性,一般规定用四点后交测定 α、β、γ,如图 6-13。同样可根据其中三点计算几组不同的结果,满足精度要求取平均作为最后坐标,或者将第四个方向作为检核方向,用其他三点交会的结果反算第三个角 γ,则 $\Delta\gamma = \gamma_算 - \gamma_测$,计算 P 点的横向位移为

$$e = \frac{D_{PD} \cdot \Delta\gamma''}{\rho''} \leq 2 \times 0.1M(\text{mm})$$

式中,M 为比例尺分母。

6.5.4 自由设站法

自由设站法是随着全站仪的出现而普遍应用的一种方法,与后方交会相似,是在未知点上设站,测定至少与两个点间的角度、边长,求定未知点坐标的一种方法。如图 6-15。自由设站法的数据处理一般采用最小二乘的方法进行严密平差。

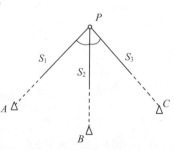

图 6-15 自由设站示意图

6.6 高程控制测量

测定控制点的高程（H）所进行的测量工作，称为高程控制测量。高程控制测量主要采用水准测量、三角高程测量的方法。用水准测量方法建立的高程控制网称为水准网。三角高程测量主要用于地形起伏较大、直接水准测量有困难的地区，为地形测图提供高程控制。

6.6.1 国家高程控制网

建立国家高程控制网的主要方法是精密水准测量。国家水准测量分为一、二、三、四等，精度依次逐级降低。一等水准测量精度最高，由它建立起来的一等水准网是国家高程控制网的骨干。二等水准网在一等水准环内布设，是国家高程控制网的全面基础。三、四等水准网是国家高程控制点的进一步加密，主要为测绘地形图和各种工程建设提供高程起算数据。三、四等水准测量路线应附合于高级水准点之间，并尽可能交叉，构成闭合环。施测要求应严格按照《国家一、二等水准测量规范》与《国家三、四等水准测量规范》。

6.6.2 城市高程控制网

城市高程控制网主要是水准网，等级依次分为二、三、四等。城市首级高程控制网不应低于三等水准。光电测距三角高程测量可代替四等水准测量。经纬仪三角高程测量主要用于山区的图根控制及位于高层建筑物上平面控制点的高程测定。城市高程控制网的首级网应布设成闭合环线，加密网可布设成附合路线、结点网和闭合环，一般不允许布设水准支线。

6.6.3 三、四等水准测量

三、四等水准测量的精度要求较普通水准测量的精度高，其技术指标见表6-7。三、四等水准测量的水准尺，通常采用木质的红黑面双面标尺。

表6-7 三、四等水准测量的技术指标

等级	仪器类型	标准视线长度/m	后前视距差/m	后前视距差累计/m	黑红面读数差/mm	黑红面所测高差之差/mm	高差闭合差的限差/mm	
							附合/闭合路线	往返测
三等	DS_3	75	2.0	5.0	2.0	3.0	$\pm 12\sqrt{L}$	$\pm 12\sqrt{L}$
四等	DS_3	100	5.0	10.0	3.0	5.0	$\pm 20\sqrt{L}$	$\pm 20\sqrt{L}$

注：L为水准路线长度，以km计

1. 观测程序

《国家三、四等水准测量规范》规定了其观测程序，在一测站上的观测程序为：

（1）照准后视标尺黑面，读取上、下视距丝、中丝读数；
（2）照准前视标尺黑面，读取上、下视距丝、中丝读数；
（3）照准前视标尺红面，读取中丝读数；
（4）照准后视标尺红面，读取中丝读数。

这样的观测程序可简称为"后前前后"(黑、黑、红、红)。也可采用"后后前前"(黑、红、黑、红)的观测程序。读取读数及时记入相应的表格,并及时计算看是否在限差范围内。四等水准测量的观测记录及计算见表 6-8。为了便于说明,表中带括号的号码为观测读数和计算的顺序,(1)~(8)为观测数据,其余为计算数据。

表 6-8 三(四)等水准测量观测手簿

测自 BM1 至 BM2					2005 年 10 月 20 日			
时刻始 8 时 35 分					天气:晴			
末 10 时 05 分					呈象:清晰			
				观测者:王强	记录者:李杰			

测站编号	后尺 下丝 上丝	前尺 下丝 上丝	方向及尺号	标尺读数		$K+$黑减红	高差中数	备考
	后距 前距			黑面	红面			
	视距差 d	$\sum d$						
	(1)	(4)		(3)	(8)	(10)		
	(2)	(5)		(6)	(7)	(9)	(18)	
	(12)	(13)		(16)	(17)	(11)		
	(14)	(15)						
1	1.614	0.774	后 1	1.384	6.171	0		
	1.156	0.326	前 2	0.551	5.239	-1	+0.8325	
	45.8	44.8	后-前	+0.833	+0.932	+1		
	+1.0	+1.0						
2	2.188	2.252	后 2	1.934	6.622	-1		
	1.682	1.758	前 1	2.008	6.796	-1	-0.0740	
	50.6	49.4	后-前	-0.074	-0.174	0		
	+1.2	+2.2						
3	1.922	2.066	后 1	1.726	6.512	+1		
	1.529	1.668	前 2	1.866	6.554	-1	-0.1410	
	39.3	39.8	后-前	-0.140	-0.042	+2		
	-0.5	+1.7						
4	2.041	2.220	后 2	1.832	6.520	-1		
	1.622	1.790	前 1	2.007	6.793	+1	-0.1740	
	41.9	43.0	后-前	-0.175	-0.273	-2		
	-1.1	+0.6						
校核	$\sum(12) = 177.6$ $\sum(13) = 177.0$ (15)末站 = +0.6 总距离 = 354.6			$\sum(3) = 6.876$ $\sum(8) = 25.825$ $\sum(6) = 6.432$ $\sum(7) = 25.382$ $\sum(16) = +0.444$ $\sum(17) = +0.443$ $(\sum(16)+\sum(17))/2$ $= +0.4435 = \sum(18)$				$\sum(18)$ $= +0.4435$	

2. 测站上的计算与校核

1）高差部分

$$(9) = (6) + K_2 - (7)$$

$$(10) = (3) + K_1 - (8)$$

$$(11) = (10) - (9)$$

(10)及(9)分别为后、前视标尺的黑红面读数之差,(11)为黑红面所测高差之差。K_1、K_2为后、前视标尺红黑面零点的差数,一般为4.787或4.687。

$$(16) = (3) - (6)$$

$$(17) = (8) - (7)$$

(16)为黑面所算得的高差,(17)为红面所算得的高差。由于两根尺子红黑面零点差不同,所以(16)并不等于(17),二者相差0.100,即

$$(11) = (16) \pm 0.100 - (17)$$

$$(18) = [(16) + (17) \pm 0.100]/2$$

2）视距部分

$$(12) = (1) - (2)$$

$$(13) = (4) - (5)$$

$$(14) = (12) - (13)$$

(12)为后视距离,(13)为前视距离,(14)为前后视距差,(15)为前后视距累积差。若发现超限,应立即重测。

3. 路线的计算与校核

1）高差部分

$$\sum(3) - \sum(6) = \sum(16) = h_{黑}$$

$$\sum\{(3) + K\} - \sum(8) = \sum(10)$$

$$\sum(8) - \sum(7) = \sum(17) = h_{红}$$

$$\sum\{(6) + K\} - \sum(7) = \sum(9)$$

$$h_{中} = (h_{黑} + h_{红} \pm 0.100)/2 = \sum(18),测站为奇数时;$$

$$h_{中} = (h_{黑} + h_{红})/2,测站为偶数时$$

$h_{黑}$、$h_{红}$分别为一测段黑面、红面所得高差;$h_{中}$为高差中数。

2）视距部分

末站$(15) = \sum(12) - \sum(13)$ 总视距 $= \sum(12) + \sum(13)$

若迁站后才检查发现超限,则应从水准点或间歇点起,重新观测。

4. 三（四）等水准测量成果整理

对于单一的水准路线（附合水准路线、闭合水准路线、支水准路线）,测量工作完成后,首先应对记录手簿进行详细检查,并计算闭合差是否超限,确认无误,再进行高差闭合差的调整

与高程的计算。

对于由若干单一水准路线组成的水准网,应进行严密的最小二乘平差计算,求各点高程与精度。

6.6.4 三角高程测量

1. 三角高程测量的原理

前面介绍了用水准测量的方法测定点与点之间的高差,从而可由已知高程点求得另一点的高程。这种方法普遍用于建立各种等级的控制网。但若用这种方法在地面高低起伏较大地区测定地面点的高程非常困难。因此在一般地区如果高程精度要求不太高时,可采用三角高程测量的方法。

如图 6-16 要测定地面上 A、B 两点间高差 h_{AB},在 A 点架设经纬仪或全站仪,在 B 点竖立觇牌或棱镜。量取望远镜旋转轴中心 I 至地面上 A 点的高度称为仪器高 i,量取觇牌横丝或棱镜中心到 B 点的高度称为目标高 v,读取 IM 与水平视线 IN 间所夹的竖直角 α,设 A、B 两点间的水平距离已知为 S,可用视距测量或全站仪测量,则由图 6-1 可得两点间高差 h_{AB} 为

$$\begin{cases} h_{AB} + v = S\tan\alpha + i \\ h_{AB} = S\tan\alpha + i - v \end{cases} \tag{6-25}$$

若 A 点的高程已知为 H_A,则 B 点的高程为

$$H_B = H_A + h_{AB} = H_A + S\tan\alpha + i - v \tag{6-26}$$

当仪器设在已知高程点,观测该点与未知高程点之间的高差称为正觇;反之仪器设在未知点,测量该点与已知高程点之间的高差称为反觇。一个正觇、反觇组成双向观测或对向观测。

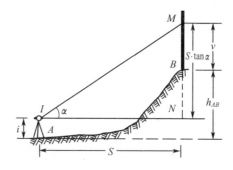

图 6-16 三角高程测量原理

2. 地球曲率与大气折光的影响

在式(6-25)、式(6-26)中,没有考虑地球曲率与大气折光对所测高差的影响。这种影响简称球气差,一般表示为

$$f = \frac{S^2(1-k)}{2R} \tag{6-27}$$

式中,R 为地球平均半径,一般取 6378km;k 为大气折光系数,经验值为 0.143。

可见:

$$\begin{cases} h_{AB} = S\tan\alpha_{AB} + i_1 - v_1 + \dfrac{S^2(1-k)}{2R} \\ H_B = H_A + S\tan\alpha_{AB} + i_1 - v_1 + f \end{cases} \quad (6-28)$$

若在两点上分别安置仪器进行对向观测,并计算所测得的高差:

$$h_{BA} = S\tan\alpha_{BA} + i_2 - v_2 + \dfrac{S^2(1-k)}{2R}$$

取其绝对值的平均值:

$$h = \dfrac{1}{2}(S\tan\alpha_{AB} - S\tan\alpha_{BA} + i_1 - i_2 - v_1 + v_2)$$

可见通过对向观测取平均可以消除球气差的影响。

思考题

1. 什么是控制测量?分为哪两类?
2. 导线测量的布设形式有哪些?
3. 简述经纬仪导线测量的外业步骤。
4. 简述导线内业计算的步骤。
5. 附合导线与闭合导线计算有哪些异同?
6. 简述三、四等水准测量的观测程序。
7. 简述三角高程测量的原理。

第 7 章

GPS 定位测量

7.1 概 述

GPS(Navigation Satellite Timing and Ranging/Global Positioning System,NAVSTAR/GPS)是美国国防部为陆、海、空三军研制的新一代卫星导航定位系统,是美国继阿波罗登月和航天飞机之后的第三个空间工程。该系统利用卫星的测时和测距进行导航定位,以构成全球卫星定位系统,是无线电通信技术、电子计算机技术、测量技术以及空间技术相组合的高技术产物。系统 1973 年被提出,经过 20 余年的分阶段建设,1993 年正式建成,具有全球导航、定位和授时的功能。自系统投入使用以来,GPS 在导航与定位技术领域内,以其全球性、全天候、成本低等优点显示出强大的生命力和竞争力,在测量学、导航学及其相关学科领域获得了极其广泛的应用。

目前,GPS 应用已扩展到陆地、海洋、航空、航天等各种军用和民用领域,包括空间大地测量、地球动力学研究、测量控制网联测、野外勘察、海洋测绘、石油勘探、精密工程测量、车船的导航与定位、飞机导航与进场着陆、空中交通管制、弹药准确投掷、导弹制导与定位、空间飞行器的精密定轨、各种运载器的航姿测量以及人们日常生活的个性化定位服务。

20 世纪 90 年代,GPS 定位技术的迅速发展,引起了各国军事部门和广大民用部门的普遍关注。近年来,GPS 定位技术在应用基础的研究、新应用领域的拓展、软件和硬件的开发等方面,都取得了迅速发展,使导航和定位技术进入了一个崭新的时代。

如图 7-1 所示,整个 GPS 定位系统由三大部分组成,即由 GPS 卫星组成的空间星座部分、由若干地面站组成的地面监控部分和以接收机为主体的用户设备部分。三者各自有独立的功能和作用,但又是有机配合和缺一不可的整体系统。

7.1.1 空间星座部分

如图 7-2 所示,GPS 的空间卫星星座由 21 颗工作卫星和 3 颗在轨备用卫星组成,这些卫星分布在 6 个轨道面内,每个轨道面上有 4 颗卫星。卫星轨道面相对地球赤道面的倾角为 55°,各轨道平面升交点赤经相差 60°,在相邻轨道上卫星的升交角距相差 30°。轨道平均高度约为 20200 km,卫星运行周期为 11h 58min。GPS 卫星在空间的以上配置,保障了在地球上任

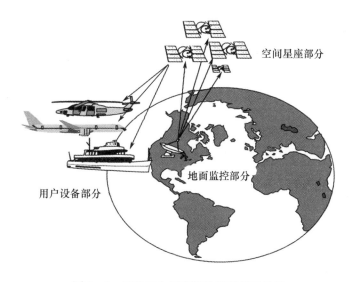

图 7-1 GPS 三大组成部分及其相互关系

何地点、任何时刻都可以同时观测到 4 颗以上的卫星。卫星信号的传播和接收不受天气的影响,这就使 GPS 成为一种全球性、全天候的连续实时导航定位系统。

GPS 卫星是由洛克韦尔国际公司空间部研制的。主体呈柱形(图 7-3),采用铝蜂窝结构,星体两侧装有两块双叶对日定向太阳能电池帆板,工作卫星设计寿命为 7 年。每颗卫星装有 4 台高精度原子钟,它们发射标准频率,为 GPS 测量提供高精度的时间标准。

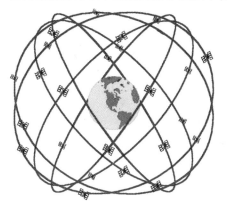
图 7-2 GPS 卫星星座

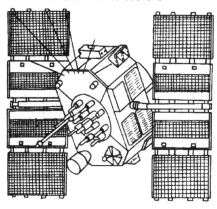
图 7-3 GPS 卫星构造示意图

GPS 卫星的基本功能是:
(1)接收和存储由地面监控站发来的导航信息,接收并执行监控站的指令。
(2)卫星上设有微处理机,进行部分必要的数据处理工作。
(3)通过星载高精度原子钟提供精密的时间标准。
(4)向用户发送导航与定位信息。
(5)在地面监控站的指令下,通过推进器调整卫星的姿态和启用备用卫星。

7.1.2 地面监控部分

如图 7-4 所示,GPS 的地面监控部分主要由分布在全球的 5 个地面站组成,包括 1 个主控站、3 个注入站和 5 个监测站。

图 7-4　GPS 地面监控站分布

主控站设在科罗拉多州斯平士的联合空间执行中心。主控站除了协调和管理所有地面监控系统的工作外，其主要任务是：

（1）采集数据。采集各个监测站传送来的数据，包括卫星的伪距、积分多普勒、时钟、工作状态、监测站自身的状态、气象要素以及海军水面兵器中心的参考星历。

（2）编辑导航电文。根据采集的数据计算每一颗卫星的星历、时钟改正数、状态参数、大气改正数等，并按一定格式编辑为导航电文，传送到注入站。

（3）诊断功能。对地面支持系统的协调工作和卫星的健康状况进行诊断，并进行编码和编入导航电文发送给用户。

（4）调整卫星。根据需要对卫星进行调整，或者调整卫星轨道到正常位置，或者用备用卫星取代失效的工作卫星。

3 个注入站分别设在印度洋的狄哥伽西亚、南大西洋的阿松森岛和南太平洋的卡瓦加兰。注入站的主要任务是在主控站的控制下，将主控站推算和编制的卫星星历、钟差、导航电文和其他控制指令等注入到相应卫星的存储系统，并监测注入信息的正确性。

监测站是在主控站直接控制下的数据自动采集中心，分别设在主控站、3 个注入站和夏威夷岛。站内设有双频 GPS 接收机、高精度原子钟、计算机和若干环境数据传感器。接收机连续观测 GPS 卫星、采集数据、监测卫星的工作状况。环境传感器收集当地有关的气象数据。所有观测资料由计算机进行初步处理，再存储和传送到主控站，用以确定卫星的精密轨道。

整个 GPS 的地面监控部分，除主控站外均无人值守，各站间用现代化的通信系统联系起来，在原子钟和计算机的精确控制下自动运行。

7.1.3　用户设备部分

GPS 的空间部分和地面监测部分是用户广泛应用该系统进行导航和定位的基础，用户只有通过用户设备，才能实现导航和定位的目的。GPS 接收机大体上可分为三大类：导航型、测地型和授时型。接收机由天线单元和接收单元（包括通道单元、计算与显示单元、存储单元、电源等）构成。导航型接收机结构简单、体积小、精度低、价格便宜，一般采用单频 C/A 码伪距接收技术，定位精度为 30m~50m 左右，用于航空、航海和陆地的实时导航。测地型接收机结构复杂、精度高、价格昂贵，采用双频伪距与载波相位接收技术，用于大地测量、地壳形变监测以及精密测距中，测量基线精度达到 $10^{-9} \sim 10^{-7}$，如图 7-5 所示。

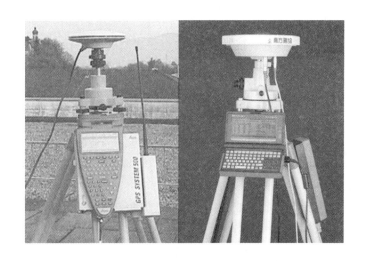

图 7-5　GPS 接收机

用户设备的主要任务是接收 GPS 卫星发射的信号,以获得必要的导航和定位信息,并经数据处理完成导航和定位工作,它的简化原理框图如图 7-6 所示。天线接收卫星发射的信号,经前置放大器放大后进行变换处理,前置放大器采用宽带低噪声载频放大器改善信噪比。信号处理变频器则把射频信号变成中频信号,经放大、滤波,送给伪距码延时锁定环路,对信号进行解扩、解调,得到基带信号。从载波锁定环路提取与多普勒频移相应的伪距变化率,从伪码延时锁定环路提取伪距。导航定位计算部分从基带信号中译出星历、卫星时钟校正参数、大气校正参数、时间标记点、历书,用这些参数结合伪距和伪距变化率以及一些初始数据,完成用户位置和速度的计算以及最佳导航星的选择计算等工作。

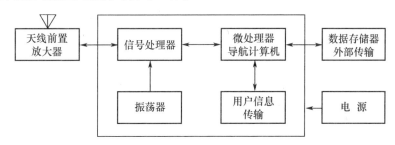

图 7-6　GPS 接收机基本结构

接收机的工作过程如下:

(1) 选择卫星。用户必须预先知道全部导航星的粗略星历,并从可见星(4 颗~11 颗)中选取几何关系最好的 4 颗以上的卫星。若接收机刚投入使用,还没有这种数据,则需搜捕卫星信号。

(2) 搜捕和跟踪被选卫星信号。搜捕信号不必每位码从头到尾进行搜捕,只要粗略地知道用户位置,便可在大概的用户到卫星的距离上搜捕,一旦捕获到卫星信号并进入跟踪,那么就可以得到导航信息。

(3) 获取粗略伪距并进行修正。用双频测得的伪距差,对测量伪距进行大气附加延时的修正。只用 C/A 码的接收机无法进行此项工作。

(4) 导航定位计算。实时计算出测站的三维位置,甚至三维速度和时间。

目前,各种类型的 GPS 接收机体积越来越小,重量越来越轻,便于野外观测。随着欧洲的 Galileo 计划和中国的北斗导航定位系统(BDS)等相继建设,研制出 GPS 与 GLONASS、Galileo

和 BDS 等兼容的双星或三星导航定位系统,构成全球卫星导航定位系统(Global Navigation Satellite System,GNSS)。随着微电子技术的发展,有手表式的 GPS 接收机问世,不仅提供精确的时间,而且也提供其三维位置。手机导航和车载导航等个性化产品大量生产及广泛应用。

7.2 GPS 信号和基本定位原理

7.2.1 GPS 信号

1. GPS 信号结构

GPS 卫星信号一般包括三种信号分量:载波、测距码和数据码。时钟基本频率 f_0 = 10.23MHz,利用频率综合器产生所需要的频率。GPS 信号的产生过程如图 7-7 所示。

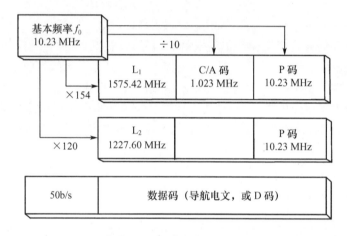

图 7-7 GPS 信号的产生原理

GPS 使用 L 波段,配有两种载波。

载波 L_1:$f_{L_1} = f_0 \times 154 = 1575.42$ MHz,波长 $\lambda_1 = 19.03$cm

载波 L_2:$f_{L_2} = f_0 \times 120 = 1227.60$ MHz,波长 $\lambda_2 = 24.42$cm

GPS 卫星的测距码和数据码采用调相技术调制到载波上。在载波 L_1 上调制有 C/A 码、P 码(或 Y 码)和数据码,而在载波 L_2 上只调制有 P 码(或 Y 码)和数据码。

2. GPS 测距码

GPS 卫星采用两种测距码,即 C/A 码、P 码(或 Y 码),它们都是伪随机噪声码(Pseudo Random Noise,PRN),简称伪随机码或伪码。伪随机码具有类似随机码的良好自相关特性,而且具有某种确定的编码规则。它是周期性的,方便复制。

(1) C/A 码。用于跟踪、锁定和测量,是由伪随机序列优先对组合码形成的 Gold 码(G 码)。C/A 码精度较低,但码结构是公开的,可供具有 GPS 接收设备的广大用户使用。

(2) P 码。由两个伪随机码经相乘构成,精度较高,是结构不公开的保密码,专供美国军方以及得到特许的盟国军事用户使用。不知道 P 码结构,便无法捕获 P 码。

3. GPS 导航电文

导航电文是由用户来定位和导航的基础数据,包含了卫星的星历、工作状态、时钟改正、电离层时延改正、大气折射改正以及由 C/A 码捕获 P 码等导航信息。导航电文是由卫星信号解调出来的数据码。这些信息以 50b/s 的速率调制在载频上,数据采用不归零制(NRZ)的二进制码。

如图 7-8 所示,导航电文采用主帧、子帧、字码和页码格式,每主帧电文长度为 1500bit,传送速率为 50b/s,所以播发一帧电文需要 30s 时间。每帧导航电文包括 5 个子帧,每个子帧长 6s,共有 300bit。第 1、2、3 子帧各有 10 个字码,这 3 个子帧的内容每 30s 重复一次,每 1h 更新一次,第 4、5 子帧各有 25 页。一帧完整的电文共有 25 个主帧(37500bit),需要 750s 才能够传送完,电文内容在卫星注入新的数据后再进行更新。

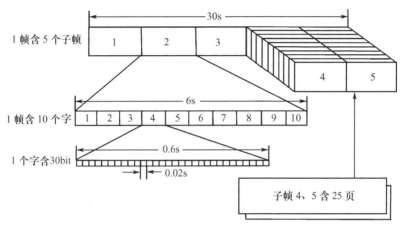

图 7-8 导航电文的格式

导航电文的内容包括遥测码(TLM)、转换码(HOW)、数据块Ⅰ、数据块Ⅱ和数据块Ⅲ等 5 部分。当采用 GPS 进行定位的解算时,可通过上述导航电文获取 GPS 卫星的各种轨道参数,在此基础上准确计算卫星的瞬间位置。

7.2.2 GPS 基本定位原理

1. GPS 绝对定位原理

1)绝对定位

绝对定位也叫单点定位,通常指在协议地球坐标系(WGS-84 坐标系)中,直接确定观测站相对于坐标系原点(地球质心)绝对坐标的一种定位方法。利用 GPS 进行绝对定位的原理,是以 GPS 卫星和用户接收机天线之间距离(或距离差)的观测量为基础,并根据已知的卫星瞬时坐标来确定用户接收机天线所对应的点位,即观测站的位置。

GPS 绝对定位方法的实质是空间距离后方交会。为此,在一个观测站上,原则上有 3 个独立的距离观测量便够了,这时观测站应位于以 3 颗卫星为球心、相应距离为半径的球与地面交线的交点。但是,由于 GPS 采用单程测距原理,同时卫星钟与用户接收机钟难以保持严格同步,所以实际观测的观测站至卫星之间的距离均含有卫星钟和接收机钟同步差的影响。对于卫星钟差,可以应用导航电文中所给出的有关钟差参数加以修正,而接收机的钟差一般难以预先准确地确定,所以通常均把它们作为一个未知参数,与观测站的坐标在数据处理中一并求解。因此,在一个观测站上,为了实时求解 4 个未知参数(3 个点位坐标分量和 1 个钟差参数),至少需要 4 个同步伪距观测值,即至少必须同时观测 4 颗卫星,如图 7-9 所示。

2)码伪距测量

码伪距测量是 GPS 接收机通过测量卫星发射信号与接收机接收到此信号之间的时间差

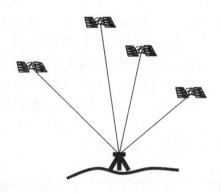

图 7-9 GPS 绝对定位原理

Δt,来求得卫星接收机间的距离 ρ。其基本原理

$$\rho = c \cdot \Delta t \tag{7-1}$$

式中,c 为无线电传播速度。

测距码伪距就是由卫星发射的测距码到观测站的传播时间(时间延迟)乘以无线电传播速度所得出的距离。卫星坐标 (x_j, y_j, z_j) 是已知的,求解测站坐标 (x_k, y_k, z_k),则卫星到接收机的距离

$$\rho = \sqrt{(x_j - x_k)^2 + (y_j - y_k)^2 + (z_j - z_k)^2} \tag{7-2}$$

建立伪距观测值方程,必须顾及卫星钟差、接收机钟差以及大气层折射延迟等影响。卫星钟差、大气层折射延迟可以采用适当的改正模型进行改正,把接收机钟差看作一个未知数,同时顾及测站 3 个坐标未知数 (x_k, y_k, z_k)。因此在同一观测历元,只需同时观测 4 颗卫星,即可获得 4 个观测方程,求解出这 4 个未知数。应用 GPS 进行绝对定位,根据用户接收机天线所处的状态可分为动态绝对定位和静态绝对定位。

2. GPS 相对定位原理

1)载波相位观测值

当 GPS 接收机锁定卫星载波相位,就可以得到从卫星传到接收机经过延时的载波信号。如果将载波信号与接收机内产生的基准信号比相就可得到载波相位观测值。通过鉴相器可知,卫星到接收机间的相位差 $\Delta\phi$ 可分为 N_0 个整周相位和不到一个整周相位 $\Delta\varphi(t)$ 之和

$$\Delta\phi = N_0 \cdot 2\pi + \Delta\varphi(t) \tag{7-3}$$

因此,卫星到接收机的距离

$$\rho = \lambda \cdot \Delta\phi = \lambda \cdot [N_0 \cdot 2\pi + \Delta\varphi(t)] \tag{7-4}$$

式中,λ 为载波波长。

鉴相器只能测出不足一个整周相位值 $\Delta\varphi(t)$,整周相位测不出来。因此,在载波相位测量中出现一个整周未知数 N_0(也称为整周模糊度),需要通过其他途径求定。另外,如果在跟踪卫星过程中,由于某种原因,如卫星信号被障碍物挡住而暂时中断,或受无线电信号干扰造成信号失锁等,计数器无法连续计数。因此,当信号重新被跟踪后,整周计数就不正确,但不到一个整周的相位观测值 $\Delta\varphi(t)$ 仍然是正确的,这种现象称为周跳。

由于载波频率高、波长短,因此测量精度高。不过,利用载波相位观测值进行定位,要解决整周模糊度的解算和周跳修复问题。

2) 静态相对定位

绝对定位的精度通常为 10m~30m,这一精度远不能满足精密定位的要求,而相对定位精度可达厘米级甚至更高。GPS 相对定位可以消去卫星轨道误差、卫星钟差、电离层误差和对流层误差等具有空间相关性的公共误差,极大地提高定位精度。GPS 相对定位是目前 GPS 测量中精度最高的一种定位方法。

如图 7-10 所示,GPS 相对定位是用两台接收机分别安置在基线的两端,同步观测相同的 GPS 卫星,以确定基线端点的相对位置或基线向量。同样,多台接收机安置在若干条基线的端点,通过同步观测 GPS 卫星可以确定多条基线向量。在一个端点坐标已知的情况下,可以用基线向量推求另一待定点的坐标。根据用户接收机在定位过程中所处的状态不同,相对定位有静态和动态之分。静态相对定位,即设置在基线端点的接收机是固定不动的,这样便可能通过连续观测,获取充分的多余观测数据,以提高定位的精度。

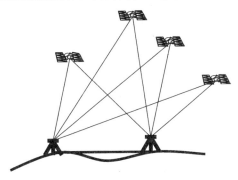

图 7-10 GPS 相对定位原理

静态相对定位一般均采用载波相位观测值(或测相伪距)为基本观测量。这一定位方法是当前 GPS 定位中精度最高的一种方法,广泛地应用于大地测量、工程测量和地球动力学研究等项工作。实践表明,对中等长度的基线(100km~500km),其相对定位精度可达 10^{-6}~10^{-7},甚至更好。所以,在精度要求较高的测量工作中,均普遍采用这一方法。

3) 差分观测值

载波相位差理论上的测量精度可达到 2mm 左右(以 1% 波长分辨率),但 GPS 测量是在多种误差源的作用影响下进行的,因此,应设法消除或减弱 GPS 测量误差的影响。GPS 测量中的一些系统误差可通过改正模型直接修正,也可引入相应的附加参数一并求解,但过多的附加参数会影响定位解的可靠性,而且,有些误差很难用数学模型来模拟。

其实,一种简单有效的消除或减弱系统误差影响的方法是将相位差观测值进行线性组合,由于众多误差对相关的观测值影响相同或相近,利用这种空间相关性,可使在相位差分观测值中大大地减弱有关误差的影响,虽有残余误差,但其影响已大大减小了。相位差分观测值可按测站、卫星和观测历元 3 个要素单独进行差分或组合进行差分来求得,各种求差法都是观测值的线性组合。大地测量中通常有单差、双差和三差观测值。

7.2.3 GPS 测量误差

GPS 测量中出现的各种误差按其来源大致可分为 3 种类型:

(1) 与卫星有关的误差。主要包括星历误差、卫星钟的误差、地球自转的影响和相对论效应的影响等。

（2）信号传播误差。GPS 卫星是在距地面 2 万 km 的高空运行，GPS 信号向地面传播经过大气层，因此，信号传播误差主要是信号通过电离层和对流层的影响。此外，还有信号传播的多路径效应的影响。

（3）观测误差和接收设备的误差。接收设备的误差主要是接收机钟差和天线相位中心的位置偏差。

通常可采用适当的方法减弱或消除这些误差的影响，如建立误差改正模型对观测值进行改正，或选择良好的观测条件，采用恰当的观测方法等。

7.3 GPS 静态控制测量及数据处理

7.3.1 GPS 控制网图形设计

GPS 测量具有全天候、无需点间通视、低成本等特点，越来越多的控制测量采用这种方法。常规测量中对控制网的图形设计是一项非常重要的工作，良好的图形设计，既可以减少野外选点工作量、节省造标经费，也为得到较高精度的成果打下基础。而在 GPS 图形设计时，因 GPS 同步观测不要求相互通视，所以其图形设计具有较大的灵活性。GPS 网的图形设计主要取决于用户的要求、经费、时间、人力以及所使用接收机的类型、数量和后勤保障条件等。

1. GPS 网的图形设计原则

GPS 网图形设计的一般原则如下。

（1）GPS 网必须由非同步独立观测边构成若干个闭合图形，例如三角形、多边形或附合路线，以增加检核条件，提高网的可靠性。但闭合环或附合线路边数要符合相应的规定，根据《全球定位系统城市测量技术规程》，如表 7-1 所列。

表 7-1 闭合环或附合线路边数的规定

等　　级	二等	三等	四等	一级	二级
闭合环或附合线路的边数/条	≤6	≤8	≤10	≤10	≤10

（2）GPS 网作为测量控制网，其点位布设应均匀分布，相邻点间基线向量的精度分布均匀。

（3）GPS 网点应尽量与原有地面控制点相重合，一般应不少于 2 个（不足时应联测），且在网中应分布均匀。

（4）为了便于 GPS 的测量观测和后续控制点的实用，GPS 网点一般应设在视野开阔和交通便利的地方。

（5）GPS 网的点与点间尽管不要求通视，但考虑到利用常规测量加密时的需要，每点应有一个以上通视方向。

2. GPS 网的图形布设方式

如图 7-11 所示，根据不同的用途，GPS 网的图形布设通常有点连式、边连式、网连式及边点混合连式 4 种基本方式。

（1）点连式。指相邻同步图形之间仅有一个公共点的连接。以这种方式布点所构成的图形几何强度很弱，没有或极少有非同步图形闭合条件。

（2）边连式。指相邻同步图形之间由一条公共基线连接。这种布网方案，网的几何强度较高，有较多的复测边和非同步图形闭合条件，几何强度和可靠性均优于点连式。但在相同的仪器台数条件下，观测时段将比点连式大大增加。

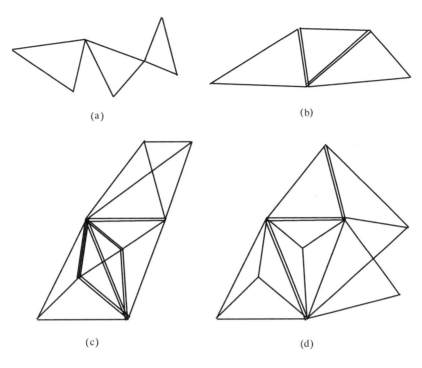

图 7 - 11　GPS 控制网图形布设形式
(a) 点连式；(b) 边连式；(c) 网连式；(d) 混合连式。

（3）网连式。指相邻同步图形之间有两个以上的公共点相连接。这种方法需要 4 台以上的接收机。显然,这种密集的布图方法,它的几何强度和可靠性指标是相当高的,一般仅适合于较高精度的控制测量。

（4）混合连式。把点连式和边连式有机地结合起来,组成结构复杂的 GPS 控制网,既能保证网的几何强度,提高网的可靠性指标,又能减少外业工作量,降低成本,是一种较为理想的布网方法。

7.3.2　数据预处理

GPS 接收机采集记录的是 GPS 接收机天线至卫星伪距、载波相位差和卫星星历等数据。GPS 数据处理要从原始的观测值出发得到最终的测量定位成果,其过程大致分为 GPS 观测数据传输、基线向量解算、GPS 网平差和成果输出等几个阶段。

GPS 控制网平差前必须通过观测数据预处理,数据预处理的目的是：
（1）对数据进行平滑滤波检验,剔除观测值中的粗差。
（2）统一数据文件格式并将各类数据文件处理成标准文件。
（3）探测整周并修复具有周跳的观测值。
（4）分析观测值误差,对观测值进行各种模型改正。
（5）基线向量解算,并进行基线质量分析与检验。

1. 基线解算方法

1）单基线解算

当有 m 台 GPS 接收机进行了一个时段的同步观测后,每两台接收机之间就可以形成一条基线向量,共有 $m(m-1)/2$ 条同步观测基线,其中最多可以选出相互独立的 $m-1$ 条同步观测基线。至于这 $m-1$ 条独立基线如何选取,只要保证所选的 $m-1$ 条独立基线不构成闭合环就可以了。所谓单基线解算,就是在基线解算时不顾及同步观测基线间的误差相关性,对每条基线单独进行解算。单基线解算的算法简单,但其解算结果无法反映同步基线间的误差相关的特性。

2)多基线解算

与单基线解算不同的是,多基线解算顾及了同步观测基线间的误差相关性,在基线解算时对所有同步观测的独立基线一并解算。多基线解算由于在基线解算时顾及了同步观测基线间的误差相关特性,因此,在理论上是严密的,但解算模型复杂,工作量较大。

2. 基线解算过程

GPS 接收机都配备有随机解算的数据处理软件,它们在使用方法上都会有各自不同的特点,但是,无论是哪种软件,它们在使用步骤上却是大体相同的。GPS 基线解算就是利用 GPS 观测值,通过数据处理,得到测站的坐标或测站间的基线向量值。

1)GPS 基线解算

基线向量解算是一个复杂的计算过程,解算时要顾及观测时段中信号间断引起的数据剔除、观测数据粗差的发现及剔除、星座变化引起的整周模糊度的增加、进一步消除传播延迟改正以及对接收机钟差重新评估等问题。具体步骤如下:

(1)读入原始观测数据。在进行基线解算时,首先需要读取原始的 GPS 观测值数据。各接收机厂商随接收机提供的数据处理软件,都可以处理从接收机中传输出来的 GPS 原始观测值数据。

(2)外业输入数据检查与修改。在读入了 GPS 观测值数据后,就需要对观测数据进行必要的检查,保证参与解算数据的正确性。

(3)设定基线解算控制参数。基线解算的控制参数用以确定数据处理软件采用何种处理方法来进行基线解算,通过控制参数(单频、双频等)的设定,可以实现基线的精化处理。

(4)基线解算。基线解算采用选取的解算模型,一般随机软件可以自动进行,无需过多的人工干预。只有当基线解算不合格时,才需要人工处理,单独选取参数进行解算。

(5)基线质量的检验。基线解算完毕后,基线结果并不能马上用于后续的处理,还必须对基线的质量进行检验,只有质量合格的基线才能用于后续的处理,如果不合格,则需要对基线进行重新解算或重新测量。

(6)基线结果输出。某测区用 3 台 GPS 接收机进行 4 个时段的静态定位测量,基线解算结果如表 7-2 所列。

表 7-2 某测区基线解算结果

PROCESS GPS/GLONASS Results Are As Follows(Date:×××):						
From	To	SESSION	LENGTH/m	RMS/m	RATIO/%	SOL
T1	T2	A	785.893	0.00192	100.00	Fixed
T1	T6	A	4442.849	0.00439	100.00	Fixed
T6	T2	A	4468.498	0.00426	100.00	Fixed
T4	T6	B	5759.931	0.00495	100.00	Fixed
T4	T2	B	2297.321	0.00345	100.00	Fixed
T6	T2	B	4468.499	0.00421	100.00	Fixed
T4	T5	C	5203.145	0.00513	100.00	Fixed
T4	T6	C	5759.929	0.00497	100.00	Fixed
T5	T6	C	4577.115	0.00450	100.00	Fixed
T4	T2	D	2297.329	0.00421	100.00	Fixed
T4	T3	D	937.781	0.00366	100.00	Fixed
T2	T3	D	1388.240	0.00401	100.00	Fixed

2）基线质量分析和检核

基线处理完成后,应对其结果作以下分析和检核。

(1) 观测值残差分析。平差处理时假定观测值仅存在偶然误差,因此,在理论上载波相位观测精度为1%周,即载波信号观测误差只有2mm左右。当残差分布中出现突然的跳变时,表明周跳未处理成功。

(2) 基线长度的精度。处理后基线长度中误差应在标称精度值内。多数双频接收机的基线长度标称精度为5mm+1ppm(mm),单频接收机的基线长度标称精度为10mm+2ppm(mm)。

(3) 基线向量环闭合差的计算及检核。静态载波相位相对定位中常用双差观测值求解基线向量,由同时段的若干基线向量组成的同步环和不同时段的若干独立基线向量组成的非同步环,其闭合差应能满足相应等级的精度要求,即其闭合差值应小于相应等级的限差值。具体限差参考测量规范中相应等级 GPS 控制测量要求。

7.3.3　GPS 控制网平差

在布设 GPS 网时,首先需对构成 GPS 网的基线进行观测,并利用所采集到的 GPS 数据进行数据处理,通过基线解算,获得具有同步观测数据的测站间的基线向量。为了确定 GPS 网中各个点在某一坐标系统下的绝对坐标,需要提供位置基准、方位基准和尺度基准。这些外部基准通常是由一个以上的起算点来提供的,平差时利用所引入的起算数据来计算出网中各点的坐标。当然,GPS 网的平差,除了可以求解出待定点的坐标以外,还可以发现和剔除 GPS 基线向量观测值和地面观测中的粗差,消除由于各种类型的误差而引起的矛盾,并评定观测成果的精度。

GPS 网平差的类型有多种,根据平差所进行的坐标空间不同,可分为三维平差和二维平差;根据平差时所采用的观测值和起算数据的数量和类型不同,可分为无约束平差、约束平差和联合平差等。

1. 三维平差

三维平差是指平差在三维空间坐标系中进行,观测值为三维空间中的观测值,解算出的结果为点的三维空间坐标。GPS 网的三维平差一般在三维空间直角坐标系或三维空间大地坐标系下进行。

所谓 GPS 网的三维无约束平差,是指平差在 WGS-84 三维空间坐标系下进行,平差时不引入使得 GPS 网产生由非观测量所引起的变形的外部约束条件,主要考察 GPS 数据的外业观测质量。具体地说,就是在进行平差时,所采用的起算条件不超过 3 个。对于 GPS 网来说,这 3 个起算条件既可以是一个起算点的三维坐标,也可以是其他的起算条件。常见的 GPS 网的无约束平差,一般是在平差时没有起算数据或没有多余的起算数据,任意设定一个起算点。

2. 二维平差

二维平差是指平差在二维平面坐标系下进行,观测值为二维观测值,解算出的结果为点的二维平面坐标。GPS 二维平差一般适合于小范围 GPS 网的平差或工程 GPS 控制网的平差。

二维平差一般采用约束平差,在高斯平面坐标系下进行,平差所采用的观测量除了 GPS 基线向量外,有可能还引入了常规的地面观测值,这些常规的地面观测值包括边长观测值、角度观测值、方向观测值等。平差所采用的起算数据一般为 2 个以上地面控制点的平面坐标,除此之外,有时还加入了已知边长和已知方位等作为起算数据。

3. 联合平差

GPS 网的联合平差指平差时所采用的观测值除了 GPS 观测值以外,还采用了地面常规观测值,这些地面常规观测值包括边长、方向、角度等观测值等,构造 GPS 观测值和地面常规观测值的平差数据处理模型进行整体平差。

7.3.4 GPS 高程测量

1. 常用高程系统

在测量中常用的高程系统有大地高系统、正高系统和正常高系统。如图 7-12 所示。我国采用正常高系统。

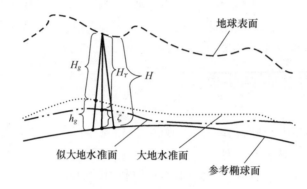

图 7-12 高程系统间的相互关系

(1) 大地高系统。以参考椭球面为基准面的高程系统。某点的大地高是该点到通过该点的法线与参考椭球面的交点间的距离。大地高也称为椭球高,一般用 H 表示,它是一个纯几何量,不具有物理意义,同一个点在不同的基准下具有不同的大地高。

(2) 正高系统。以大地水准面为基准面的高程系统。某点的正高是该点到通过该点的铅垂线与大地水准面的交点之间的距离,用 H_g 表示。

(3) 正常高系统。以似大地水准面为基准的高程系统。某点的正常高是该点到通过该点的铅垂线与似大地水准面的交点之间的距离,用 H_γ 表示。

(4) 高程系统之间的转换关系。大地水准面到参考椭球面的距离,称为大地水准面差距,记为 h_g。大地高与正高之间的关系可以表示为

$$H = H_g + h_g \tag{7-5}$$

似大地水准面到参考椭球面的距离,称为高程异常,记为 ζ。大地高与正常高之间的关系可以表示为

$$H = H_\gamma + \zeta \tag{7-6}$$

2. GPS 高程拟合法

由于采用 GPS 观测所得到的是大地高,为了确定出正高或正常高,需要有大地水准面差距或高程异常数据。

所谓高程拟合法就是利用在范围不大的区域中,高程异常具有一定的几何相关性这一原理,采用数学方法,求解正常高或高程异常,将高程异常 ζ_i 表示为下面多项式的形式。

(1) 零次多项式:$\zeta_i = a_0$ \hfill (7-7)

(2) 一次多项式:$\zeta_i = a_0 + a_1 \cdot dX_i + a_2 \cdot dY_i$ \hfill (7-8)

(3) 二次多项式:$\zeta_i = a_0 + a_1 \cdot dX_i + a_2 \cdot dY_i + a_3 \cdot dX_i^2 + a_4 \cdot dY_i^2 + a_5 \cdot dX_i \cdot dY_i$ (7-9)

其中，$dX_i = X_i - X_0$，$dY_i = Y_i - Y_0$，$X_0 = \frac{1}{n}\sum_{i=1}^{n}X_i$，$Y_0 = \frac{1}{n}\sum_{i=1}^{n}Y_i$，$n$ 为 GPS 网的点数，X_i、Y_i 分别为 GPS 网点的坐标。

对于利用 GPS 测量的区域，利用测区公共点上 GPS 测定的大地高和几何水准测量测定的正常高求定多项式参数，拟合得到高程异常的多项式，按点位坐标求出各点上的高程异常值，从而计算得到该点的正常高值，即高程值。

7.4 GPS 实时动态测量及应用

7.4.1 GPS 实时动态定位

随着 GPS 测量技术的广泛应用，工程测量中通常采用 GPS 实时动态测量方法。

1. GPS RTK 测量技术

实时动态（real-time kinematic，RTK）测量系统，是 GPS 测量技术与数据传输技术相结合而构成的组合系统，它是 GPS 测量技术发展中的一个新的突破。

RTK 测量技术是以载波相位观测量为基础的实时差分 GPS（RTD）测量技术。常规的 GPS 测量方法，如静态、快速静态、准动态和动态相对定位等，如果不与数据传输系统相结合，其定位结果都需要通过观测数据的测后处理而获得。所以上述各种测量模式，不仅无法实时给出观测站的定位结果，而且也无法对基准站和流动站观测数据的质量进行实时检核，因而难以避免在数据后处理中发现不合格的测量成果，需要返工重测。

实时动态测量的基本原理就是在基准站上安置一台 GPS 接收机，对所有可见 GPS 卫星进行连续观测，并将其观测数据通过无线电传输设备，实时发送给流动观测站。流动站上的 GPS 接收机在接收卫星信号的同时，通过无线电接收设备接收基准站传输的观测数据，然后根据相对定位原理，实时计算并显示流动站的三维坐标及其精度，如图 7-13 所示。流动站可处于静止状态，也可处于运动状态；可在固定点上先进行初始化，再进入动态作业，也可在动态条件下直接开机完成整周模糊度的搜索求解。在固定整周模糊度后，只要能保持 4 颗以上卫星相位观测值的跟踪和必要的几何图形，流动站就可随时给出厘米级定位结果。

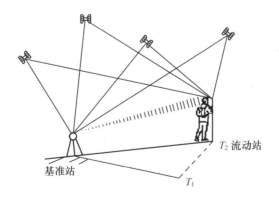

图 7-13 实时动态定位原理示意图

RTK 技术是建立在流动站与基准站误差强相关这一假设的基础上的。当流动站离基准站较近（如不超过 15km）时，上述假设一般均能较好地成立，此时利用一个或数个历元的观测资料即可获得厘米级精度的定位结果。为消除卫星钟和接收机钟的钟差，削弱卫星星历误差、电离层延迟误差和对流层延迟误差的影响，在 RTK 中通常都采用双差观测值。然而，随着流动站和基准站间距的增加，误差相关性将变得越来越差。轨道偏差、电离层延迟的残余误差和对流层延迟的残余误差项都将迅速增加，从而导致难以正确确定整周模糊度，无法获得正确的高精度解。

2. RTK 测量模式

目前，RTK 测量采用的作业模式，主要有快速静态测量、准动态测量和动态测量。

1）快速静态测量

在测区的中部选择一个基准站，在其上安置一台接收机，连续跟踪所有可见卫星。另一台接收机依次到各点流动设站，并且在每个流动站上静止观测数分钟，连同接收到的基准站的同步观测数据，实时解算整周模糊度和流动站的三维坐标。

采用这种作业模式时，在观测中必须至少跟踪 4 颗卫星，流动站和基准站之间的距离，一般应不超过 15km。流动的接收机在流动过程中，可以不必保持对 GPS 卫星的连续跟踪，其定位精度可达 1cm~2cm。这种方法可适用于城市、矿山等区域性的控制测量、工程测量和地籍测量等。

2）准动态测量

通常要求流动的接收机在观测工作开始之前，在某一起始点上静止观测数分钟，以便采用快速解算整周模糊度的方法实时进行初始化工作。初始化后，流动的接收机在每一观测站上，只需静止观测数秒钟，并连同基准站的同步观测数据，实时解算流动站的三维坐标。

采用这种作业模式时，需同步观测 4 颗以上分布良好的卫星。在观测过程中，流动接收机对所测卫星信号不能失锁。一旦发生失锁，应在失锁后的流动点上，将观测时间延长至数分钟，重新进行初始化工作。流动站和基准站的距离，一般应不超过 15km，其定位精度可达厘米级。这种方法通常主要应用于地籍测量、碎部测量、路线测量和工程施工放样等。

3）动态测量

流动的接收机一般需要在出发点上静止观测数分钟，以便采用快速解算模糊度的方法进行初始化工作。之后，流动的接收机从出发点开始，在流动过程中按预定的采样间隔自动进行观测，并连同基准站的同步观测数据，实时确定采样点的空间位置。

采用这种作业模式时，同样需要同步观测 4 颗以上分布良好的卫星。在流动过程中，保持对观测卫星的连续跟踪。一旦发生失锁，则需要重新进行初始化。对陆上的运动目标来说，可以在卫星失锁的观测点上，静止观测数分钟，重新进行初始化，或者利用动态初始化(On The Fly,OTF)技术，重新初始化；而对海上和空中的运动目标来说，只能应用 OTF 技术，重新完成初始化的工作。流动点和基准站的距离一般不超过 15km，其定位精度可达厘米级。这种方法主要应用于航空摄影测量和航空物探中采样点的实时定位、航道测量、线路测量以及运动目标的精密导航等。

目前，实时动态测量系统已在约 30km 的范围内得到了成功的应用。随着数据传输设备性能和可靠性的不断提高和完善，以及数据处理软件功能的增强，它的应用范围将不断扩大，其定位精度也将不断提高。进一步形成网络 RTK 测量技术，基于 CORS 系统建成区域或全球性的实时动态定位。

7.4.2　GPS 实时动态测量系统

GPS RTK 测量系统主要由 GPS 接收机、数据传输系统、软件系统三部分组成,如图 7-14 所示。

图 7-14　GPS RTK 测量系统

1. GPS 接收机

RTK 测量系统中至少包含两台 GPS 接收机,其中一台安置在基准站上,另一台或若干台分别安置在不同的流动站上。基准站应尽可能设在测区内地势较高,且观测条件良好的点上。在作业中,基准站的接收机应连续跟踪全部可见 GPS 卫星,并将观测数据通过数据传输系统实时发送给流动站。

GPS 接收机可以是单频或双频。当系统中包含多个流动接收机时,基准站上的接收机必须采用双频接收机,且其采样率必须与流动接收机采样率最高的相一致。

2. 数据传输系统

基准站与流动站之间的联系是靠数据传输系统(数据链)来实现的。数据传输设备是完成实时动态测量的关键设备之一,由调制解调器和无线电台组成。在基准站上,利用调制解调器将有关数据进行编码和调制,然后由无线电发射台发射出去。在流动站上利用无线电接收台将其接收下来,并由解调器将数据解调还原,送入流动站上的 GPS 接收机中进行数据处理,如图 7-15 所示。数据传输设备要充分保证传输数据的可靠性,其频率和功率的选择主要决定于流动站和基准站间的距离、环境质量、数据的传输速度。

3. 软件系统

软件系统的功能和质量,对于保障实时动态测量的可行性、测量结果的可靠性及精度具有决定性意义。以载波相位为观测量的实时动态测量,其主要问题仍在于载波相位初始整周模糊度的精密确定、流动观测中对卫星的连续跟踪,以及失锁后的重新初始化问题。快速解算和动态解算整周模糊度技术的发展,为实时动态测量的实施奠定了基础。通常实时动态测量软件系统应具备的基本功能有:

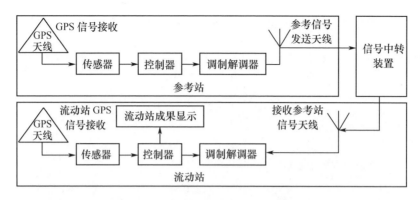

图 7-15 GPS RTK 的数据链示意图

（1）基于差分定位快速解算或动态快速解算整周模糊度。
（2）利用相对定位原理，实时解算流动站在 WGS-84 坐标系中的三维坐标。
（3）求解 WGS-84 坐标系与所采用的地方坐标系之间的转换参数。
（4）根据已知转换参数，进行坐标系统的转换。
（5）实时完成解算结果的质量分析与评价。
（6）实现作业模式（静态、准动态、动态等）的选择与转换。
（7）完成测量结果的显示、绘图、施工放样、面积计算等数据处理功能。

7.4.3 RTK 在工程测量上的应用

常规的 GPS 测量方法，如静态、快速静态、动态测量都需要事后进行解算才能得到测量结果和相应的精度，而 RTK 是能够在野外实时得到厘米级定位精度的测量方法，RTK 的出现为各种控制测量、地形测图、工程施工放样带来了新变革，极大地提高了外业作业效率。

1. 控制测量

传统的大地测量、工程控制测量采用三角网、导线网方法来施测，均需要测站之间相互通视，这样不但费工费时，而且精度不均匀，在外业测量中不可能知道测量成果的精度。采用常规的 GPS 静态相对定位，虽然无需测站之间通视，但在外业测设过程中同样也不能实时知道定位精度。测设完成后，再进行内业处理，如果此时发现精度不合要求，就必须外业返工测量。

采用 GPS RTK 进行控制测量，能够实时知道定位结果和定位精度，如果定位精度满足要求，用户就可以停止观测，这样可以大大提高作业效率，确定 1 个控制点在几分钟甚至几秒钟内就可完成。RTK 用于地形测绘图根控制测量、公路控制测量、输电线路控制测量、水利工程控制测量，不仅可以大大减少劳动强度、节省费用，而且极大地提高了工作效率。

2. 数字地形测绘

数字地形测绘可以为城市、矿区地质填图以及为各种工程提供不同比例尺的地形图，以满足城镇规划和各种经济建设的需要。

常规的数字地形测图时，一般首先要在测区建立图根控制点，然后在图根控制点上架设全站仪，利用全站仪和电子手簿配合地物编码进行测图，甚至用外业电子平板测图，这些都要求测站点与被测的周围地物地貌等碎部点之间通视，视距受到约束，最理想的每站测图范围在 $0.5 km^2$ 左右，一般至少要求 3 人~4 人同时作业，拼图时一旦精度不合要求还得返工重测。

随着 GPS RTK 技术的逐渐普及，数字地形测绘的野外数据采集也逐渐采用 RTK 测量方法。目前 RTK 基准站的有效控制半径都能达到 15km 以上，也就是以基准站为中心，以 15km

为半径的范围内,RTK流动站可以随意采集地形数据,而其测量精度可以达到厘米级,这是常规测图方法所无法相比的。但是,应用RTK采集地形数据也会受到一些限制。各个GPS生产厂家大都采用自适应技术确定整周模糊度,即根据少量的甚至一个观测历元确定整周模糊度,这样可以加快RTK初始化速度,但需要基准站和流动站同步跟踪5颗以上的GPS卫星。同时,RTK又要求基准站和流动站之间的数据传播路径不受干扰,这两点要求在高楼林立的大城市中心地区是不易实现的。

采用GPS RTK进行测图时,仅需1人在地物地貌等碎部点上观测数秒钟,同时输入特征编码,即可完成1个碎部点的采集,而且实时显示点位精度。在点位精度符合要求的情况下,通过电子手簿或便携微机记录数据,测完一个区域内的地形地物点位后,野外或回到室内由专业测图软件就可以输出所要求的地形图。测量工作每组一般1人~2人(编码法1人,测记法2人),1个基准站一般情况下可测图$10km^2$左右。采用RTK技术测定点位不要求点间通视,便可完成测图工作,大大提高了测图的工作效率。

GPS RTK配合电子手簿可以测设各种地形图,如普通地形图、铁路带状地形图、公路管线地形图等,配合测深仪可用于测设水库地形图、航海专用图等。应用RTK技术进行地形数据采集,可以收到快速、高精度、低成本的理想效果,尤其适用于线路工程中的小块面积的地形测图,如管线与铁路、公路工程中的站址、输电线路工程中的塔址等地形测图。也可在地籍和房地产测量中用于精确确定土地权属界址点的位置,为地籍图和房产图采集数据。

实际上,用RTK进行野外数据采集,可以不遵循"从整体到局部,先控制后碎部"的原则,图根控制测量和碎部测量可以同步进行,只有在GPS卫星受遮挡的地段(如高楼密集区、高森林区等),在适当位置用RTK施测成对的图根点,以便使用常规方法采集碎部点。图根控制测量和碎部测量同步进行,不受图幅的限制,作业小组的任务可按河流、道路等自然分界线划分,便于进行碎部测量,也减少了图幅接边的问题。

3. 线路工程测量

线路工程是指长宽比很大的工程,包括铁路、公路、供水明渠、输电线路、各种用途的管道工程等。这些工程的主体一般是在地表,但也有在地下的,还有的在空中,如地铁、地下管道、架空索道和架空输电线路等。施工放样要求选用合适的仪器通过一定方法把事先设计好的点位在实地标定出来。常规的放样方法很多,如经纬仪交会放样、全站仪边角放样和极坐标放样等,用这些方法放样一个设计点位时,往往需要来回移动目标,同时在放样过程中还要求点间通视情况良好。

公路、铁路等各种线路工程中的测量工作,包括线路控制测量、线路的定测和施工测量,目前已大量使用GPS定位技术来完成。采用RTK放样时,只需把设计好的点位坐标输入到电子手簿中,逐点施工放样即可。

应用GPS RTK技术进行线路定测的作业,首先在内业根据设计数据计算出各待定点的坐标,包括整桩、曲线主点、桥位等加桩。然后将这些待定点坐标数据,以及沿线路的控制点坐标数据传送到专为RTK设备配置的电子手簿中。利用这些坐标数据,就可以按坐标放样的方法在作业现场进行定线测量,通过动态显示寻找放样点,手簿软件中的电子罗盘会引导作业员到达放样点。当屏幕显示流动站杆位和设计点位重合时,检查精度合格,记录放样点坐标和高程,然后标记地面点位(如打桩等)。内业将测量数据传输至计算机,可利用软件绘制纵断面图。目前各GPS生产厂家制造的RTK设备,除坐标放样功能外,一般都具有直线放样、圆曲线放样等功能,因此只要知道曲线的设计参数,就能在现场进行定线工作。

RTK 技术还可用于线路施工工程测量,例如,道路施工过程中恢复中线、施工控制桩测设、竖曲线测设以及路基边桩、边坡和路面的测设,还有收费站、停车场、停车坪等面状施工区域的测设等。应用 RTK 技术进行线路工程测量具有如下优点:

(1) 常规的中线测量总是先确定平面位置,而后再确定高程。即先放线,后做中平测量。RTK 技术可提供三维坐标信息,因此在放样中线的同时也获得了点位的高程信息,无需再进行中平测量,大大提高了工作效率。

(2) RTK 基准站数据链的作用半径可以达到 15km 以上,整个线路上只要布设首级控制网便可完成控制,而不必布设下一级的控制网。只要保存好首级点,即可随时放样中线或恢复整个线路。

(3) RTK 基准站播发的定位信息,可供多个流动站应用,而流动站只需由 1 个人单独操作,这就大大节省了人力,提高了功效。

(4) 在 RTK 定线测量中首级控制网直接与中线桩点联系,不存在中间点的误差积累问题,因此能达到很高的精度,适合高等级线路工程的要求。

思考题

1. 目前有哪些主要的全球卫星定位系统?
2. 简要叙述 GPS 定位原理。
3. GPS 有哪三大基本功能? GPS 有哪些应用领域?
4. GPS 卫星信号由哪几部分组成?
5. 用 3 台 GPS 接收机进行测量,建立一个大地四边形,至少需要观测几个时段?
6. GPS RTK 测量系统由哪几部分组成? 在工程测量中有哪些应用?

第 8 章

地形图的测绘

地形图是将测区地表的地形形态按一定的投影方式投影至投影面上(参考椭球面),再投影至成图平面上,经过综合取舍及比例缩小后,用规定的符号和一定的表示方法描述而成的正形投影图。当测区面积较大时,将投影至参考椭球面上的地表形态再投影至成图平面时,必须考虑地球曲率的影响。当测区面积较小时,可不考虑地球曲率的影响,地图投影简化为将地面点直接沿铅垂线投影于水平面上。

为了在统一的坐标系中测定地面点的位置,我国在全国范围内建立了国家平面及高程控制网。目前平面控制采用"1980 年国家大地坐标系",高程控制采用"1985 年国家高程基准"。地形图测绘一般依据国家控制网在统一的坐标系中进行,某些工程建设也采用独立的平面及高程系统。我国基本地形图分为 1:5000、1:1 万、1:2.5 万、1:5 万、1:10 万、1:25 万、1:50 万、1:100 万等 8 种比例尺。1:5000~1:5 万地形图一般采用航空摄影测量方法成图。而 1:10 万~1:100 万各种比例尺地形图根据较大比例尺地形图及各种测绘资料编绘而成。

本章主要介绍小区域大比例尺(1:500、1:1000、1:2000)地形图测绘方法。大面积大比例尺地形图测绘目前基本上采用航空摄影测量方法成图。

8.1 地形图的基本知识

8.1.1 地形图比例尺

图上长度与实地长度之比,称为地形图的比例尺。例如,实地测出的水平距离为 50m,画到图上的长度为 0.1m,那么这张图的比例尺为 1:500。图的比例尺大小,按比值决定。

人们用肉眼能分辨图上的最小距离,通常为 0.1mm,因此一般在图上度量或者测图描绘时,就只能达到图上 0.1mm 的准确性,所以把相当于图上 0.1mm 的实地水平距离称为比例尺精度。比例尺大小不同,比例尺精度数值也不同,如表 8-1 所列。

表 8-1 比例尺精度

比 例 尺	1∶500	1∶1000	1∶2000	1∶5000	1∶10000
比例尺精度/m	0.05	0.1	0.2	0.5	1.0

根据比例尺精度,对测绘和用图有重要意义。例如,在测 1∶2000 图时,实地只需取到 0.2m。又如在设计用图时,要求在图上能反映地面上 0.05m 的精度,则所选图的比例尺不能小于 1∶500。图的比例尺越大,图上的地物地貌越详细,但测绘工作量也将成倍增加,所以应根据规划、设计、施工的实际需要选择测图的比例尺。

8.1.2 地形图的分幅与编号

地形图的分幅与编号有两种方法:一种是国家基本地形图的分幅与编号,比例尺为 1∶100 万~1∶5000;另一种是正方形分幅法,比例尺为 1∶2000~1∶500。

1. 国家基本地形图的分幅与编号

1) 1∶100 万地形图的分幅及编号

1∶100 万地形图的分幅从地球赤道向两极,以纬差 4° 为一行,每行依次以英文字母 A、B、C、…、V 表示,经度由 180° 子午线起,从西向东,以经差 6° 为一列,依次以数字 1,2,3,…,60 表示,如图 8-1 所示。

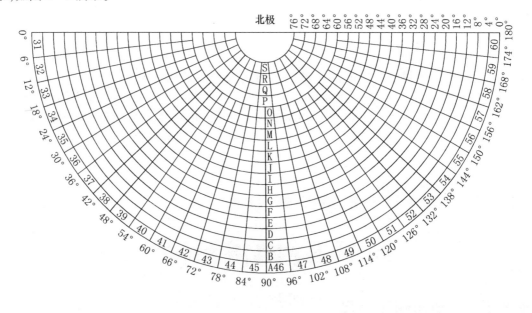

图 8-1　1∶100 万地形图的分幅

我国地处东半球赤道以北,图幅范围在经度 72°~138°、纬度 0°~56° 内,包括行号 A、B、C、…、N 的 14 行,列号 43、44、…、53 的 11 列。见图 8-2。每幅 1∶100 万的地形图图号,由该图的行号与列号组成,如北京所在的 1∶100 万地形图的编号为 J50。

由于南北半球的经度相同而纬度对称,为了区别南北半球对应图幅的编号,规定在南半球的图号前加一个 S,如 SL50 表示南半球的图幅。

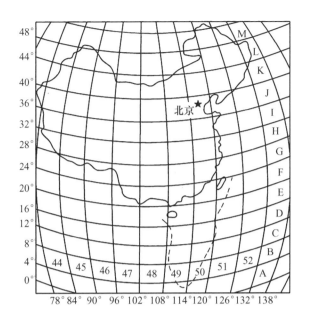

图 8-2 我国 1:100 万地形图的分幅与编号

2) 1:50 万~1:5000 地形图的编号

1:50 万~1:5000 地形图的编号均以 1:100 万地形图编号为基础,采用行列编号方法(见图 8-3)。将 1:100 万地形图所含各比例尺地形图的经差和纬差划分成若干行和列,横行从上到下、纵列从左到右按顺序分别用 3 位阿拉伯数字表示,不足 3 位前面补零,取行号在前、列号在后的排列形式标记,各比例尺地形图分别采用不同的字符作为其比例尺代码(见表 8-2)。1:50 万~1:5000 地形图的图号由其所在 1:100 万地形图图号、比例尺代码和行列号共 10 位码组成(见图 8-3)。

表 8-2 1:50 万~1:5000 比例尺代码表

比例尺	1:50 万	1:25 万	1:10 万	1:5 万	1:2.5 万	1:1 万	1:5000
代码	B	C	D	E	F	G	H

例 8-1:1:50 万地形图的编号(图 8-4)

每幅 1:100 万地形图划分为 2 行 2 列,共 4 幅 1:50 万地形图,其经差 3°、纬差 2°,晕线所示图号为 J50B001002。

例 8-2:1:25 万地形图的编号(图 8-5)

每幅 1:100 万地形图划分为 4 行 4 列,共 16 幅 1:25 万地形图,其经差 1°30′、纬差 1°,晕线所示图号为 J50C003003。

例 8-3:1:10 万地形图的编号(图 8-6)

每幅 1:100 万地形图划分为 12 行 12 列,共 144 幅 1:10 万地形图,其经差 30′、纬差 20′,单斜晕线所示图号为 J50D010010。

例 8-4:1:5 万地形图的编号(图 8-6)

每幅 1:100 万地形图划分为 24 行 24 列,共 576 幅 1:5 万地形图,其经差 15′、纬差 10′,双

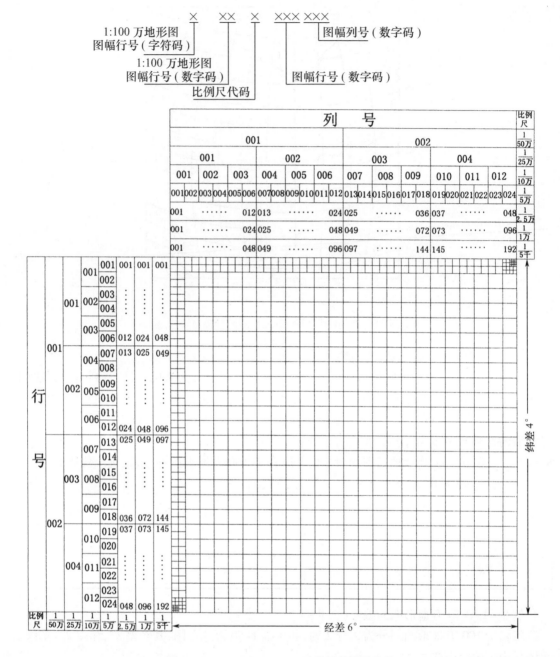

图 8-3　1∶50 万～1∶5000 地形图分幅及编号

晕线所示图号为 J50E017016。

例 8-5：1∶2.5 万地形图的编号（图 8-6）

每幅 1∶100 万地形图划分为 48 行 48 列，共 2304 幅 1∶2.5 万地形图，其经差 7′30″、纬差 5′，平行晕线所示图号为 J50F042002。

例 8-6：1∶1 万地形图的编号（图 8-6）

每幅 1∶100 万地形图划分为 96 行 96 列，共 9216 幅 1∶1 万地形图，其经差 3′45″、纬差 2′30″，黑块所示图号为 J50G093004。

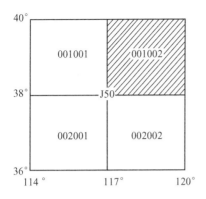

图 8-4 1:50万地形图分幅

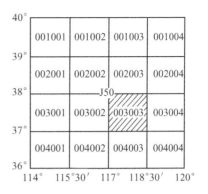

图 8-5 1:25万地形图分幅

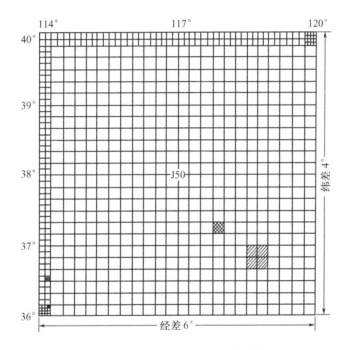

图 8-6 1:10万~1:5000地形图分幅

例 8-7:1:5000 地形图的编号(图 8-6)

每幅 1:100 万地形图划分为 192 行 192 列,共 36864 幅 1:5000 地形图,其经差 1′52.5″、纬差 1′15″,1:100 万地形图幅最东南角的 1:5000 地形图图号为 J50H192192。

各比例尺地形图的经纬差、行列数和图幅数成简单的倍数关系(表 8-3)。

表 8-3 各比例尺地形图经纬差、行列数和图幅数关系

比例尺		1:100万	1:50万	1:25万	1:10万	1:5万	1:2.5万	1:1万	1:5000
图幅范围	经差	6°	3°	1°30′	30′	15′	7′30″	3′45″	1′52.5″
	纬差	4°	2°	1°	20′	10′	5′	2′30″	1′15″
行列数量关系	行数	1	2	4	12	24	48	96	192
	列数	1	2	4	12	24	48	96	192

(续)

比例尺		1:100万	1:50万	1:25万	1:10万	1:5万	1:2.5万	1:1万	1:5000
图幅数量关系		1	4	16	144	576	2304	9216	36864
			1	4	36	144	576	2304	9216
				1	9	36	144	576	2304
					1	4	16	64	256
						1	4	16	64
							1	4	16
								1	4

2. 正方形分幅法

正方形分幅法用于大比例尺地形图的分幅,图幅的图廓线为直角坐标格网线,图幅的大小可分成 40cm×40cm、40cm×50cm、50cm×50cm。见表 8-4。

表 8-4 正方形图幅表

比例尺	图幅大小/cm²	实地面积/km²	1:5000 图幅内分幅数
1:5000	40×40	4	1
1:2000	50×50	1	4
1:1000	50×50	0.25	16
1:500	50×50	0.0625	64

正方形分幅的编号可按以下几种方式编号。

(1) 按图廓西南角坐标千米数编号:x 坐标在前,y 坐标在后,中间用短线连接。1:5000 取至 km 数;1:2000、1:1000 取至 0.1km;1:500 取至 0.05km。例如某幅 1:1000 比例尺地形图西南角图廓点的坐标 $x=83000\mathrm{m}$,$y=15500\mathrm{m}$,该图幅号为 83.0-15.5。

(2) 按流水编号:测区内从左到右、从上到下,用阿拉伯数字编号。图 8-7(a)中晕线所示图号为 15。

(3) 按行列编号:测区内按行列排序编号。图 8-7(b)中晕线所示图号为 A-4。

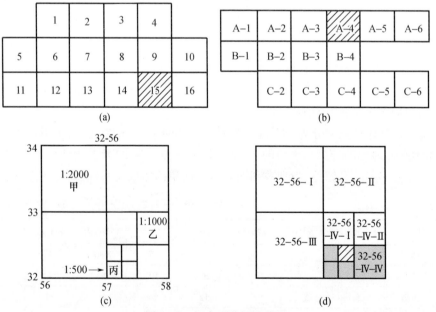

图 8-7 正方形分幅及编号

(4) 以 1∶5000 比例尺地形图为基础编号:图 8-7(c)中 1∶5000 比例尺地形图编号为 32-56,各种较大比例尺地形图的分幅及编号见图 8-7(c)及(d),晕线所示图号为 32-56-Ⅳ-Ⅲ-Ⅱ。

8.1.3 地形的表示方法

地表面上天然或人工的固定物体称为地物,如江河湖泊、森林草地、城市街区及道路管线等。反映地面地势起伏状态的地形元素称为地貌,如山丘峡谷、陡坎峭壁等。无论地物与地貌,其形态位置经测量投影至成图平面上后,需以规定的符号表示。我国统一采用由国家测绘局颁布的《地形图图式》。

1. 地物的表示方法

地物在图上按其特性和大小分别用比例符号、非比例符号、线形符号及注记符号表示。

1) 比例符号

根据地物实际的大小,按比例尺缩绘于图上,如较大的房屋、地块及水塘等。

2) 非比例符号

尺寸太小的地物,不能用比例符号表示,而用规定的形象符号表示,如测量控制点、独立树、里程碑、水井等。

3) 线形符号

一些带状延伸的地物,其宽度不能按比例显示,可用一条与实际走向一致的线状符号表示,如围墙、管道、较窄的沟渠、小路等。

4) 注记符号

有些地物除用一定的符号表示外,还需要说明和注记,如房屋的类别、村镇及工厂等的名称、河流的水位等。

常见的 1∶500 及 1∶1000、1∶2000 地形图图式示例见表 8-5。

表 8-5 常用图式符号

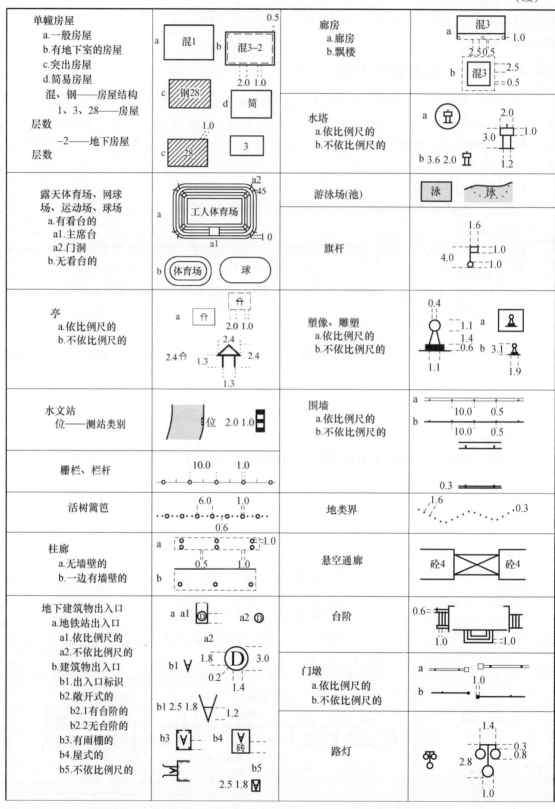

（续）

内部道路	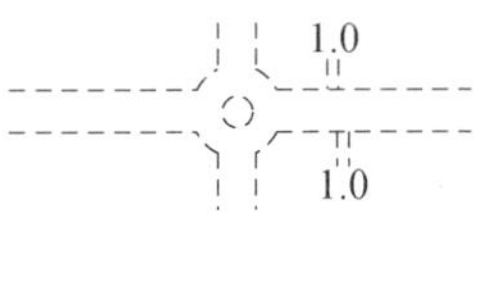 ![symbol]	人行桥、时令桥 a.依比例尺的 b.不依比例尺的 (12-2)——通行月份	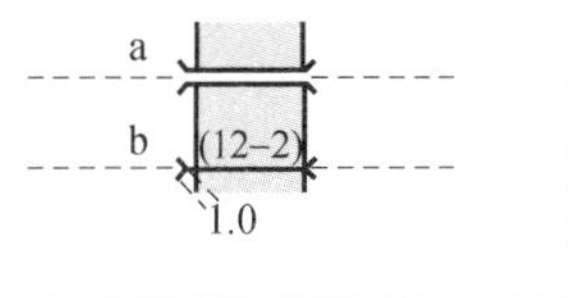 ![symbol]
示坡线	 ![symbol]	高程点及其注记 1520.3、-15.3——高程	0.5·1520.3 ·-15.3
人工陡坎 a.未加固的 b.已加固的	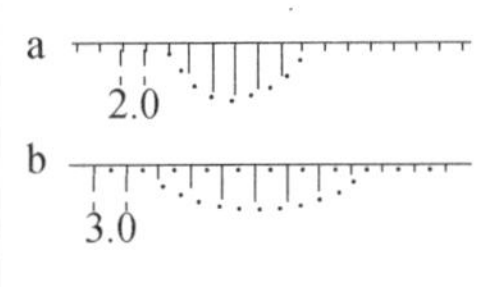 ![symbol]	斜坡 a.未加固的 b.已加固的	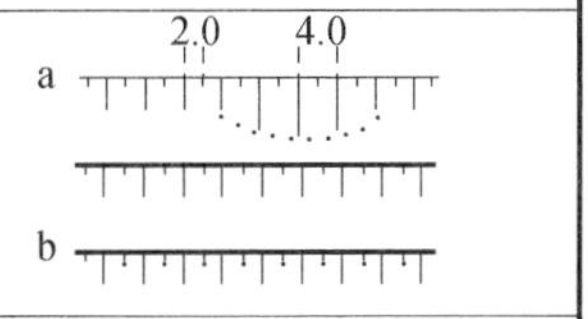 ![symbol]
行树 a.乔木行树 b.灌木行数	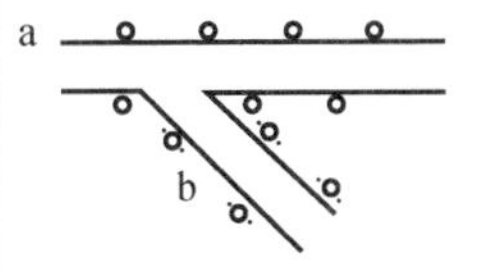 ![symbol]	草地 a.天然草地 b.改良草地 c.人工牧草地 d.人工绿地 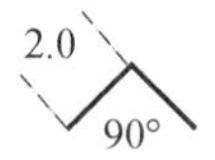	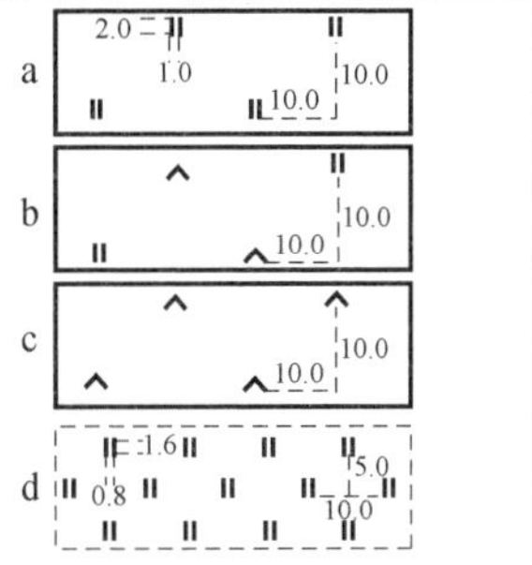 ![symbol]
管道检修井孔 a.给水检修井孔 b.排水(污水)检修井孔 c.排水暗井 d.煤气、天然气、液化气检修井孔 e.热力检修井孔 f.工业、石油检修井孔 g.不明用途的井孔	 a 2.0 ⊖ b 2.0 ⊕ c 2.0 Ⓐ d 2.0 Ⓝ e 2.0 ⊖ f 2.0 Ⓗ g 2.0 ○	管道其他附属设施 a.水龙头 b.消火栓 c.阀门 d.污水、雨水箅子	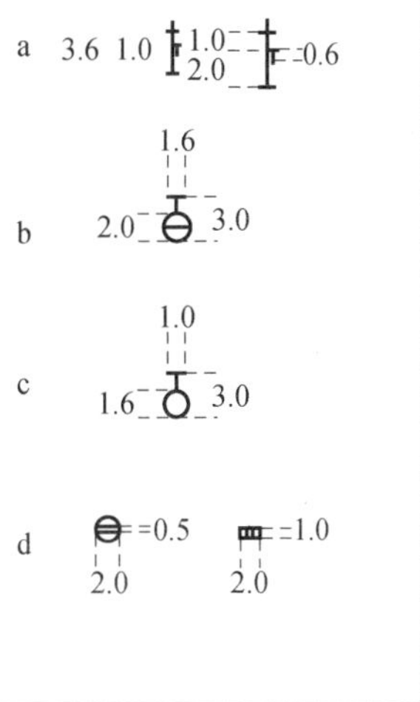 ![symbol]

2. 地貌的表示方法

在平坦地区,地貌主要用高程注记点表示;在丘陵山区,地貌主要用等高线表示。

1）等高线

地面上高程相等的相邻点间的连线称为等高线。如图8-8所示,设想当某一水面高程为70m时与山头相交得一条水涯线,线上各点高程均为70m。若水面向上涨10m,又与山头相交得一条高程为80m的水涯线。将这些水涯线垂直投影到水平面 H 上,得一组闭合的曲线,这些曲线即为等高线,按一定的比例缩绘在图纸上并注上高程,就可在图上显示出山头的形状。

两条相邻等高线间高差称为等高距。常用的等高距有1m、2m、5m、10m等,等高距的大小根据地形图的比例尺和地面起伏的情况确定。在一张地形图上,一般只用一种等高距,图8-8

的等高距为 10m。

在图上两相邻等高线之间的水平距离称为等高线平距,简称平距。

地形图上按规定的等高距勾绘的等高线,称为首曲线或基本等高线(线粗 0.1mm～0.15mm)。为便于看图,每隔 4 条首曲线描绘一条加粗的等高线,称为计曲线(线粗 0.25mm～0.3mm)。例如等高距为 1m 的等高线,则高程为 5m、10m、15m…等 5m 倍数的等高线为计曲线。一般只在计曲线上注记高程。在地势平坦地区,为更清楚地反映地面起伏,可在相邻两首曲线间加绘等高距1/2 的等高线,称为间曲线(以虚线表示)。

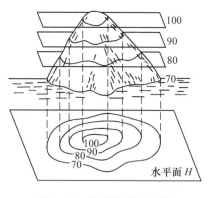

图 8-8 等高线表示地貌

2) 基本地貌形态及其等高线

地貌虽然比较复杂,但可以归纳为山、盆地、山脊、山谷、鞍部等 5 种基本地貌形态,如图 8-9 所示。

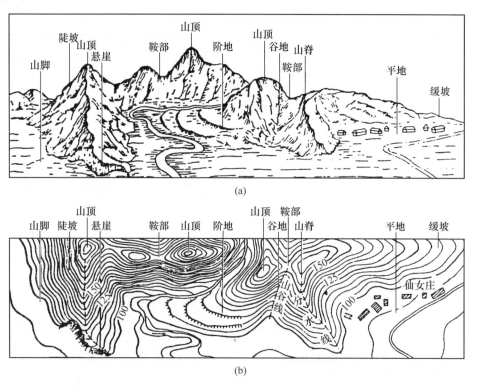

图 8-9 基本地貌形态及其等高线

(1) 山:较四周显著凸起的高地称为山。其等高线呈一组套合的闭曲线,高程自外圈向内圈逐渐升高。

(2) 盆地:低于四周的洼地称为盆地。其等高线与山地等高线类似,但高程自外圈向内圈逐渐降低。为读图方便,可绘出垂直于等高线且指向降坡方向的示坡线,以区别山与盆地。

(3) 山脊:山的凸棱由山顶延伸至山脚成为山脊,山脊最高处的棱线称为山脊线。山脊等高线呈一组套合的凸向低处的抛物线状曲线。

（4）山谷：相邻山脊之间的凹部称为山谷。山谷中最低点间的连线称为山谷线。山谷等高线与山脊等高线类似，只是曲线凸向高处。

（5）鞍部：相邻两山顶间呈马鞍形的低地称为鞍部。鞍部等高线类似一组套合的双曲线。

上述每一种典型的地貌形态，都可近似看成由不同方向和不同坡度的斜面构成。相邻斜面相交棱线特别明显者，如山脊线、山谷线、山脚线等，称为地形线，它们构成了地貌的骨骼。地形线的端点或其坡度变化处，如山顶点、谷底点、鞍部最低点、坡度变换点等，称为地貌特征点。地形线和地貌特征点是测绘地貌的重要依据。

3）等高线的特性

从上面的叙述中，可概括出等高线具有以下几个基本特性：

（1）在同一等高线上，高程相等。

（2）等高线应是闭合的连续曲线，不在图内闭合就在图外闭合。

（3）除在悬崖处外，等高线不能相交。

（4）地面坡度是等高距 h 及平距 d 之比，用 i 表示，即 $i = h/d$。在等高距 h 不变的情况下，平距 d 愈小，即等高线愈密，则坡度愈陡。反之，如果平距 d 愈大，等高线愈疏，则坡度愈缓。当几条等高线的平距相等时，表示坡度均匀。

（5）等高线通过山脊线及山谷线处，必须改变方向，而且与山脊线、山谷线正交。

8.2 经纬仪测图

8.2.1 测图前的准备工作

1. 收集资料

备齐测图规范及地形图图式，熟悉规范及图式相关内容。抄录测区内所有控制点（平面和高程）的成果，尽量收集测区旧图等有用的测量资料。

当测区内控制点密度不能满足测图需要时，应先进行图根控制点的加密。

2. 图纸的准备

地形图的图幅一般有 40cm×40cm、40cm×50cm 及 50cm×50cm 三种，目前一般采用聚酯薄膜作为测图图纸。

图 8-10 为一幅 50cm×50cm 的图幅，图中的格网间隔为 10cm×10cm，可用手工或机助的方法绘制而成。为保证格网绘制精度，应对方格各边长及对角线的长度进行检查，其误差均不得超过图上 0.2mm。

根据测图比例尺和控制点的坐标值，将控制点点位在图纸上标出。为保证控制点展绘精度，在图上量取控制点间的距离与实测长度作比较，以资校核，其误差不应超过图上 0.2mm。

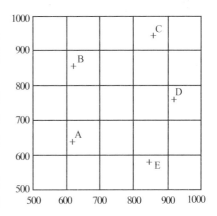

图 8-10 格网及控制点展绘

8.2.2 测量碎部点的基本方法

碎部点是测图时对地形的离散化点,是表达地形的特征点,亦是测量的目标点。测定碎部点的高程通常采用前述的三角高程方法。下面介绍测定碎部点平面位置的基本方法。

1. 测定碎部点平面位置的方法

设 A、B 为两个已知控制点,欲测定碎部点 P 的点位,一般有表 8-6 所列的方法。实际工作中以极坐标法为主,视现场情况配合其他方法进行测绘。

表 8-6 测定碎部点平面位置的基本方法

极坐标法	交会定点	
一个角度 β,一个距离 d	两个距离	两个角度
(图:P,d,β,A,B)	(图:P,d_1,d_2,A,B)	(图:P,β_1,β_2,A,B)

2. 碎部点的选择

地形图是根据测绘在图纸上的碎部点来勾绘的,因此碎部点选择恰当与否,直接影响地形图的质量。现将选择碎部点的若干要点介绍如下。

(1)对于地物应选择能反映地物形状的特征点,例如房屋的房角、河流及道路的方向转变点、道路交叉点等,连接有关特征点,便能绘出与实地相似的地物形状(图 8-11)。

图 8-11 碎部点的选择

(2)对于地貌,如图 8-11 中的山丘,应选择在山顶和鞍部、地形线(山脊线和山谷线)上坡度和方向改变的地方以及山脚地形变换点等处能控制地貌形状的特征点上立尺。

(3)为了能如实地反映地面情况,即使在地面坡度变化不大的地方,每相隔一定距离也应立尺。地形点密度是随测图比例尺的大小和地形变化情况来决定的,其间隔一般控制在图上 1cm~3cm。

8.2.3 经纬仪测绘法

经纬仪测绘法是在控制点上安置经纬仪,测量碎部点的数据(水平角、距离、高程),用绘图工具将碎部点展绘到图纸上,并绘制成地形图的一种方法。

施测方法如下:

(1) 将经纬仪安置在测站 A 点(控制点)上,测图板安置在近旁(图 8-12);量出仪器高 i;选定控制点 B 为定向方向(以 AB 方向的水平度盘读数为 $0°00'$),并记入手簿(表 8-7)。

表 8-7 视距法碎部测量手簿

测区_____ 观测者_____ 记录者_____
___年___月___日 天 气_____ 测站 A 零方向 B 测站高程10.22m
仪器高 $i=1.46$m 乘常数100 加常数0 指标差 $x=0$

测点	水平角		尺上读数/m		视距间距/m	竖直角 a				高差/m	水平距离/m	测点高程/m	备注
	°	′	中丝	下丝 上丝		竖盘读数		竖直角					
						°	′	°	′				
1	44	34	1.42	1.520 1.300	0.220	88	06	1	54	0.73	22.0	11.00	
2	56	43	2.00	2.871 1.128	1.743	92	32	-2	32	-7.70	174.0	1.98	
3	75	11	1.42	2.000 0.840	1.160	72	19	17	41	33.57	105.3	43.83	

(2) 依次照准所选碎部点上的立尺,读取下、上、中三丝读数,而后读取竖盘读数和水平读盘读数,记入表8-7手簿相应栏内。

(3) 计算水平距离及高差,并算出碎部点的高程(距离算至 dm,高差、高程算至 cm)。

(4) 用半圆量角器(直径有 18cm、22cm 等)和比例尺,将碎部点缩绘到图纸上,并注上高程,边测边绘。

测绘若干碎部点后,参照现场实际情况,按地形图图式勾绘地物轮廓线与等高线。在施测过程中,每测20点~30点,应检查起始方向是否正确。仪器搬站后,应检查上一站的若干碎部点,检查无误后,才能在新的测站上开始测量。

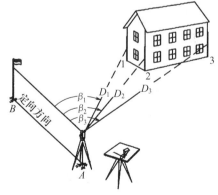

图 8-12 经纬仪测绘法示意图

(5) 碎部测量开始前,观测员与跑尺员应先在测站上研究需要立尺的位置和跑尺方案。在跑尺过程中,观测员和跑尺员应密切配合,跑尺员在跑尺过程中应注意观测地形,必要时可描绘草图,供绘图员勾绘地物和等高线时参考。

8.2.4 等高线的勾绘

当图纸上测得一定数量的地形点后,即可勾绘等高线。先用铅笔轻轻地将有关地形特征点连接勾出地性线,如图 8-13(a)中的虚线;然后在两相邻点之间,按其高程内插等高线。由于测量时沿地形线在坡度变化和方向变化处立尺测得的碎部点,因此图上相邻点之间的地面坡度可视为均匀的,在内插时可按平距与高差成正比的关系处理,见图 8-13(b)。将高程相同的点连成平滑曲线,即为等高线,如图 8-13(a)所示。

在实际工作中,等高线内插一般采用目估法确定等高线通过的位置,比例关系不协调时,可进行适当的调整。

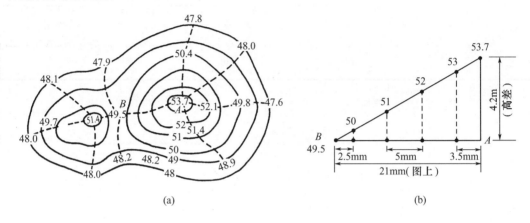

图 8-13 等高线勾绘

8.2.5 地形图拼接、整饰、检查及验收

1. 图幅拼接

地形图是分幅施测的,由于测量误差和绘图误差的存在,相邻图幅的地物、地貌不能完全衔接,因此需作拼接处理。为了接图方便,每幅图的西南两边应测出图廓 2cm 左右,拼接时将相邻图幅按内图廓线重合,将图廓线两侧图形描绘于透明纸上,若地物偏差在 2mm 以内、等高线偏差小于相邻等高线的平距,则两边的地物地貌各改正 1/2,使之完全接合。若接边差超限,则必须重测。

2. 地形图整饰

地形图整饰的内容主要包括正确使用图式符号,使地形表示做到合理、规范和协调,注记字体大小适中、布局美观。另外,内外图廓线、坐标格网线及各种图外注记(包括图名、图号、接图表、比例尺、测图单位、时间、坐标系统等)也是整饰的内容。见图 8-14。

3. 地形图检查与验收

地形图的检查分室内及室外两部分。室内检查结合地形图整饰完成。地形图室外检查时,携带图板到实地进行对照,检查主要地物点精度是否符合要求,地物有无遗漏,等高线形状是否符合实地情况,必要时还需要进行实测检查。

检查合格后,将地形图、接图表及有关记录、计算资料一并上交,经有关验收单位审核,评定质量,作为以后用图时的依据。

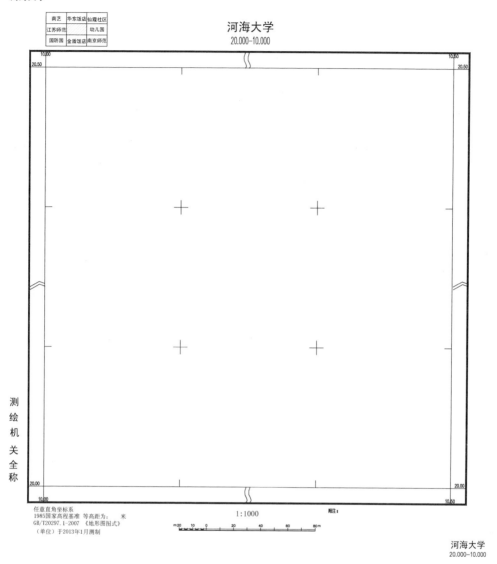

图 8-14　图廓及图外注记示例(2007 版图式)

8.3　数　字　测　图

8.3.1　数字测图概述

传统地形图测绘的作业模式是测量人员用测量仪器测量角度、距离、高差等数据,经计算处理后,由绘图人员利用绘图工具手工模拟测量数据,按规定的图式符号展绘到白纸(聚酯薄膜等)上。这种测图法的实质是图解法测图,测图成果为各种比例尺的纸质地形图,测量数据的精度由于展点、绘图、图纸伸缩变形等因素的影响大大降低。纸质地形图承载信息量小,不便更新、传输,已难以适应当今经济建设的需要。

数字地形图是根据地形图制图标准的要求,将地形图要素进和计算机处理后,以矢量或栅格数据方式组织、存储并可以图形方式输出的包括元数据和数据体的数字产品。元数据用于记录数源、数据质量、数据结构、定位参考系、产品归属等信息。数据体用于记录地形图诸要素的几何位置、属性、拓扑关系等内容。

随着科学技术的不断发展,电子全站仪、GPS-RTK 技术等测量仪器、技术的广泛应用,计算机软硬件技术的发展,促进了地形测绘的自动化,地形测量由白纸测图变革为数字测图,提供可供传输、处理、共享的数字地形信息,通过绘图仪可打印输出地形图,并且为地理信息系统提供了前端数据,为更广泛地应用测量成果提供了基础保证。

数字测图其实质是一种全解析机助测图方法,野外测量自动记录,自动解算,借助计算机成图,具有效率高、劳动强度小、图形规范等优点。数字测图包括地面数字测图、地形图数字化、数字摄影测量等方法,本节仅介绍地面数字测图。

8.3.2　地面数字测图的作业模式

1. 测记法模式

测记法的作业流程是野外测记、室内成图。用全站仪测定碎部点的三维坐标,并利用全站仪内存记录碎部点观测数据,同时在现场绘制工作草图,内容包括:绘制地物的相关位置、地貌地形线,同时标上碎部点点号(需与全站仪记录的点号一一对应),转到内业,下载全站仪内存的外业数据后,通过数字测图软件将碎部点自动展绘,利用软件提供的编辑功能及编码系统,根据现场草图编辑成图,见图 8-15。利用这种测图模式测图时,现场人员不需要记忆比较复杂的图形编码,是一种简单实用且方便的测图方法,为当前地面数字测图的主流作业模式。

2. 电子平板模式

电子平板模式是将全站仪与安装有相关测图软件的笔记本电脑或掌上电脑通过通信电缆进行连接,全站仪测定的碎部点实时展绘,作业员利用笔记本电脑或掌上电脑作为电子平板进行连线编辑,见图 8-15。在现场即测即绘、所测所得,其特点是直观性强,可及时发现错误,进行现场修改。这种测图方法由于受电脑在野外作业、电脑使用寿命短、测绘成本高等因素的影响,所以目前一般应用于地形图的修测补测工作。

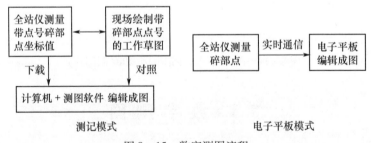

图 8-15　数字测图流程

8.3.3　Leica TC405 型全站仪 + EPSW2008 测图系统测记法成图案例

数字测图的实施除了需要有自动化程度较高的电子全站仪进行数据采集外,数字测图软件也是成图的关键。目前比较成熟的数字测图软件主要有:北京清华山维公司开发的 Sunwey Survey EPSW2008、广州南方测绘仪器公司开发的 CASS9.1 等。不同的软件各有特点,操作方法也有一定的共性,但是各测图软件的图形数据及地形编码一般互不兼容,所以为方便资料管理,同一个地区一般不会选择多种测图软件。本书仅介绍利用 Leica TC405 型全站仪 + EPSW2008 数字测图系统测记法成图的主要操作流程。

1. 外业作业流程

用全站仪极坐标法野外完成采集碎部点的三维坐标,测量前先建立一个作业名,上传或手工输入测区内已有的控制点坐标数据。具体操作如下:

(1) 在控制点上安置全站仪,完成对中、整平后量取仪器高。

(2) 打开或新建工作文件;进入 测站设置 菜单,调出或输入测站点坐标并输入仪器高完成测站设置;瞄准定向点,进入 坐标定向 菜单,调出或输入定向点坐标,完成仪器定向设置;选择棱镜类型或输入棱镜常数;需要时输入测量时的温度、气压等气象数据。

(3) 完成上述工作后,进入坐标测量模式。观测员瞄准立于碎部点上的棱镜,并输入所测碎部点点号、棱镜高,测定碎部点坐标并保存。测量时碎部点点号在上一点数据保存后可自动累加,无需测量员逐次输入。如无特殊需要,可固定棱镜高以避免观测员重复输入而影响测量进度。

(4) 测量时应同时完成对应的草图绘制。作业过程中应注意定向检查,搬站后应进行重复点检测,绘制草图者应与全站仪操作员经常对照碎部点点号。

2. 内业工作流程

启动 EPSW2008,建立新工程(或打开工程),引入全站仪内存数据、图形编辑处理、数字地模及等高线生成、控制点展绘、图幅整饰与打印出图。

1) 建立新工程(或打开工程)

(1) 建立新工程:启动系统后,从系统的模板库中选定相应的模板(文件名为 *.mdt)新建工程,1:500、1:1000、1:2000 等比例尺测图,选择 GB500.mdt,输入新建工程名及其存储路径后完成新建工程工作,进入软件的主界面(图 8-16)。

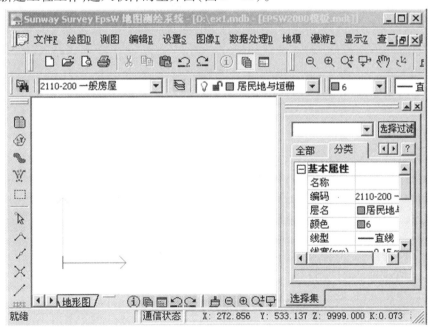

图 8-16 系统主界面

（注：模板是作业规范的聚合，包括分层方案、编码方案、符号库、属性结构、系统初始化参数（比例尺、背景色等）。新建工程时，必须选择合适的模板库，以便生成符合作业规范要求的成果。模板放置的位置在 EPS 安装目录下的 templates 下。）

（2）打开工程：过程略，进入软件主界面。

2）调入全站仪内存数据

下载全站仪内存数据后，可用系统提供的数据格式转换程序将不同的全站仪外业数据转换成系统可识别的文本文件。转换后坐标文件格式如下：

$$X,Y,H,点名$$

启动　菜单 绘图 → 坐标文件 　引入需要的坐标文件，可在图形区得到带点号的碎部点图，用编辑菜单的各项编辑功能、常用工具条及编码系统，参照外业草图连线编辑、标注注记（图 8-17）。

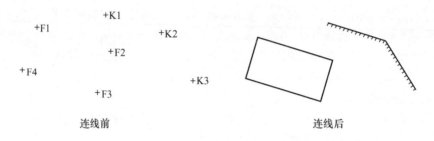

图 8-17　编辑前后效果

EPSW2008 的编码以 GB/14804—93《1∶500、1∶1000、1∶2000 地形图要素分类与代码》为标准，编码表的符号尺寸、符号线宽、符号线形均以 GB/T 20257·1—2007《1∶500、1∶1000、1∶2000 地形图图式》为准，主要分为测量控制点、居民地和垣栅、工矿建筑物及其他设施、交通及附属设施、管线及附属设施、水系及附属设施、境界、地貌和土质、植被等九大类，由 4 位十进制数字码组成。

图式符号分成七大类，包括：

（1）点状符号（G 类符号），如三角点、水塔符号等；

（2）简单线形符号（L 类符号），如架空管道、田埂线等；

（3）线形均分类符号（LC 类符号），如虚线、坎类、围墙、栏栅等；

（4）两点类符号（P 类符号），包括有向点状符号，如污水箅子、地表入口等，两点类符号如电力线、宣传栏等；

（5）四点类符号（Y 类符号），如桥梁、依比例的水闸等；

（6）面状填充符号（H 类符号），如一些植被符号；

（7）特殊类符号（E 类符号），如楼梯、台阶、斜坡等。

图形编辑时必须正确使用相应的编码。使用时可参阅编码表，或利用编码查询菜单查询各类地物编码图（8-18）。

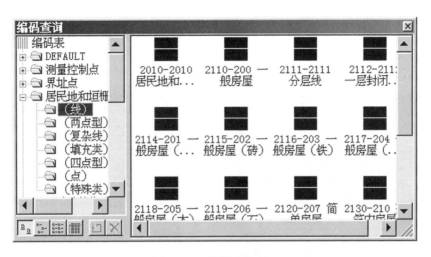

图 8-18　编码查询窗口

3）数字地模及等高线生成
（1）生成三角网（DTM）。
三角网的建立：在地模菜单中选择"生成三角网（DTM）"，弹出对话框，见图 8-19。

图 8-19　生成三角网对话框

首先为三角网取名，如"a1"。并设置最大三角网边长，然后选择构网范围，如选择"绘制范围线"，用鼠标在构网范围区域画一个多边形范围，点击鼠标右键闭合。或者选择其他的构网范围方式，并按草图设置特性线。

点击按钮 生成三角网 ，把指定区域内的全部参加建模的高程点自动生成三角网。如图 8-20所示。

(2) 地模的三维显示。

在地模菜单中选择 地模显示 ,选择三角网下面的 填充颜色 ,在三角网的位置上出现三维渲染图像。如图 8-21 所示。此项功能可查看建模有无错误。

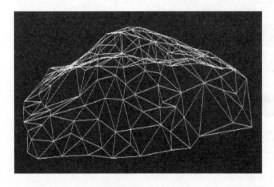
图 8-20　三角网图

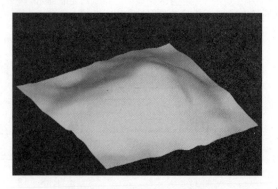
图 8-21　地模三维渲染图

4) 自动生成等高线

在地模菜单中选择 自动生成等高线 ,将在三角网上自动生成等高线。

5) 控制点展绘

启动菜单 测图 → 控制点管理 可将控制点展绘到图形区。

6) 图幅整饰与打印出图

选择输出区域,定制图廓样式(或选用标准图廓样式),编辑图廓注记,如图名、测图单位、结合图表、测图时间、坐标系统、高程系统、图式版本等。编辑完成后,经检查验收合格,即可打印输出,或输出 AutoCAD (dxf) 格式的数字地形图。

以上介绍的是用 EPSW2008 测记法测图的实现过程,内业部分详细的操作方法可参照随机帮助和使用手册。

8.4　水下地形图的测绘

8.4.1　概述

在水利、港口、航运等工程建设中,除需要测定陆地地形外,还需测绘河道、海洋与湖泊的水下地形。水下地形有两种表示方法,一种是以航运基准面为基准的等深线表示的航道图,以显示河道的深浅与暗礁、浅滩、深潭、深槽等水下地形情况。另一种是用与陆上高程一致的等高线表示的水下地形图。本节介绍用等高线表示水下地形的测绘方法。

地面测图时地形特征点的平面位置和高程是用同一种仪器(如全站仪)同时测定的,而水下地形测量,每个测点的平面位置和高程用不同的仪器和方法测定,测点的平面位置可用全站仪定位、GPS 定位、无线电定位等不同的方法测定。测点的高程一般是通过测深仪测出水深后,由水面高程减去水深得到。受潮汐影响的水域,如海上或江河入海口处,水位是动态变化的,还需进行水位跟踪观测,以便进行水位改正。

进行水下地形测绘时,由于不能选择地形特征点进行测量,所以一般先确定测深线(测深船的预定航线),并以一定的密度测定水下地形点数据。

综上所述,水下地形测量包括水位观测、测深线确定、水深观测、测深船的导航及定位等几方面。

8.4.2 水下地形观测方法

1. 水位观测

观测水位采用设置水尺,按一定时间间隔(10min~30min)定时读取水面在水尺上读数的方法。水尺一般用搪瓷制成,长1m,尺面刻划与水准尺相同。设置水尺时,先在岸边水中打入木桩,然后在桩侧钉上水尺,再根据已知水准点连测水尺零点的高程(图8-22)。观测水位应按时读取水面截在水尺上的读数,得水位 = 水尺零点高程 + 水尺读数,并绘制水位—时间曲线,依据该曲线可求得测深时水面瞬间高程(h_t)。另外,考虑到上下游水位差异,一般在测区上下游分别设立水位观测点,按测深时的位置信息线性内插求得水面高程。

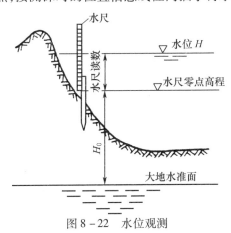

图8-22 水位观测

2. 测深线确定

在测图之前为保证成图的质量,为测深船的导航提供依据,应根据测区内水面宽窄、水流缓急等情况,布设一定密度的测深线和测深点。测深线的方向一般与水流或岸线方向垂直,河道拐弯处,可扇形布设。测深线一般规定在图上每隔1cm~2cm布设一条,测深点间距为图上0.6cm~0.8cm。图8-23为某水域水下地形测量测深线布置图。

3. 测深设备

1)测深杆与测深锤

测深杆一般是木制杆,直径约为5cm,杆长4m~6m。表面为红白或黑白的分米间隔,并注有数字。杆底装有铁垫,以避免测深时杆底陷入泥沙中影响测量精度。

测深锤由铅铊和铊绳组成,重量视流速而定。铊绳最长10m左右,以分米为间隔,系有不同标志,适用于水深2m~10m左右、流速较小的河道。

2)回声测深仪

测深仪是船载电子测深设备。回声测深仪的基本原理是:测量声波由水面至水底往返的时间间隔 Δt,根据超声波在水中的传播速度 v,得出水深

$$h = \frac{1}{2} v \cdot \Delta t$$

利用发射换能器S将超声波发射到河底,再由河底反射到接收换能器E,见图8-24,可以看出 $h = h_0 + h'$。

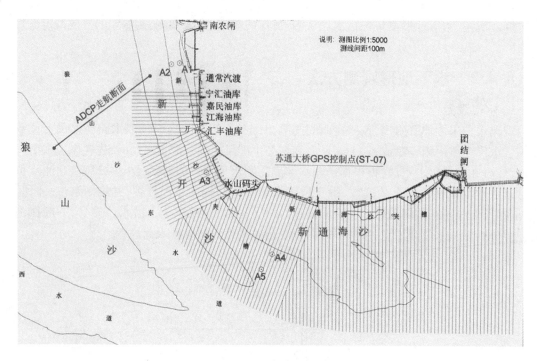

图 8-23 测深线布置图

3）多波束测深仪

多波束测深仪是一次能够给出与航向垂直的断面内几十个乃至几百个水下测点水深值的测深仪。与单波束测深仪比较，其测量范围大，速度快，将测深技术由点、线扩展到面，极大地提高了工作效率（图 8-25）。

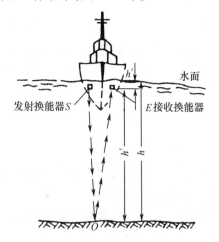

图 8-24 测深仪工作原理图

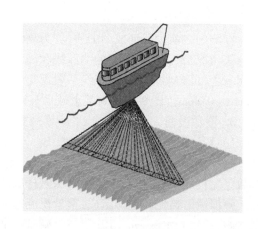

图 8-25 多波束测深仪工作示意图

多波束速测深仪按工作频率分为高频、中频与低频三种类型。工作频率大于 95kHz 称为浅水多波束，频率在 36kHz～60kHz 之间称为中水多波束，12kHz～13kHz 之间称为深水多波束。

4. GPS 定位

GPS 完成水上的定位和导航，现有的差分型 GPS 接收机，如采用伪距差分方式，一般情况下定位精度为 1m～5m，考虑船体姿态等因素的影响，定位精度在 7m～10m 范围内，可满足

1:10000水下地形测量要求。如采用载波相位差分方式,定位精度优于1m,一般情况可下满足1:2000水下地形测绘。对于比例尺大于1:2000的水下地形测绘,需采用双频接收机采用差分后处理技术,使定位精度达到10cm~20cm。

大面积水域的水下地形测绘,目前均采用GPS作业方式进行,船载GPS+测深仪+测图软件的组合,使水下地形测绘快速方便,实现自动化成图。

作业时采用"1+1"(1台基准站,1台流动站),应用GPS和导航软件对测深船进行定位,并指导测深船在指定测深线上航行,导航软件和测深系统每隔一个时间段自动记录观测数据,并验证潮位输出,测量获得的水下地形点数据经处理后通过测图软件得到相应比例尺的水下地形图。

思考题

1. 经纬仪测图工作中,跑尺员、仪器观测员、记录员、绘图员分别完成哪些工作?
2. 结合全站仪+EPSW2008测记法测图,说明数字测图的工作流程。
3. 数字地形图比较纸质地形图有哪些优点?

第 9 章　摄影测量与遥感

9.1　摄影测量学及其作用

9.1.1　摄影测量学的基本概念

摄影测量学是利用传感器拍摄的影像,研究并确定被摄目标的形状、大小、位置、性质和相互关系的一门科学与技术。

摄影测量工作的第一步即是获得适用的影像。随着时代的发展,摄影测量所用的摄影机和拍摄方式也在不断地改变。就影像而言,从黑白影像发展到彩色影像,从光学影像发展到数字影像,从平面影像发展到三维影像。这些都大大促进并提高了摄影测量的信息获取、处理、表达和应用的能力及水平。

摄影测量工作的核心是影像信息处理,主要就是依据影像信息,提取出目标及其环境的可靠信息,即回答被摄目标是什么、状态和性质如何、空间位置在哪里等问题。摄影测量尤其着重于解决对目标的空间定位问题,因为这也是测量的根本任务之一。

由影像提取的信息需以某种形式加以表达。故摄影测量需做的另一项工作,就是影像信息的表达,即将提取出的目标信息以清晰、明确、定量和便于应用的形式表示出来。纸质地形图是大家熟悉的地形信息的模拟表达,数字地形图则是地形信息的数字表达。数字地形图正是在模拟地形图的基础上发展而来的,因其在信息存储、管理、表示、应用等方面具有以往表达形式不可比拟的优点,使之成为目前表达地形信息的主要方式。

摄影测量获取目标信息的最终目的是应用信息。这种应用可以通过测绘的地形图、专题图间接地实现,也可以将获取的信息输入各种地理信息系统直接地实现,甚至将摄影测量融合成为地理信息系统的空间信息采集、处理与更新部分。当然,摄影测量不仅对地观测,其在非地形测绘领域也有广阔的应用市场。通过摄影方式提取各类目标的空间信息,可为工业制造、建筑工程、生物医学等领域提供不可替代的技术支持。摄影测量应用研究在摄影测量学的科研和生产中占有越来越重要的比重。

摄影测量学的分类是同其发展历程联系在一起的。摄影测量学一百多年的发展历程,形成了三个发展阶段,每个阶段的摄影测量学的科技内容都有本质的不同。后来,人们将不同阶段的摄影测量学分别称为模拟摄影测量学、解析摄影测量学和数字摄影测量学。目前我们正处于数字摄影测量阶段,数字摄影测量已成为摄影测量生产的主要方式和方法。

数字摄影测量学是将摄影测量的基本原理与计算机视觉相结合,从数字影像中自动提取所摄对象用数字方式表达的几何与物理信息的摄影测量学。随着计算机技术及其应用的发展,以及数字图像处理、模式识别、人工智能、专家系统和计算机视觉等学科的不断发展,数字摄影测量学的内涵已远远超越了传统摄影测量的所涉范畴。数字摄影测量的发展目标是以计算机视觉代替人眼观测,实现基于影像信息的全自动化测绘。

摄影测量学是对摄影测量学科的科技内容的总称。但现实中,常常需对摄影测量按照某些具体的工作方式、方法分类命名。如按拍摄时摄影机所处的位置分,摄影测量可分为航空摄影测量、航天摄影测量、地面摄影测量、水下摄影测量、显微摄影测量等。

航空摄影测量是以飞机等航空平台为摄影机载体的摄影测量。航空摄影测量是摄影测量生产、科研的主流。航空摄影测量的成图比例尺可覆盖 1:500 ~ 1:50000,是测绘 1:500 ~ 1:5000 地形图或专题图的重要方法,是测绘 1:10000 ~ 1:50000 地形图或专题图的主要方法。在城市或山区的大比例尺测绘中,航空摄影测量是首选方法。由于航空摄影测量所用影像的获取越来越容易,所需仪器设备的价格越来越低,而影像信息处理的自动化程度却越来越高,所以能够开展航空摄影测量生产的部门、机构或单位正在迅速增加。

航天摄影测量是以人造卫星、宇宙飞船、太空实验室等航天平台为传感器载体的摄影测量。与航空摄影测量相比,"航天摄影测量"这一名称较少被使用,这是因为以下几方面的原因。

(1) 航天摄影的影像通常被称为航天遥感影像、卫星遥感影像或遥感影像,对该类影像信息的获取、处理、表达、应用等过程统称为遥感,这里面包括了利用遥感影像进行测绘的处理过程。只有当强调摄影测量方法时,才称利用航天遥感影像的测绘工作为航天摄影测量。

(2) 航天遥感影像着重于目标的识别和物理性质提取,对几何信息的处理相对较弱。

(3) 基于影像的测绘工作大多使用航空影像,因为长期以来航空摄影测量正好满足最常用比例尺地形图的测制要求。航天遥感影像中最普及的是卫星遥感影像,部分种类的卫星遥感影像在获取时满足立体测绘条件,可以用其测绘 1:50000 ~ 1:1000000 的地形图或快速提取所需空间信息。尤其需说明的是,自 1999 年以来,以 IKONOS 和 Quick Bird 为代表的高分辨率商用小卫星遥感影像的出现和应用,使遥感测绘地形图或专题图的比例尺提高到了 1:10000 或 1:5000,甚至更大。显然在一定条件下,航天摄影测量已可部分地替代航空摄影测量。

地面摄影测量是摄影机架设于地面,或以汽车等地面移动平台为摄影机载体的摄影测量方法。地面摄影测量的观测视野不如航空摄影测量开阔,但实施起来简便灵活,观测对象分为地形或非地形两类。地面地形摄影测量的观测对象为地形,通常是山体等竖立目标,故一般被用于山区的工程勘察。地面非地形摄影测量以除地形以外的目标为观测对象,如飞机、轮船、建筑物、生物、交通事故现场等。因对这类目标的拍摄距离一般都较近,故常称拍摄距离小于 300m 的非地形摄影测量为"近景摄影测量"。

当然,摄影测量分类是相对的,甚至是变化发展的。例如,现今的无人机航空摄影勘测技术,似乎兼有航空摄影测量和近景摄影测量的特征;现今的集成有摄影机、激光三维扫描仪和 GNSS 等设备的车载移动测量系统,亦兼有地形或非地形摄影测量的特征。

9.1.2 摄影测量的作用与特点

对地观测是摄影测量的主要工作,因此摄影测量的主要任务是测制各种比例尺的地形图和专题图,建立地形数据库,并为各种地理信息系统的建立与更新提供基础数据和相关技术。

摄影测量另一个重要作用体现在非地形测绘领域。摄影测量至今仍以一种全新、高效、方便、甚至是不可替代的观测手段不断开拓应用市场,被越来越多的生产、科研部门所认识、接受和赞誉。这个服务领域已远远超出了传统的测绘服务领域,并反过来为摄影测量的发展提供了内在动力。

摄影测量应用的优点可以从以下几个方面体现。

(1) 影像记录的目标信息内容客观、信息丰富、图像逼真,人们可以从中获取被摄物体的大量的几何和物理信息。影像信息作为制图信息源具有突出优势。

(2) 摄影测量作业无需接触被摄目标本身,属间接测量方式,作业不受工作现场条件的限制。在地形测绘中,采用全站仪或 GPS 对山区的测绘将会十分困难,而采用航空摄影测量则会方便、经济得多。在非地形测绘领域,这种长处亦表现得非常突出,并且对用户颇具吸引力。例如,在对滑坡、泥石流的监测中,人无法到达被测物体表面,故可应用摄影测量来完成。在对爆破、高温、真空等危险现场监测时,摄影测量方法是唯一手段。

(3) 摄影测量可测绘动态变化的目标。影像是某一瞬间对被摄目标状态的真实记录,正因如此,使得摄影测量具有研究动态目标的能力。并且,这种研究是全面的、整体的、同时的,而非局部的、离散的、不同时的,这一优点往往是其他测量手段不具备的。例如,摄影测量被用于研究液体、气体等动态目标。在水工试验中,用摄影测量来测定水体的流速、流场、泥沙运动等。在航弹、枪炮的设计中,摄影测量用来测定弹道和弹速。还值得一提的是,就外形测定而言,摄影测量使用的影像是目标在某一瞬间的整体形态反映,因而有利于全面地测量、分析目标形态及其变化。如用于高边坡变形监测、船闸或水闸等闸门的动态变形监测等。

(4) 摄影测量可测绘复杂形态目标。在地形测绘中,全站仪或 GPS 的测量方法测绘地物、地貌时,都是首先采集地形的特征点,然后依据离散特征点内插表示出连续的地形形态。例如,由地貌特征点内插出等高线,由道路特征点内插出线状道路等。显然,当地形复杂时,采点和插绘的工作量很大。而且,当特征点数量不足或关键特征点丢失时,会影响地形表示的准确性。摄影测量方法对地形的测绘,是利用测标在由影像所建几何模型上对地貌、地物特征跟踪实测而成,因而可以方便地对复杂地形进行测绘并且逼真地给予表示。这种优点在测绘非地形复杂目标物时,表现得更加充分。

(5) 摄影信息可永久保存,重复使用。航空像片或卫星像片均是珍贵的影像资料,其客观、详尽地反映了某一时期地表的状况。影像资料除满足拍摄后的测绘需外,更成为保存当时地表信息的理想载体。随着时间流逝,这种资料变得弥足珍贵。例如,利用不同时期的影像资料可以研究某地区环境变迁的过程、原因和变化规律。

以上阐述了摄影测量一般优点,下面再介绍一下摄影测量在几个具体应用方面的长处。

在地形图测绘方面,与全站仪等测绘方法相比,摄影测量有如下特点。

(1) 生产作业速度快,成图周期短。

(2) 作业以内业为主,人员劳动强度低,对行动不便或通视困难的山区或城市测绘尤其有利。这是因为摄影测量的特点是将大部分原来需在现场完成的测绘工作搬到了室内进行。

(3) 对较大范围测绘成图时,所需的经费少。目前,摄影测量已是大范围测图的首选方法,大多数的城市测绘都选择了航空摄影测量。

(4) 摄影测量成图精度均匀、形态逼真。

(5) 摄影测量除可以生产最常见的线划地形图外,还可以生产影像地形图。影像地形图是以影像表示地形要素的平面位置和形态,以等高线和高程注记点表示高程形态的地形图的一种形式。影像地形图的影像来自于原始航摄像片,故与线划地形图比,影像地形图所载的信息要丰富得多。正是这个原因,使影像地形图愈来愈被用户看好,需求在不断增长。20 世纪90 年代后,影像地形图作为与线划地形图(亦称矢量地形图)并列的测绘产品,常被要求两者同时生产。

在为地理信息系统获取空间信息方面,摄影测量与遥感已成为 GIS 系统主要的数据来源。因为 GIS 系统存储、管理、更新、应用的空间信息大多来自地表,而快速地对地观测正是摄影测量与遥感的擅长之处。主流地看,摄影测量与遥感最终将融入地球空间信息学科之中。

9.2 摄影测量的基本原理及方法

航空摄影测量是摄影测量的主干,摄影测量的生产、科研、教学无不受到航空摄影测量的主导。本节将以航空摄影测量为例概要介绍摄影测量学的基本原理与方法。

9.2.1 像片及其投影

用一组假想的直线将物体形态向几何面上投射称为投影。投影的几何面通常是平面,称为投影平面,投影的直线称为投影光线。若投影光线会聚一点,这种投影方式称为中心投影,如图 9-1(a)所示。

实际生活中,当投影直线为真正的光线,投影平面为像片平面时,投影过程即是摄影过程。像片平面上由感光材料或光敏电子装置记录的投影构像即称为像片或影像,它是摄影测量或遥感工作的原始资料。航摄像片简称航片,由机载的量测用航空摄影相机在空中对地拍摄而得。显然,航片影像就是地面景物在像平面上的中心投影。投影光线的会聚点 S 称为投影中心。一般情况下,航片的投影中心可理解为摄影机的物镜中心。

与之相对,投影光线相互平行且垂直于投影平面的投影方式称为正射投影,如图 9-1(b)所示。显然,地形图是地面景物在地平面上的正射投影(按比例缩小)。因此,摄影测量成图的关键是将像片上中心投影的地面信息转换为正射投影的信息,并予以储存及表达。

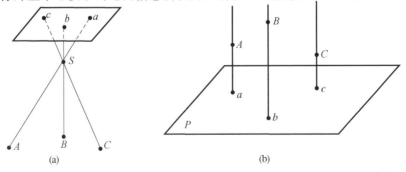

图 9-1 中心投影与正射投影
(a) 像片是中心投影;(b) 地形图是正射投影。

图 9-2 是中心投影的像片与正射投影像片的对比,从中可以直观地看出不同投影方式对地物构像的影响。

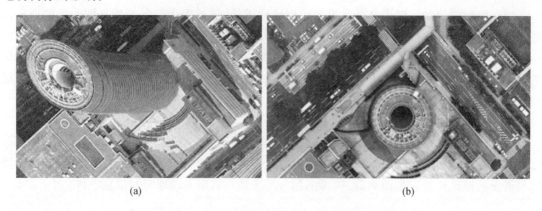

图 9-2　中心投影与正射投影构像对比
(a) 中心投影的影像；(b) 正射投影的影像。

图 9-3 反映了摄影测量对中心投影误差的改正。图中线划符号为正射投影的建筑物的矢量表达,底图背景为对应地物的包含有中心投影误差的影像。可以看出高出地面的建筑物,其正射投影位置和形态都得到了相应的纠正。这从几何方面直观地反映了摄影测量制图在不同投影之间进行信息处理及变换的必要性、效果和特点。

图 9-3　摄影测量制图中的地物投影变换纠正示例

9.2.2　航空摄影及立体像对

航空摄影时,飞机沿航线在一定高度匀速飞行,摄影机则按一定的时间间隔开启快门拍摄,所摄像片的影像在地面上形成如图 9-4 所示的覆盖。一条航线拍摄完毕,飞机进行相邻航线的拍摄。如此,直至所有航线拍摄完毕,整个测区即被航片影像全部覆盖。航空摄影一般委托专门的部门来完成。

航空摄影时,需满足一定的技术要求,这些要求也是航片具备的特性。最基本的要求有航摄比例尺和像片重叠度。

航摄比例尺,亦称像片比例尺,指像片上一段距离 l 与地面上相应距离 L 之比。

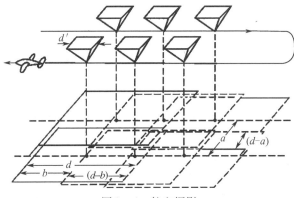

图 9-4 航空摄影

航摄比例尺的大小视成图比例尺而定(具体参照相应规范),一般是成图比例尺的 1/2~1/8,即摄影测量具有对影像比例尺放大 2~8 倍成图的特性。

像片重叠度,指相邻两张像片的相同景物影像面积占整幅像片面积的百分比。同一条航线内相邻像片之间的重叠度称为航向重叠度,而相邻航线间的重叠度称为旁向重叠度。保证一定的像片重叠度是立体摄影测量作业的要求,一般而言,航向重叠度应达到 60%~70%,旁向重叠度应达到 15%~30%。

具有重叠度的相邻两张像片称为立体像对,使用立体像对可进行立体观察和立体量测,并由类似经纬仪前方交会的原理,经相邻像片上同名光线的交会,确定地面点位置。显然,当航向重叠度达到 80% 时,可以形成对测区的三重以上的影像覆盖,以提高摄影测量精度和可靠性。现今部分类型的数字航空摄影机,即采用了多重影像覆盖方式工作。图 9-5 为一航空摄影立体像对的局部。

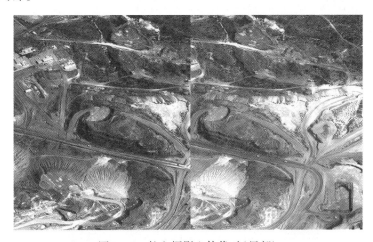

图 9-5 航空摄影立体像对(局部)

9.2.3 影像信息几何处理的基本原理

立体影像处理是摄影测量信息处理的主要方式。立体影像信息几何处理,是以立体像对为单元,以同名光线(对应同一地面点的不同方向的光线)空间交会为基本原理,由像点的像平面坐标确定相应物点地面坐标的处理方法。显然,实现像点到物点的坐标变换,是摄影测量进行影像测图的理论和方法基础。

在图 9-6 中,实际的像片位置在 S_1、S_2 处。摄影时地物点、投影中心,以及像片和像点等的空间关系如图中所示。从几何上看,每对同名光线都相交于实际的地面点上,即立体像对有"同名光线对对相交"这一内在的几何关系。当我们利用像片在计算机上恢复起这一几何关系,则通过同名光线交会可得到任一地面点的物方坐标,所有交会点的全体将构成一个与地表形态几何相似的模型。该过程也被称为"在室内重建起地表几何模型"。

假想保持右像片姿态不变,沿摄影基线 S_1S_2 将右像移动到 S_2' 位置。因同名光线的共面性质没有破坏,故所有同名光线仍然相交,所有交会三角形只按同一比例尺产生相似变化,交会点的全体可以构成按成图比例尺缩小的地表几何模型。原理上讲,摄影测量的测绘产品就是在室内通过测绘此模型而取得的。摄影测量起源于几何学科,由此也可见一斑。

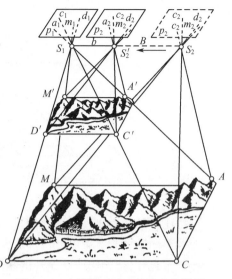

图 9-6　立体像对建立地表几何模型

具体地,要由影像建立起具有真实方位的地表几何模型,在立体影像信息几何处理的诸方法中,尤以相对定向及绝对定向方法最为基本。相对定向就是利用立体像对中存在的同名光线共面的几何条件,由立体影像建立起被摄目标的几何模型。绝对定向就是利用地面控制点,通过空间相似变换,恢复几何模型在地面测量坐标系中的正确方位,由此实现摄影测量的物像之间的坐标变换。据此物像坐标变换,即能在算法上支持对几何模型的测绘成图。

9.2.4　摄影测量作业设备和生产流程

数字摄影测量系统是目前开展摄影测量工作最主要的设备。国际上知名的数字摄影测量系统不下 10 余种,国内的如 VirtuoZo、JX-4C、MapMatrix 等亦都是具有国际水平的系统。利用数字摄影测量系统,不但可以生产多种形式的测绘产品,而且可以完成从数据处理到成果管理、分析、应用等多种任务。数字摄影测量系统的硬件组成有计算机、影像立体观测装置等,外设包括影像扫描数字化仪、输出设备等。数字摄影测量系统外形如图 9-7 所示,实际上它就是一套通用的计算机硬件设备。

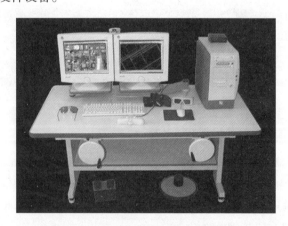

图 9-7　数字摄影测量系统外形示例

数字摄影测量系统的软件决定了系统的功能。系统软件通常包括数据管理模块、像对定向模块、影像匹配模块、DEM（数字高程模型）模块、DOM（数字正射影像）模块、数字测图模块等基本模块，还可包括卫星影像测图、近景摄影测量、自动空中三角测量等选用模块。系统的基本模块结构及内业工作流程如图9-8所示。

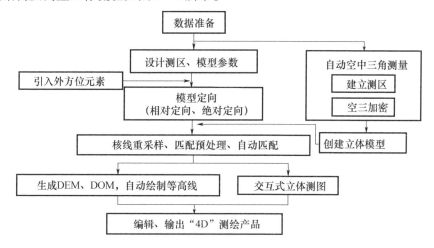

图9-8 摄影测量系统基本结构及工作流程

定向模块基本上以自动方式完成立体像对的相对定向、绝对定向等；影像匹配模块以自动方式完成同名像点的寻找与量测；DEM生成模块在影像匹配的基础上自动生成DEM；正射影像模块利用DEM和定向结果自动生成地表正射影像图。顺便说明，正射影像图是地形图的一种，它具有与线划地形图相同的几何特性，但不采用符号表现地形，而主要采用影像表现地形；等高线模块可依据DEM自动生成地形等高线；数字测图模块则支持人工立体测绘，主要实现对地物要素的提取及用矢量形式表达。可见，数字摄影测量系统作业时，地貌要素由计算机自动提取，地物要素由作业员人工提取。随着数字摄影测量及其相关技术的发展，基于影像的全自动化测绘时代将会到来。

数字摄影测量的生产成果主要有4种，即数字高程模型(DEM)、数字正射影像图(DOM)、数字线划图(DLG)、数字栅格图(DRG)，有时也简称它们为"4D"产品。图9-9是摄影测量的"4D"测绘产品的一个示例。

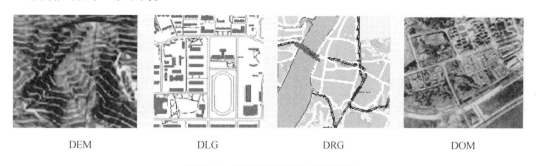

图9-9 摄影测量"4D"产品示例

以上介绍的是摄影测量系统上的工作，称为内业。就整个摄影测量生产过程而言，它还包括外业工作。图9-10是航空摄影测量立体测图的生产工序流程。

其中，航空摄影是获取影像；像片控制是在实地选定像片控制点并测定其地面坐标；像片调

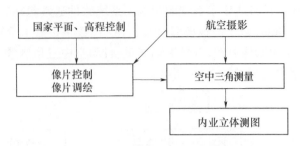

图 9 – 10 航测立体测图工序流程

绘是在判读识别影像上成图内容的基础上,实地加以调查确认,并将其表示在调绘像片上,供内业测图使用;空中三角测量也称为像片控制点加密,是减轻像片控制的外业工作量的一种方法,即在整个测图区域内,只在实地测量少量的像片控制点,测图所需的大量的像片控制点或像片参数通过内业量算得到;内业立体测图就是在数字摄影测量系统上获得测绘成果的过程。

摄影测量成图大多采用立体测图方法,但当对平坦地区成图的高程精度要求特别高时,如 $1:500\sim1:2000$ 测图的高程中误差要求小于 20cm,则也会采用摄影测量的另一种成图方法,即综合测图方法,简称综合法。综合法前 4 项工序基本与立体测图一致,只是先不作像片调绘。内业得到正射影像图后,下一步工序是使用大地测量方法实地测绘地貌,同时开展像片调绘。最后将高程和调绘信息叠加至影像图,同样得到全要素地形图。显然这是一种由摄影测量测绘平面形态、由大地测量测绘高程形态的地形测图方法。

9.3 遥感的基本原理和应用

9.3.1 遥感的基本概念

遥感是 20 世纪 60 年代发展起来的对地观测综合性技术。遥感一词来自英语 Remote Sensing,即"遥远的感知"。遥感是应用探测仪器,不与探测目标相接触,从远处把来自目标的电磁波记录下来,通过分析,揭示出物体的特性及其变化的综合性探测技术。

按传感器的探测波段分,遥感分为可见光遥感、红外遥感、微波遥感等。

按传感器工作方式分,有主动遥感和被动遥感等。主动遥感的传感器主动发射电磁波并接收目标的后向散射信号,侧视雷达(Side Looking Radar)即是一例。被动遥感的传感器仅接收目标物自身发射的和对自然辐射源反射的能量。

遥感平台是搭载传感器的工具。根据航天遥感平台的服务内容,可以将其分为气象卫星系列、陆地卫星系列和海洋卫星系列。陆地卫星系列是航天平台中应用最广泛的一种,继 1972 年美国发射第一颗陆地卫星之后,俄罗斯、法国、印度、中国等都较早地发射了陆地卫星。陆地卫星在重复成像的基础上,产生全球范围的图像,对地球科学的发展具有极大地推动作用。著名的陆地卫星有美国的 LandSat 和法国的 SPOT 等,中国资源一号卫星(国际上简称 CBERS – 1)也属此类。这类卫星的特点是具有中等分辨率、大视场角的快速观测能力,其轨道高度在 700km ~ 900km 左右,遥感图像的地面分辨率为几米 ~ 几十米,地面成像幅宽在 100km 以上。在制图方面,中等分辨率的陆地卫星主要用于中小比例尺的专题制图。

高分辨率商用小卫星是由陆地卫星发展而来的高分辨率遥感卫星,这类卫星的特点是高分辨率、窄视场角、低成本,且卫星设计成易于调整和操纵,几秒钟就可以调整到指向新目标。

其图像的地面分辨率高达 1m 左右,甚至是几十厘米,但地面成像幅宽只有 10 km ～20km。这类卫星大都设计具有立体制图功能,可以满足 1:10000 甚至更大比例尺的专题制图或地形制图。高分辨率商用小卫星已成为现阶段主要的遥感卫星,最有代表性的是美国于 1999 年发射的 IKONOS 和稍后发射的 QuickBird 卫星,图 9 – 11 为 IKONOS 卫星外形。

图 9 – 11　IKONOS 卫星外形

专门的测绘卫星则须在观测视场大小和观测精度方面取得平衡,以满足对基本比例尺地形图的快速制图需求。中国资源三号卫星(ZY – 3)是我国首颗民用测绘卫星,于 2012 年 1 月 9 日发射,卫星集测绘和资源调查功能于一体,填补了我国在卫星立体测图这一领域的空白。资源三号上搭载空间分辨率为 2.1m～5.8m 的多种成像传感器,可以获取同一地区三个不同观测角度立体像对,满足测制 1:50000 比例尺地形图,或更新 1:25000 比例尺地形图的遥感测图需求。图 9 – 12 为中国资源三号卫星外形。

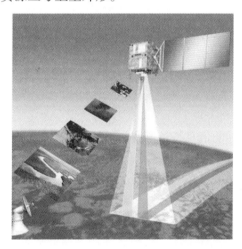

图 9 – 12　中国资源三号卫星外形

遥感图像是传感器探测目标的信息载体。遥感解译需要通过图像获取三方面的信息:目标地物的大小、形状及空间分布;目标地物的属性;目标地物的变化动态。相应地,将遥感图像归纳为三方面特征,即几何特征、物理特征和时间特征。这三方面特征的表现参数即为空间分辨率、光谱分辨率、辐射分辨率和时间分辨率。

图像的空间分辨率是指像元覆盖地面范围的大小,或地面物体能被分辨的最小单元;辐射分辨率是指传感器接收波谱信号时,能区分的最小辐射度差值。在遥感图像上表现为像元的辐射量化级数;时间分辨率是指对同一地点遥感成像的时间间隔,也称重访周期;光谱分辨率是指传感器接收目标辐射波谱时,能区分的最小波长间隔。间隔愈小,分辨率愈高。

9.3.2 遥感的基本原理与方法

1. 地物波谱

自然界中的任何地物在发射、反射或吸收电磁波方面都具有固有的特性,称之为地物的光谱特性。不同地物对入射电磁波的反射能力是不一样的,通常采用反射率来表示,它是地物的反射能量与入射的总能量之比。地物的反射率随入射波长变化的规律,叫做反射波谱。地物的反射波谱一般用一条连续的曲线表示。多波段传感器将波区分成一个一个波段进行探测,在每个波段里传感器接收的是该波段的地物辐射能量的平均值。图 9 – 13 为三种典型地物的波谱曲线及其在多波图像上的波谱响应曲线。量测多光谱图像的亮度值即可得到地物的波谱响应曲线。

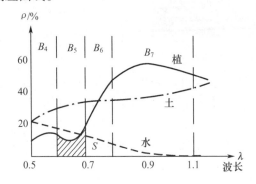
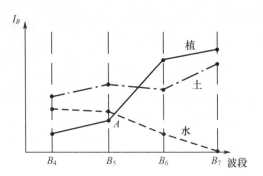

图 9 – 13 地物的波谱曲线与波谱响应曲线

从图 9 – 13 中可以看出,地物的波谱响应曲线与其波谱曲线的变化趋势是一致的,而不同地物的波谱响应曲线是不同的。地物在多波段图像上特有的这种波谱响应就是地物的物理特征的判读标志。地物的波谱是遥感技术的重要依据,它既是传感器工作波段的选择依据,又是遥感数据正确分析和判读的基础。

2. 遥感系统

遥感系统包括:被测目标的信息特征研究、信息的获取、信息的传输与记录、信息的处理和信息的应用五大部分,如图 9 – 14 所示。

任何目标物都发射、反射和吸收电磁波,这是遥感的信息源。目标物与电磁波的相互作用,构成了目标物的电磁波特性,它是遥感探测的依据。

接收、记录目标物电磁波特征的仪器,称为传感器。

传感器接收到目标地物的电磁波信息,记录在数字磁介质或胶片上。数字磁介质上记录的信息可通过卫星天线传输至地面接收站。

地面站接收到遥感卫星发送来的数字信息,记录在高密度的磁介质上,并进行一系列的处理,如信息恢复、辐射校正、卫星姿态校正、投影变换等,再转换为用户使用的通用数据格式,才能被用户使用。

地面站或用户还可根据需要进行图像的精校正处理和专题信息处理等。

遥感获取信息的目的是应用。这项工作由专业人员按不同的应用目的进行。在应用过程中,还需进行大量的信息处理和分析等。

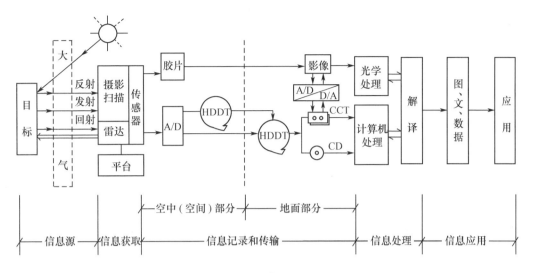

图 9-14　遥感系统的组成

3. 遥感影像处理

遥感影像处理是专题信息提取和中小比例尺专题制图的主要过程,包括辐射校正、几何纠正、影像增强、影像分类等基本内容。

进入传感器的辐射强度反映在影像上就是亮度值。当太阳辐射相同时,图像上像元亮度值的差异直接反映了地物光谱反射率的差异。但实际测量时,辐射强度值还受到其他因素的影响而发生改变。辐射校正就是消除影像的辐射误差,为图像的后续处理提供良好的基础。

利用遥感影像提取信息时,总是要求将提取的信息表达在某个参照坐标系统中。当原始影像上地物的形状、大小、方位等特征与在规定的系统中的表达不一致时,就产生了所谓图像几何变形。遥感影像变形是由多种因素造成的,如传感器外方位变化、大气折光、地球曲率、地形起伏、地球旋转等。遥感影像的几何纠正就是通过几何变换将影像信息纳入到参照坐标系统中,为后续分类、制图和分析应用等提供数学基础。

传感器获取的遥感影像含有大量的地物特征信息。图像增强就是通过对图像亮度值变换来改善遥感影像的目视判读的视觉效果,以提高目视判读能力,它也是计算机自动分类的一种预处理。图像增强的方法非常多,有对比度增强、空间滤波、彩色变换、图像运算、多光谱变换等,但实质都是加大不同地物影像之间的差别。图 9-15 为一幅经对比度线性变换增强的前后效果示例。

图 9-15　图像对比度线性变换增强的效果示例

遥感图像的分类,就是对地表及其环境在遥感图像上的信息进行属性的识别和类别的区分,从而达到识别图像信息所对应的实际地物,提取所需地物信息的目的。分类有目视判读和计算机分类两种方法。目视判读是直接利用人类的自然识别智能,而计算机分类则是利用计算机技术来模拟人类的识别功能,是模式识别技术在遥感领域中的具体运用。

最后需要说明的是,对高分辨率遥感影像,目视识别就可以容易地解决影像分类,故上述处理过程中的辐射校正、影像增强、影像分类环节将被弱化,而几何纠正则要求采用立体影像处理方式并使用遥感立体测图软件,整个过程更接近于航片制图处理。

9.3.3 遥感技术应用及特点示例

空间遥感对地观测得到全球变化信息已被证明具有不可替代性。由遥感观测到的全球气候变化、全球沙漠化、海洋冰山漂流等的动态变化现象,已经引起人们广泛的重视;海洋渔业、海上交通、海洋生态等方面的研究中,遥感也已成为重要角色;矿产资源、土地资源、森林草场资源、水资源的调查和农作物的估产等,都缺少不了遥感技术的应用;遥感在解决各种环境变化,如城市化、土地退化、环境污染等问题方面也具有独特的作用;此外,在灾害监测,如水灾、火灾、震灾、多种气象灾害和农作物病虫害的预测、预报与灾情评估等方面,遥感正发挥着巨大的优势;在各种工程建设和城市规划中,不同尺度、不同类型的遥感也在不同层次上发挥着作用。以下就遥感在资源、环境、灾害方面的应用略作举例。

土地资源是包括气候、地形、表层岩石、土壤、植被和水文等自然要素的综合体。现代遥感技术的多波段性和多时相性,十分有利于以绿色为主体的再生资源(如植物、水体、土地利用等)的研究。利用同一地区不同时相的遥感影像进行叠加、解译及对比分析,还可以准确地看出该地区土地资源的变化。

利用遥感图像的多波段特征可以进行作物生长状况及其生长环境的监测,它包括两个方面:一是对影像进行不同绿度值的数字图像处理,提取叶面积指数和叶倾角分布信息,从而了解作物的生长状况。另一方面,通过卫星影像背景值和热红外波段的影像特征来了解土壤的含水量及肥力,从而了解作物的生长环境。利用多角度遥感数据还可以反演作物的结构特征,从而分析作物的生长状况和生长环境。

森林虫害是影响林业持续发展的主要障碍因素。据统计,我国松林等针叶林约占全部森林面积的 50%,每年松毛虫危害松林面积 5000 万亩以上,年损失木材生长量 1000 万 m^3,生态环境受到的影响则更为严重。由于松毛虫灾多发生在人烟稀少、交通不便的山区,常规地面监测方法很难迅速、全面、客观地反映虫情发生动态,从而不能及时、有效地防治。利用遥感图像监测森林灾害的技术依据是:当森林遭到灾害侵袭时,在不同尺度上(细胞、树枝、单株树、林分、生态系统)会产生相应的光谱变化,遥感影像光谱特征的异常可以反映出森林遭受病虫害的状况。

遥感技术在矿产资源调查中的应用,主要是根据矿床成因类型,结合地球物理特征,寻找成矿线索或缩小找矿范围,通过成矿条件的分析,提出矿产普查勘探的方向,指出矿区的发展前景。

在工程地质勘察中,遥感技术主要用于大型堤坝、厂矿及其他建筑工程选址,道路选线以及由地震和暴雨等造成的灾害性地质过程的预测等方面。在水文地质勘察中,利用各种遥感资料(尤其是红外摄影、热红外扫描成像),可查明区域水文地质条件、富水地貌部位、识别含水层及判断充水断层。

对城市环境而言,城市热岛也是一种大气污染现象。城市热岛效应是现代城市因人口密集、工业集中而形成的市区温度高于郊区的小气候现象。由于热岛的热动力作用,形成从郊区吹向市区的局地风,把从市区扩散到郊区的污染空气又送回市区,使有害气体和烟尘在市区滞留时间增长,加剧了城市的污染。因此城市热岛并不是单纯的热污染现象,而是影响城市环境的重要因素。红外遥感图像反映了地物辐射温度的差异,能快速、直观、准确地显示出热环境信息,为研究城市热岛提供了依据。

以上仅是遥感应用的一些举例,事实上,遥感应用远不止这些方面。随着遥感技术的发展,遥感应用的广度和深度还在不断加大。

本节结束前,再说明一下摄影测量与遥感的关系。由于摄影测量与遥感的科技内容,即理论基础、技术手段、生产设备、应用目的等已趋于一致,国际摄影测量与遥感学会在1988年就对摄影测量与遥感下了统一的定义:"摄影测量与遥感乃是对非接触传感器系统获得的影像及其数字表达,通过记录、量测和解译的过程来获得自然物体和环境的可靠信息的一门科学和技术。"但两者仍有区别。在成像方面,摄影测量以航空摄影成像为主,以可见光波段的黑白或彩色摄影为主。遥感则以星载传感器成像为主,以多光谱波段探测成像为主。因此,遥感影像具有宏观特性、光谱特性和时相特性;在信息处理方面,摄影测量着重地物几何信息的处理,即获取地物的形态、大小、分布等信息。遥感着重地物物理信息的处理,即获取地物的类别、属性等信息;在成果表达方面,摄影测量以测绘大比例尺地形图为主。遥感以编制中小比例尺专题图为主;在应用方面,摄影测量以提供区域基础地理信息、工程信息为主;遥感以资源、环境、灾害方面的对地探测为主。

随着摄影测量、遥感和地理信息系统的进一步结合,这几门在不同尺度上通过影像获取目标和环境信息,并加以有效管理和应用的学科必然融合,在一个新的高度上统一。地球空间信息科学的出现,正是体现了这种发展结果。

9.4 遥感专题制图

9.4.1 遥感专题制图方法

遥感专题制图是在计算机技术支持下,根据地图制图学原理,应用数字图像处理和数字地图编制技术,实现遥感影像图件制作和成果表现的技术方法。计算机辅助的遥感制图是在20世纪70年代以后发展起来的制图方法,它将数字制图和遥感图像处理等技术结合,实现了遥感信息处理、提取、存储、表达和输出的一体化。

计算机辅助遥感制图的基本方法如图9-16所示。

遥感专题制图的比例尺一般不超过1∶10000,多数在1∶50000~1∶500000。然而近年来发展的高分辨率遥感影像,已可满足比例尺大于1∶10000的地形制图需求。对按立体测图方式处理的高分辨率遥感影像,几何纠正将是一项专业性较强的工作,制图方法更偏向于摄影测量,有时也称之为航天摄影测量。

9.4.2 遥感图像处理系统

大容量、高速度的计算机与功能强大的专业图像处理软件相结合已成为图像处理与分析的主流,通常称相应的软件或软硬件为遥感图像处理系统。常用的ENVI、ERDAS、PCI、ER-

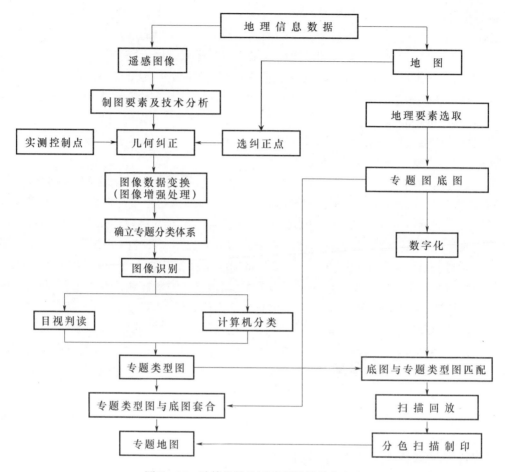

图 9-16　计算机辅助遥感制图的基本方法

MAPPER 及 GEOIMAGE 等商业化软件已为广大用户所熟悉。应用遥感图像处理系统,可以十分方便地开展遥感图像处理并完成各种专题图的制作和数据建库,直至空间分析。

例如,ERDAS IMAGINE 是美国 ERDAS 公司开发的专业遥感图像处理与地理信息系统软件,它以先进的图像处理技术,友好、灵活的用户界面和操作方式,面向广阔应用领域的产品模块,服务于不同层次用户的模型开发工具,以及高度的遥感图像处理和地理信息系统集成功能,为遥感及相关应用领域的用户提供了内容丰富而功能强大的图像处理工具,广泛应用于资源调查、区域规划、环境保护、灾害预测与防治、灾后评估以及工程建设等领域。ERDAS IMAGINE 的主要功能模块有:视窗操作模块、输入输出模块、数据预处理模块、影像数据库模块、图像解译模块、图像分类模块、专题制图模块、空间建模模块、雷达模块、矢量模块、虚拟 GIS 模块等。系统的主要功能模块和制图工作流程如图 9-17 所示,图 9-18 为 ERDAS IMAGINE 系统的主界面。

例如,应用数据预处理模块(Data Prep),可完成遥感图像的几何纠正、拼接镶嵌、子区裁剪、投影变换等处理;应用图像解译模块(Interpreter),可完成遥感图像的空间增强、辐射增强、光谱增强、地形分析、GIS 专题分析等功能。图 9-19 是 ERDAS IMAGINE 处理高分辨率遥感图像 IKONOS 的界面示例,图 9-20 是经图像分类模块(Classifier)处理后得到的分类栅格图像(DRG),图 9-21 是进一步经矢量模块(Vector)处理后得到的分类矢量图(DLG)。分类栅格图和分类矢量图都属于专题图的具体形式。图 9-22 则是基于遥感图像处理结果的 GIS 三维分析示例。

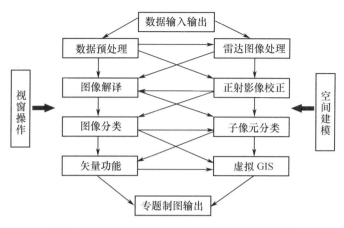

图 9-17　ERDAS 主要功能模块和制图工作流程

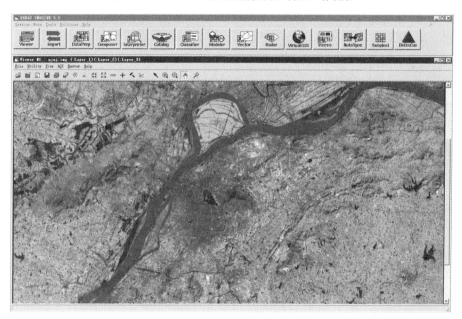

图 9-18　ERDAS 系统的主界面

图 9-19　ERDAS 处理遥感图像示例

图 9-20　处理得到的分类栅格图

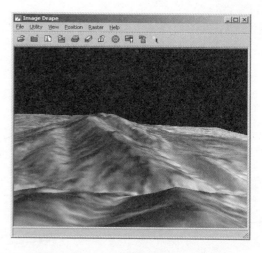

图 9–21　处理得到的分类矢量图　　　　图 9–22　基于处理结果的 GIS 分析

可见，遥感制图不但是一种特色鲜明、优点突出的专题图或地形图的制图方法，对中小比例尺而言，其还是一种不可替代的测绘与制图方法。

思考题

1. 与地面测量方法相比，航空摄影测量测绘地形图有哪些优点或特点？
2. 航摄像片与影像地形图有何区别？
3. 试述在制图比例尺、制图方法、应用领域等方面，航空摄影测量成图与卫星遥感成图有什么区别？
4. 举例说明在工程建设领域，摄影测量及遥感技术有何具体的应用，具有什么特点？

第 10 章

地形图的应用

地形图是地形信息按一定数学规则在平面上的表达。地形图具有可量测性,其反映了地形要素在实地的位置、形态、分布、性质及相互关系。各种形式的地形图及专题图不仅是地理信息的重要载体,而且是工程建设必需的基本资料和工具,其在社会和经济发展中具有广泛的应用和不可替代的作用。

10.1 地形图的基本信息

10.1.1 制图基本信息

1. 图名、图号、接图表

图名以图内最主要的乡镇、工矿、居民地或地貌等的名称来命名。

图号则是按国际分幅或正方形分幅的编号。

接图表以相邻的 9 个小方格表示,中间方格代表本幅图,其余代表与之相邻的 8 幅,均注以图名。接图表方便对邻近图幅的查找。以上 3 项信息均注记在北图廓线外。

2. 坐标和高程系统

地形测量在"1980 年国家大地坐标系或 2000 年国家大地坐标系"和"1985 年国家高程基准"的系统内开展。在此基础上,测量成果投影至地区的高斯平面直角坐标系中表示成图。

地形图的高斯平面直角坐标系由内图廓线及坐标格网线表示,线的 X 或 Y 坐标值以公里为单位标注。据此,可方便地读出地形点的平面坐标。坐标系统、高程系统及等高距的说明,均注记在图廓外左下角。

20 世纪 80 年代前旧图的测量,大多采用"1954 年北京坐标系"和"1956 年黄海高程基准"。不同时期新旧地形图联合应用时,应注意坐标和高程系统的差别,并做必要的转换。

3. 地形图比例尺

地形图比例尺一般用数字比例尺注记在南图廓线外的中部。

4. 地形图图式

地形信息在图上主要是用符号语言表示。图式符号由主管部门统一制定并作为国家技术标准颁布。用图必须首先熟识图式符号及其在图上的表示方法。地形图图廓外左下角注记有相应的《地形图图式》版本及成图方法,并说明成图年月。

5. 地形图的精度

地形图的精度通常指数学精度,即图上各点的平面位置及高程精度,其代表了图的内在质量。严格按照测图作业规范所成的地形图,则能够达到相应的精度。

图上各点的平面精度以该点对邻近图根点的点位中误差表示,而高程精度则以等高线所能表达的高程精度来表示。以《水利水电工程测量规范》为例,在平原、丘陵地区,地形图的平面精度为图上 ±0.75 mm,高程精度为 ±1/2 基本等高距;在山区,平面精度为图上 ±1.00mm,高程精度为 ±1 基本等高距。值得注意的是,一是地形图精度是在中误差意义下的统计精度,二是不同行业或部门根据需要所制定的测量规范会有所差异。

10.1.2 地形基本信息

地形信息是空间分布信息,地形图对地形的几何形态及其空间分布、相互关系作了定量表达。依据地形图,可以方便地获得地形点的平面位置、高程及两点间的距离、方位、坡度等地形基本空间信息。

1. 点的平面位置

图上某点在高斯坐标系或独立坐标系中的平面坐标,直接参照坐标格网及图比例尺量取。

2. 点的高程

地貌在图上主要是用等高线表示的,图上某点的高程可依据与之相邻的两条等高线内插估计得到。即把相邻两等高线间的地面视作均匀坡,某点的高程按平距内插获得。

没有等高线的平坦地区,某点的高程则由其邻近的若干高程注记点内插计算。

3. 两点间平距和方位角

先分别确定两点的平面坐标为 $A(X_A, Y_A)$ 和 $B(X_B, Y_B)$,则两点间平距为

$$D_{AB} = \sqrt{(X_B - X_A)^2 + (Y_B - Y_A)^2} \tag{10-1}$$

两点间的方位角指过两点直线的方位角,可通过下式求得

$$\alpha_{AB} = \tan^{-1}[(Y_B - Y_A)/(X_B - X_A)] \tag{10-2}$$

当然,上式算得的角度需经过转换,才能成为大地方位角值。当两点位于同一图幅内,平距和方位角也可用尺子和量角器直接量出。

4. 两点间坡度

已确定两点间的平距 D 和高差 h,则两点间坡度角为

$$\alpha = \tan^{-1}(h/D) \tag{10-3}$$

坡度常以百分数或千分数表示,即 $i = \tan\alpha = h/D$。

10.2 工程用图的选择

地形图是工程建设的基础资料,在工程建设的规划、设计和施工阶段,都要使用各种不同比例尺的地形图。通常应根据所设计或建设的工程建筑物的平面位置和高程的精度要求,决定用图比例尺及等高距。

10.2.1 按平面精度要求确定用图比例尺

《水利水电测量规范》规定的图上点位中误差为 $m_{点位} = \pm 0.75$ mm(平坦地区)。设计工

程时,从图上一地物点出发通过量距标定工程点位。图上量距中误差一般认为是 $m_{量距} = \pm 0.2\text{mm}$,由此图上表示的工程设计点位中误差为

$$m_{设计} = \pm \sqrt{m^2_{点位} + m^2_{量距}} = \pm 0.78(\text{mm}) \tag{10-4}$$

考虑施工测设的点位中误差为 $m_{测设}$,则测设点的实地中误差为

$$m_{平面} = \pm \sqrt{m^2_{设计} \cdot M^2 + m^2_{测设}} \tag{10-5}$$

由式(10-5)可以确定用图比例尺。例如,取 $m_{测设}$ 为 $\pm 0.05\text{m}$,要求测设点的实地中误差不大于 $\pm 1.0\text{m}$,则选择1:1000比例尺的地形图时,算得 $m_{平面} \approx \pm 0.78\text{m}$。可见1:1000的图满足使用精度要求。

10.2.2 按高程精度要求确定用图等高距

地形图上一点的高程,是根据相邻两条等高线内插求得的。因此,点的高程受两项误差的影响,一是等高线的高程误差,二是点的平面位置误差引起的高程误差。《水利水电测量规范》规定等高线的高程中误差为 $\pm 1/2$ 等高距(平原或丘陵地区)。考虑到待定点的高程需从两条等高线上引取,故由等高线提供的用于插点计算的已知高程的中误差为 $\pm \sqrt{2}/2$ 等高距。图上标定点的平面位置中误差一般为 $\pm 0.2\text{mm}$,相当实地点位中误差是 $\pm 0.0002 \cdot M(\text{m})$。该项误差引起的高程中误差为 $\pm 0.0002M\tan\theta(\text{m})$,其中 θ 是地面坡度。综上,图上标定的设计点的高程中误差为

$$m_{高程} = \pm \sqrt{(\sqrt{2}/2 \cdot 等高距)^2 + (0.0002M\tan\theta)^2} \tag{10-6}$$

由式(10-6)可确定用图等高距。例如,设地面坡度为6°,要求设计点的高程中误差不超过 $\pm 1.0\text{m}$。当选择比例尺1:2000、等高距为1m的地形图时,可算得 $m_{高程} = \pm 0.71\text{m}$。若改为2m等高距,则 $m_{高程} = \pm 1.41\text{m}$。可见,1m等高距的图才满足使用精度要求。

10.2.3 由平面和高程精度要求联合选用地形图

某些工程选用地形图时,既有平面位置精度要求,又有高程位置精度要求,需同时考虑图比例尺和等高距以确定用图。例如,某工程进行图上设计,要求实地点位中误差不超过 $\pm 1.0\text{m}$,高程中误差不超过 $\pm 0.5\text{m}$,所选地形图必须满足上述二项要求。当选择比例尺1:1000、等高距1m的地形图时,若坡度仍为6°,且不计测设误差,则由式(10-5)及式(10-6)算得 $m_{平面} = \pm 0.78\text{m}$,$m_{高程} = \pm 0.71\text{m}$,可见高程精度达不到要求。若等高距改为0.5m,则算得 $m_{高程} = \pm 0.34\text{m}$。显然,应该选用等高距为0.5m的1:1000比例尺的地形图。

顺便说明,在水利水电工程建设中,通常选择1:50000或1:100000比例尺的地形图用于流域规划;选择1:10000或1:25000比例尺的地形图用于水库库容计算;选择1:5000或1:10000比例尺的地形图用于工程布置及地质勘探;选择1:1000、1:2000或1:5000比例尺的地形图用于水工建筑物的设计;选择1:100、1:200或1:500比例尺的地形图用于工程施工。

10.3 地形图在工程建设中的应用

10.3.1 用地形图确定等坡度线

所谓等坡度线,就是沿线各点坡度相等的路线。如图10-1所示,从 A 或 A' 点开一条公

路至 B 点,要求坡度不超过 i ,图比例尺为 $1/M$,等高距为 h 。首先由式 $d = h/(i \cdot M)$ 算出相邻等高线间按坡度要求的最短平距。然后以点 A 为圆心、d 为半径画弧,交相邻等高线于点 1,再以点 1 为圆心、d 为半径画弧,交下一相邻等高线于点 2,依此类推,直至点 B 得路线 $A - 1 \cdots B$ 。同样方法得到第二条路线 $A' - 1' \cdots B'$ 。例图中,图比例尺为 1/10000,等高距为 1m,i 取 1%,算得 d 为 1cm。

显然,等坡度线亦是满足坡度要求的最短路线。图示的两条备选路线,均符合等坡度要求,可以从中再选择一条路线较短、施工方便的线路。需说明,确定线路与等高线交点时,有可能出现 d 小于相邻等高线的间距,即所画弧与等高线无交点的情形。这表明地面坡度小于线路设定坡度,此时可按任意方向延伸线路,但该段路线坡度有所变化。

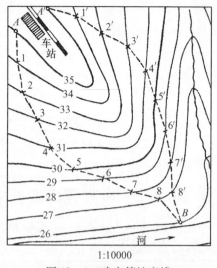

图 10 - 1 确定等坡度线

10.3.2 用地形图绘制地形断面图

地形断面图是表示地形沿某方向起伏形态的图形。如图 10 - 2 所示,欲绘制沿线段 AB 方向的断面图。首先,将线段 AB 与图上等高线的交点标出,即 b、c、$d \cdots$ 各点;然后,以沿直线 AB 的平距为横轴,地形点高程为纵轴,构成一定比例尺的平面坐标系统 $A - DH$;最后,在图上量取 b、c、$d \cdots$ 各点至 A 的平距并读得各点高程,据此在坐标系 $A - DH$ 中展绘各点,光滑连接各点即形成断面图。

因为断面长度一般远远大于断面内地形高差,为了突出地形起伏形态,断面图的高程比例尺通常大于平距比例尺。

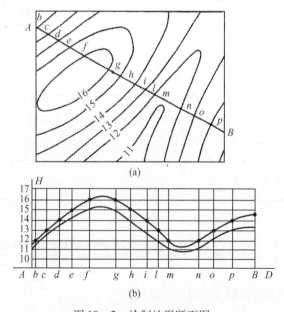

图 10 - 2 绘制地形断面图

10.3.3 用地形图确定汇水面积

为了防洪、发电、灌溉等目的,需在河道上适当的地方修筑拦水坝,坝的上游形成水库,以便蓄水。坝址上游分水线(山脊线)所围成的面积称为汇水面积。

确定汇水面积必须在图上勾绘出分水线。分水线从水坝一端开始,沿山脊线延伸,最后回到坝的另一端,形成封闭曲线。从等高线的性质可知,分水线应与等高线垂直相交,图10-3中虚线所示即为分水线。显然,流经坝址断面的汇水面积就是封闭曲线所包围的面积。

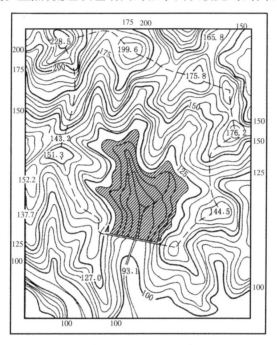

图 10-3 确定汇水面积及库容

10.3.4 用地形图计算水库库容

水库设计时,若坝的溢洪道高程已定,就可以在地形图上确定水库的淹没范围,如图10-3中阴影部分。淹没范围以下的蓄水量,即为水库的库容。

用地形图计算库容一般采用等高线法。即利用图上相邻两条等高线求出其所夹体积的方法,将淹没范围内所有两两相邻等高线间的体积求出相加,即得库容。设 S_1 为淹没线高程的等高线所围成的面积,$S_2,S_3,\cdots,S_n,S_{n+1}$ 为淹没线以下各条等高线所围面积,其中 S_{n+1} 为最低一条等高线所围面积。等高距为 h,而 h' 表示最低一条等高线与库底的高差。相邻等高线间体积可按下式计算

$$V_K = \frac{1}{2}(S_K + S_{K+1}) \cdot h \qquad K = 1,2,\cdots,n \qquad (10-7)$$

最低一条等高线与库底之间的体积则由下式算得

$$V_n' = \frac{1}{3}S_{n+1} \cdot h' \qquad (10-8)$$

水库库容为

$$V = \sum_{K=1}^{n} V_K + V'_n \qquad (10-9)$$

当溢洪道高程不正好等于地形图上某一条等高线的高程时,就要根据溢洪道的高程用内插方法在图上插绘出淹没线,然后计算其与淹没线下第一条等高线间的体积,这时要用到淹没高程与淹没线下第一条等高线间高差,其余算法相同。

10.3.5 用地形图辅助场地平整

场地平整指将划定的作业地表整平或整理成规定的坡度。地形图用于场地整平,可以帮助设计人员确定最佳整平高程、挖填界线、工程土石方量等。

设图10-4(a)所示为一块需要平整的场地,$ABCD$ 为场地界线,设计要求场地平整后的高程为67m,并把 AB 边线以北的山坡削成45°的斜坡。

因平整后高程设计为67m,故地形图上67m等高线即为不填不挖的曲线,称为零线。图上高程高于零线的范围为挖方,高程低于零线的范围为填方。

设计时,在地形图上 $ABCD$ 圈定的边界内,每隔一定间距(一般为实地10m~20m)绘一条垂直于左右边线的断面线,并按照本节阐述的地形断面图绘制方法绘出各个断面图,图10-4(b)中仅表示了 $A-B$、1—1、2—2、7—7、8—8 几个断面,其他断面类似。

从断面图可看出,断面起算高程是67m,高于67m的地面线和67m高程线所围范围即为挖方断面,而低于67m的地面线和67m高程线所围范围为填方断面。分别求出每断面的挖、填方面积后,就可以计算相邻断面间挖、填方体积。例如,断面 $A-B$ 与断面1—1间的挖方量为

$$V_{A-B} = \frac{1}{2}(S_{A-B} + S_{1-1}) \cdot l \qquad (10-10)$$

填方量为

$$\begin{cases} V'_{A-B} = \frac{1}{2}(S'_{A-B} + S'_{1-1}) \cdot l \\ V''_{A-B} = \frac{1}{2}(S''_{A-B} + S''_{1-1}) \cdot l \end{cases} \qquad (10-11)$$

式中,S 为挖方断面面积;S' 和 S'' 为填方断面面积;l 为相邻断面间距。

显然,各相邻断面间的挖方体积累加就得到总挖方量,填方体积累加就得到总填方量。

对 AB 线以北的山坡的处理,首先按图上等高距和设计坡度计算出通过设计斜坡面的等高线的平距 l',按此平距即可在地形图上绘出通过斜坡面的各条等高线。就图10-4而言,等高距是1m,设计坡度是1,则算得 l' 为实地1m。图上线段 $A-B$ 就是通过斜坡面的最低一条等高线,按平距绘出的68—68,69—69,…就是通过斜坡面的其余各条等高线。然后在图上,将通过斜坡面的等高线与相同高程的地面等高线的各交点相连,就得零线。这里,零线与边线 AB 所围范围即是挖方。最后,绘出坡面各等高线处的地形断面图,求出各相邻断面间体积并累加,就得修坡挖方量。图10-4(c)表示了68—68,69—69两个断面。注意,此处各断面的起始高程是不同的。另外,计算相邻断面间体积时,断面间距取 l'。

顺便说明,计算体积或土石方量时,当用户建立有作业区域的数字高程模型(DEM)时,则可利用 DEM 实现挖、填方量的自动计算。基本原理是作业区域内以设计高程面为界面,界面向上与地表所围部分为挖方,界面向下与地表所围部分为填方。无论挖方还是填方,均可微分成投影截面为矩形或三角形的柱体的集合,由计算各柱体体积并求和来得到总体积或方量。

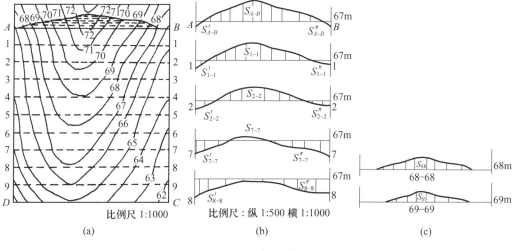

图 10-4 场地平整

实际上,许多地理信息系统软件均支持依据地形图建立 DEM,以及利用 DEM 自动计算体积的功能,用户可非常方便的使用。若是专门的软件,用户还可以籍 DEM 进行复杂的地表工程设计。图 10-5 为一幅露采矿山地形图,图 10-6 为使用 EgoInfo 软件根据地形图生成栅格结构 DEM 后,查询指定区域表面积和体积等的示例。

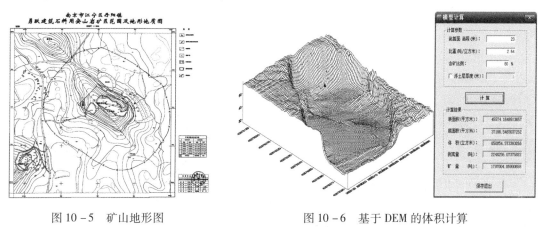

图 10-5 矿山地形图　　　　图 10-6 基于 DEM 的体积计算

显然,基于 DEM 的方法同样适合于库容的自动计算,前提是建立有包含水底部分的 DEM。

10.4 地形图的面积量算

地形图的应用中,常需量算图上某区域的面积,如流域面积、汇水面积,库容计算时的等高线包围面积,场地整平或线路设计时的地形断面面积等。图形面积量算主要有求积仪法和数字化法。

10.4.1 求积仪法

求积仪是量测图上封闭区域面积的仪器。使用时,只需手扶求积仪的描迹点在图上跟踪区域边界一周,即可得到相应面积。仪器基本工作原理是三角形面积累加法计算任意多边形面积。图 10 – 7 所示为 KP – 90 型滚动式电子求积仪。工作时,描迹点运动轨迹经模/数转换后,由微处理器处理,算得面积值以数字显示。结合面板键盘,操作如下。

(1) 按"ON"键,开机;
(2) 按"C/AC"键,清除存储及屏幕;
(3) 按"SCALE"键,再键入图比例尺分母;
(4) 重复按"UNIT – 1"及"UNIT – 2"键,选择面积显示单位;
(5) 使描迹点对准边界线起点,按"START"键后,跟踪边界线一周,在屏幕上读得图形的实地面积。

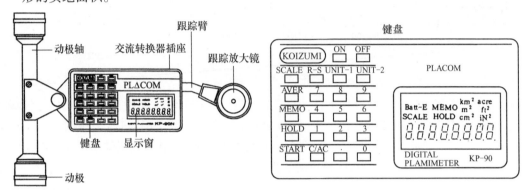

图 10 – 7　电子求积仪

为了提高测量精度,可重复量测,每量完一次按一下"MEMO"键,最后按"AVER"键,即可读得平均面积。若需对若干块面积量测并累加,则可使用"HOLD"键。此时量完第一块面积后,按"HOLD"键,继而量第二块面积,再按"HOLD"键,如此往复,至最后一块面积量完,屏幕显示出累计面积。

10.4.2　数字化法

表示在纸质材料上的图形为模拟图形,数字化仪是可将模拟图形转化为数字图形的计算机输入设备。面积量算中的数字化法,是将模拟图形转化为数字图形后计算面积的方法。目前常用的数字化仪主要为栅格数字化仪,其对图形数字化的结果是得到栅格图像数据,需经人工或计算机程序进一步处理后方可生成图形的矢量数据。矢量数据即是表示图形的平面坐标序列($X_1, Y_1, X_2, Y_2, \cdots, X_n, Y_n$),它实际上是图形的按顺序排列的抽样点位。

数字化所得边界上点列坐标为($X_1, Y_1, \cdots, X_n, Y_n$),则边界所包围的面积可采用梯形公式计算

$$S = \sum_{1}^{n} \frac{1}{2}(X_{i+1} - X_i)(Y_{i+1} + Y_i) \qquad (10 - 12)$$

计算面积时,因是封闭边界,故(X_1, Y_1)与(X_n, Y_n)应处理成相等。

事实上,目前地理信息系统软件已相当普及,这类软件大多支持对地形图栅格数据的矢量化,有些甚至能自动完成栅格数据到矢量数据的转换。这类软件的对象属性或地理分析模块中,一般还直接具有图形面积的计算、统计等功能,用户可充分加以应用。下面以常见的 GIS 软件 MapInfo 为例,说明图形矢量化及面积量算的步骤。

1. 配准栅格图像

在"图像配准"对话框中指定控制点坐标和栅格图像的投影,使在地图窗口中确切地放置图像。

2. 地形图图层化

创建图层,建立相应的表。MapInfo 通过表与地图之间建立联系。

3. 图形矢量化

使对象所在图层可编辑,然后选择合适的绘图工具和编辑命令在地形图上绘制对象,实现图形的栅格数据到矢量数据的转换。

4. 图形面积量算

将相应的图层设为可编辑状态,用双击选中图形区域,MapInfo Professional 显示"对象属性"对话框,此对话框将显示对象的面积、周长、位置和其他有关对象的特定信息,如图 10-8 所示。

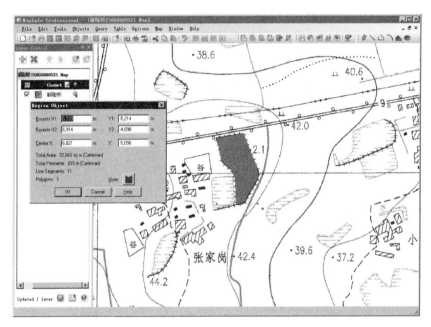

图 10-8 MapInfo 的面积量算界面

思考题

1. 设有比例尺 1:500、等高距为 1m 的地形图,作业区地表坡度为 10°,试问图上设计点的平面及高程中误差是多少?

2. 用断面法计算工程土石方量时,影响方量计算精度的因素有哪些?

3. 数字化法量算地形图的图形面积时,为什么可以用图形边界上密集的点坐标(X_1, Y_1,…,X_n,Y_n)来计算该图形的面积?

4. 了解一下数字高程模型 DEM,尝试解释 DEM 如何计算地表相对于某高程平面的体积?

第 11 章

工程测量的基本工作

11.1 概　　述

工程测量是指各种工程在规划设计、施工建设和运营管理阶段所进行的各种测量工作。各种工程包括：工业建设、城市建设、交通工程（铁路、公路、机场、车站、桥梁、隧道）、水利水电工程（河川枢纽、大坝、船闸、电站、渠道）、地下工程、管线工程（高压输电线、输油送气管道）、矿山工程等。

工程测量按工程建设的规划设计、施工建设和运营管理三个阶段分为：工程勘测、施工测量和安全监测，这三个阶段对测绘工作有不同的要求。

（1）工程建设规划设计阶段的测量工作。每项工程建设都必须按照自然条件和预期目的进行规划设计。在这个阶段中的测量工作，主要是提供各种比例尺的地形图，另外还要为工程地质勘探、水文地质勘探以及水文测验等进行测量工作。

（2）工程建设施工阶段的测量工作。每项工程建设的设计经过讨论、审查和批准即进入施工阶段。这时，首先要将所设计的工程建筑物按照施工的要求在现场标定出来，作为实地修建的依据。为此，要根据施工现场的地形、工程的性质以及施工的组织与计划等，建立不同形式的施工控制网，作为施工放样的基础。然后再按照施工的需要，采用各种不同的放样方法，将图纸上所设计的内容测设到实地。此外，还要进行施工质量控制，如高程建筑物的竖直度、地下工程断面等的监控。为监测工程进度，还要进行开挖与土方量测量以及工程竣工测量、变形观测及设备的安装测量等。

（3）工程建设运营管理阶段的测量工作。在运营期间，为了监控工程建筑物安全情况，了解设计是否合理，验证设计理论是否正确，需要对工程建筑物的水平位移、沉陷、倾斜以及摆动等进行定期或持续的监测。这些工作，就是变形观测。对于大型的工业设备，还要进行经常性的检测和调校，以保证其按设计安全运行。为了对工程进行有效的管理、维护，为了日后扩建的需要，还应建立工程信息系统。

综上所述，工程测量涵盖的内容非常广泛，本章只是简要地介绍施工测量、变形监测和竣工测量的基本方法和工作。

11.2 施工测量

在施工阶段所进行的测量工作,称为施工测量。施工测量是把设计图纸上的建筑物的平面位置和高程,按照设计要求,以一定的精度测设到地面上,并以此作为施工的依据。该过程与地形测量相反。

建筑物的施工放样必须遵循"由整体到局部"、"先控制后细部"的原则,即先放样建筑物的主轴线,再以主轴线为依据来放样各细部结构。

施工测量的内容主要包括:施工控制网的建立;建筑物主要轴线的测设;建筑物的细部测设,如基础模板的测设、构件与设备的安装测量等;工程竣工测量;施工过程中以及工程竣工后的建筑物变形监测。总之,施工测量贯穿于工程建设的全过程。

一般来说,施工测量的精度比测绘地形图的精度要求高,而且根据建筑物的重要性、结构及施工方法等不同,对施工测量的精度要求也有所不同。例如,工业建筑测设精度高于民用建筑,钢结构建筑物测设的精度高于钢筋混凝土结构的建筑物,装配式建筑物的测设精度高于非装配式的建筑物,高层建筑物的测设精度高于低层建筑物等。

由于施工测量贯穿于施工的全过程,施工测量工作直接影响工程的质量及施工进度,所以,测量人员必须熟悉有关图纸,了解设计内容、性质及对测量工作的要求,了解施工的全过程,密切配合施工进度进行测设工作。另外,建筑施工现场多为立体交叉作业,且有大量的重型动力机械,这对施工控制点的稳定和施工测量工作带来一定的影响。因此,测量标志的埋设应特别稳固,并要妥善保护,经常检查,对于已发生位移或遭到破坏的控制点应及时重测和恢复。

在此应特别提出的是,施工测量不同于地形测量,在施工测量中出现的任何差错都有可能造成严重的质量事故和巨大的经济损失。因此,测量人员应严格执行质量管理规程,仔细复核放样数据,避免放样错误的发生。

11.2.1 施工控制测量

为工程施工所建立的控制网称为施工控制网,其主要目的是为建筑物的施工放样提供依据。另外,施工控制网也可为工程的维护保养、扩建改建提供依据。因此,施工控制网的布设应密切结合工程施工的需要及建筑场地的地形条件,选择适当的控制网形式和合理的布网方案。

1. 施工控制网的特点

与测图控制网相比,施工控制网具有以下一些特点。

(1) 控制的范围小,精度要求高。

在工程勘测期间所布设的测图控制网,其控制范围总是大于工程建设的区域。对于水利枢纽工程、隧道工程和大型工业建设场地,其控制面积约在十几平方千米到几十平方千米,一般的工业建设场地大都在 $1km^2$ 以下。由于工程建设需要放样的点、线十分密集,如果没有较为稠密的测量控制点,将会给放样工作带来困难。至于点位的精度要求,测图控制网点是从满足测图要求出发提出的,其精度要求一般较低,而施工控制网的精度是从满足工程放样的要求确定的,精度要求一般较高。因此,工程施工控制网的精度要比一般测图控制网为高。

(2) 施工控制网的点位分布有特殊要求。

施工控制网是为工程施工服务的,因此,为施工测量应用方便,一些工程对点位的埋设有一定的要求,如桥梁施工控制网、隧道施工控制网和水利枢纽工程施工控制网要求在桥梁中心线、隧道中心线和坝轴线的两端分别埋设控制点,以便准确地标定工程的位置,减少放样测量的误差。

(3) 控制点使用频繁,受施工干扰大。

大型工程在施工过程中,不同的工序和不同的高程上往往要频繁地进行放样,施工控制网点反复被应用,有的可能要多达数十次。另一方面,工程的现代化施工,经常采用立体交叉作业的方法,施工机械频繁调动,对施工放样的通视等条件产生了严重影响。因此,施工控制网点应位置恰当、坚固稳定、使用方便、便于保存,且密度也应较大,以便使用时有灵活选择的余地。

(4) 控制网投影到特定的平面。

为了使由控制点坐标反算的两点间长度与实地两点间长度之差尽量减小,施工控制网的长度不是投影到大地水准面上,而是指定的高程面上。如工业场地施工控制网投影到厂区平均高程面上,桥梁施工控制网投影到桥墩顶高程面上等,也有的工程要求长度投影到放样进度要求最高的平面上。

(5) 采用独立的建筑坐标系。

在工业建筑场地,还要求施工控制网点连线与施工坐标系的坐标轴相平行或相垂直,而且,其坐标值尽量为米的整倍数,以利于施工放样的计算工作。如以厂房主轴线、大坝主轴线、桥中心线等为施工控制网的坐标轴线。

当施工控制网与测图控制网联系时,应进行坐标换算,以便于以后的测量工作,换算方法如图 11-1 所示:设 xoy 为第一坐标系统,$x'o'y'$ 为第二坐标系统,则 P 点在两个坐标系统中的坐标分别为

$$\begin{pmatrix} x \\ y \end{pmatrix} = \begin{pmatrix} a \\ b \end{pmatrix} + \begin{pmatrix} \cos\alpha & -\sin\alpha \\ \sin\alpha & \cos\alpha \end{pmatrix} \begin{pmatrix} x' \\ y' \end{pmatrix} \quad (11-1)$$

$$\begin{pmatrix} x' \\ y' \end{pmatrix} = \begin{pmatrix} \cos\alpha & \sin\alpha \\ -\sin\alpha & \cos\alpha \end{pmatrix} \begin{pmatrix} x-a \\ y-b \end{pmatrix} \quad (11-2)$$

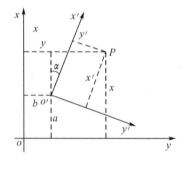

图 11-1 坐标系的换算

式中,a、b 和 α 由设计文件给定。

由于施工控制网具有上述的这些特点,因而施工控制网应该成为施工总平面图设计的一部分,设计点位时应充分考虑建筑物的分布、施工的程序、施工的方法以及施工场地的布置情况,将施工控制网点画在施工总平面图相应的位置上,并要求工地上的所有人员爱护测量标志,注意保存控制点。

2. 平面控制网的建立

平面控制网一般分两级布设,首级为基本网,它起着控制各建筑物主轴线的作用;另一级是定线网,它直接控制建筑物的辅助轴线及细部位置。如果在建筑区域内保存有原来的测图控制网,且能满足施工放样精度的要求,则可用作施工控制网,否则应重新布设施工控制网。

对于位于起伏较大的山区建筑物,常采用三角网作为基本控制网,定线网是以基本网为基准,用交会定点等方法加密。也可用基本控制网测设一条基准线,用它来布设矩形网。由于建筑物的内部相对位置精度要求较高,所以,定线网的测量精度不一定比基本网的测量精度低,

有时定线网的内部相对精度甚至比基本控制网精度要高得多。

目前,常用的平面施工控制网形式有:三角网(包括测角三角网、测边三角网和边角网)、导线网、GPS 网等。对于不同的工程要求和具体地形条件可选择不同的布网形式,如对于位于山岭地区的工程(水利枢纽、桥梁、隧道等),一般可采用三角测量(或边角测量)的方法建网;对于地形平坦的建设场地,则可采用任意形式的导线网;对于建筑物布置密集而且规则的工业建设场地可采用矩形控制网(即所谓的建筑方格网)。有时布网形式可以混合使用,如首级网采用三角网,在其下加密的控制网则可以采用矩形控制网。

图 11-2 中由实线连成四边形为基本网,以坝轴线为基准由虚线连成的四边形为定线网。图 11-3 中由实线连成的两个四边形为基本网,并用交会法加密成虚线连成的定线网。图 11-4 是由中心多边形组成的基本网,用以测设坝轴线 AB 与隧洞中心线上的 01、02…等点的位置,再以坝轴线为基准布置矩形网,作为坝体的定线网。

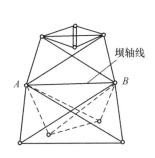
图 11-2 由四边形基本网加密的四边形定线网

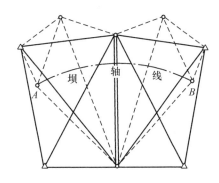
图 11-3 由四边形基本网加密的交会定线网

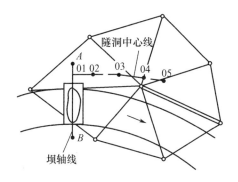
图 11-4 由中心多边形基本网加密的矩形定线网

施工控制点必须根据施工区的范围、地形条件、建筑物的位置和精度要求、施工的方法和程序等因素进行布设。基本网一般布设在施工区域以外,以便长期保存。定线网应尽可能靠近建筑物,以便放样。

施工控制网是建筑物放样的依据。建筑物放样的精度要求是根据建筑物竣工时对于设计尺寸的容许偏差(即建筑限差)来确定的。建筑物竣工时的实际误差包括施工误差(构件制造误差、施工安装误差)、测量放样误差以及外界条件(如温度)所引起的误差。测量误差只是其中的一部分。由于施工测量是建筑施工的先行,位置定得不正确,将造成较大损失。测量误差是放样后细部点平面点位的总误差,它包括控制点误差对细部点的影响及施工放样过程中产生的误差。在建立施工控制网时应使控制点误差引起细部点的误差,相对于施工放样的误差来说,小到可以忽略不计。具体地说,若施工控制点误差的影响,在数值上小于点位总误差的 45%~50% 时,它对细部点的影响仅及总误差的 10%,可以忽略不计。

要获得高精度的控制网,可通过三个途径:

(1) 提高观测值的精度。采用较精密的测量仪器测量角度和距离。

(2) 建立良好的控制网网形结构。在三角测量中,一般应将三角形布设成近似等边三角形。另外,测角网有利于控制横向误差(方位误差),测边网有利于控制纵向误差,如将两种网形结构组合成边角网的形式,则可达到网形结构优化的目的。

(3) 增加控制网中的观测值个数,即增加多余观测。具体观测数的增加方案应根据实际的控制网形状分析确定。

3. 高程控制网的建立

对于为施工服务的高程控制网,由于在勘测期间所建立的高程控制点在点位的分布和密度方面往往不能满足施工的要求,因此必须进行适当加密。高程控制网一般也分两级,一级水准网与施工区域附近的国家水准点连测,布设成闭合(或附合)形式,称为基本网。基本网的水准点应布设在施工爆破区外,作为整个施工期间高程测量的依据。另一级是由基本水准点引测的临时性作业水准点,它应尽可能靠近建筑物,以便做到安置一次或二次仪器就能进行高程放样。

在起伏较大的山岭地区,平面控制网和高程控制网通常是各自单独布设,在平坦地区(如工业建筑场地),常常将平面控制网点作为高程控制点,组成水准网进行高程观测,使两种控制网点合为一体。但作高程起算的水准基点组则要按专门的设计单独进行埋设。

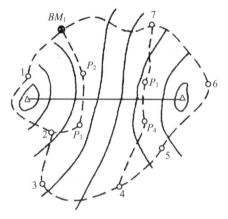

图 11-5 高程控制网布设示意图

图 11-5 中,BM_1、1、2、3、…、7、BM_1 是一个闭合形式的基本网,P_1、P_2、P_3、P_4 为作业水准点。

11.2.2 施工放样的基本工作

1. 直线长度的放样

根据一已知点,在要求的方向上,测设另一点,使两点的距离为设计长度,就是长度的放样,或称长度的测设。

1) 用钢尺进行长度的测设

设 D 为欲测设的设计长度(水平距离),在实地丈量的距离 D'(称为放样数据)必需加尺长、倾斜、温度等改正后,才等于设计长度,即

$$D = D' + \Delta l + \Delta t + \Delta h$$

式中,Δl 为尺长改正数;Δt 为温度改正数;Δh 为倾斜改正数。

因此,放样数据 D' 为

$$D' = D - \Delta l - \Delta t - \Delta h \tag{11-3}$$

上述各项改正数的计算见第 4 章第 4.2 节。

例 11-1：如图 11-6 所示，自 A 点沿 AC 方向的倾斜地面上测设一点 B，使水平距离为 26m。设所用的 30m 钢尺在温度 $t_0 = 20℃$ 时，鉴定的实际长度为 30.003m，钢尺的膨胀系数 $\alpha = 1.25 \times 10^{-5}$，测设时的温度 $t = 4℃$。预先用钢尺概量 AB 长度的 B 点的概略位置，用水准仪测得 AB 的高差 $h = 0.75$m。试求测设时的实量长度。

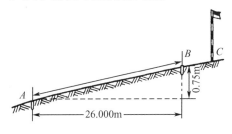

图 11-6 直线长度的放样

解：首先计算下列改正数

$$\Delta l = 26 \times \frac{30.003 - 30.000}{30.000} = +0.003(\text{m})$$

$$\Delta = -\frac{0.75^2}{2 \times 26} = -0.011(\text{m})$$

$$\Delta t = 26 \times 1.25 \times 10^{-5} \times (4 - 20) = -0.005(\text{m})$$

由此得放样数据 $D' = 26.000 - 0.003 + 0.011 + 0.005 = 26.013(\text{m})$。

当测设长度的精度要求不高时，温度改正可以不考虑，在倾斜地面上可拉平钢尺来丈量。

2）用测距仪或全站仪测设长度

用测距仪或全站仪进行直线长度放样时，可先在 AB 方向线上，目估安装反射棱镜，用测距仪测出的水平距离设为 D'。若 D' 与欲测设距离 D 相差 ΔD，则可前后移动反射棱镜，直到测出的水平距离为 D 为止。

2. 水平角的放样

在地面上测量水平角时，角度的两个方向已经固定在地面上，而在测设一水平角时，只知道角度的一个方向，另一方向线需要在地面上定出来。

1）一般方法

如图 11-7，设在地面上已有一方向线 OA，欲在 O 点测设第二方向线 OB，使 $\angle AOB = \beta$。可将经纬仪安装在 O 点上，在盘左位置，用望远镜瞄准 A 点，使度盘读数为 $0°$，然后转动照准部，使度盘读数为 β，在视线方向上定出 B′ 点。再用盘右位置，重复上述步骤，在地面上定出 B″。B′ 与 B″ 往往不相重合，取 B′ 与 B″ 点的中点 B，则 $\angle AOB$ 就是要测设的水平角。

2）精确方法

如图 11-8 所示，在 O 点根据已知方向线 OA，精确地测设 $\angle AOB$，使它等于设计角 β。可先用经纬仪盘左位置放出 β 角的另一方向线 OB′，而后用测回法多次观测 $\angle AOB'$，得角值 β'，它与设计角 β 之差为 $\Delta\beta$。为了精确定出正确的方向 OB，必须改正小角 $\Delta\beta$，为此由 O 点沿 OB′ 方向丈量一整数长度 l，得 b' 点，从 b' 作 OB′ 的垂线，用下式求得垂线 $b'b$ 的长度

$$b'b = l\tan\Delta\beta \tag{11-4}$$

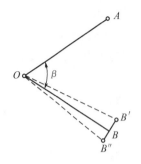
图 11-7 角度的一般放样方法

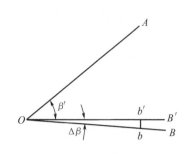
图 11-8 角度的精确放样

由于 $\Delta\beta$ 很小,式(11-4)可写为

$$b'b = l \cdot \frac{\Delta\beta''}{\rho''} \tag{11-5}$$

式中,$\Delta\beta$ 以秒为单位;$\rho'' = 206265''$。

从 b' 沿垂线方向量 $b'b$ 长度得 b 点,连接 Ob,便得精确放出 β 角的另一方向 OB。

3. 高程放样

将点的设计高程测设到实地上,是根据附近的水准点用水准测量的方法进行的。图11-9中,水准点 BM_{50} 的高程为 7.327m,今欲测设 A 点,使其等于设计高程 5.513m,可将水准仪安置在水准点 BM_{50} 与 A 点中间,后视 BM_{50},得读数为 0.874m。则视线高程为

$$H_I = H_{BM_{50}} + 0.874 = 7.327 + 0.874 = 8.201(\text{m})$$

要使 A 点的高程等于 5.513m,则 A 点水准尺上的前视读数必须为

$$b = H_I - H_A = 8.201 - 5.513 = 2.688(\text{m})$$

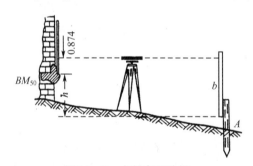

图 11-9 点的高程放样

测设时,先在 A 点打一木桩,逐渐向下打,直至立在桩顶上水准尺的读数为 2.688m 时,此时桩顶的高程即为 A 点的设计高程。也可将水准尺沿木桩的侧面上下移动,直至尺上读数为 2.688m 时为止,这时沿水准尺的零线在桩的侧面绘一条红线或钉一个涂上红漆的小钉,其高程即为 A 点的设计高程。

4. 测设放样点平面位置的基本方法

测设放样点平面位置的基本方法有:直角坐标法、极坐标法、角度交会法、距离交会法、直接放样法等几种。

1) 直角坐标法

当施工场地上已布置了矩形控制网时,可利用矩形网的坐标轴测放点位。

如图 11-10 所示，建筑物中 A 点的坐标已在设计图纸图纸上确定。测设到实地上时，只要先求出 A 点与方格顶点 O 的坐标增量，即

$$AQ = \Delta x = x_A - x_O$$
$$AP = \Delta y = y_A - y_O$$

在实地上自 O 点沿 OM 方向量出 Δy 得 Q 点，由 Q 点作垂线，在垂线上量出 Δx，即得 A 点。

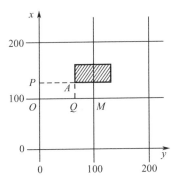

图 11-10　直角坐标法测设点位示意图

2）方向线交会法

方向线交会法是由两相交直线（尤其是相互垂直的直线）的端点，测设交点的方法。如图 11-11，用两架经纬仪分别架设在两直线的一端点 A 和 B，照准另一端点 A′ 和 B′，则两视线的交点 P 即为所测设的交点。

3）极坐标法

图 11-12 中，A、B、C 是控制点，碎部点 P（屋角）的位置可由控制点 A 到 P 点的距离 d 和 AB 与 AP 之间的夹角 β 来确定。d 与 β 为放样数据，放样之前必须算出 d 与 β 的值。

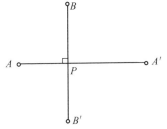

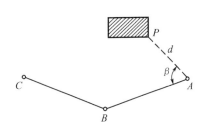

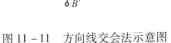

图 11-11　方向线交会法示意图　　　图 11-12　极坐标法测设点位示意图

计算 d 与 β，可用坐标反算公式。设 P 的设计坐标为 (x_p, y_p) 为已知，则

$$\begin{cases} \tan\alpha_{AB} = \dfrac{y_B - y_A}{x_B - x_A} \\ \tan\alpha_{AP} = \dfrac{y_P - y_A}{x_P - x_A} \\ \beta = \alpha_{AP} - \alpha_{AB} \\ d = \dfrac{y_P - y_A}{\sin\alpha_{AP}} = \dfrac{x_P - x_A}{\cos\alpha_{AP}} \end{cases} \quad (11-6)$$

测设 P 点时,可将经纬仪安置在控制点 A 上,用第 3 节中测设角度的方法标定 β 角,然后在这方向线上丈量距离 d,即得 P 点的平面位置。

4)角度交会法

图 11-13 中,A、B、C 为三个控制点,P 为码头上某一点,需要测设它的位置。首先根据 P 点的设计坐标和三个控制点的坐标,计算放样数据 α_1、β_1 及 α_2、β_2。测设时,在控制点 A、B、C 三点上各安置一架经纬仪,分别以 α_1、β_1 及 α_2、β_2 交会出 P 点的概略位置,然后进行精密定位。由观测者指挥在码头面板上定出 AP、BP、CP 三根方向线,由于放样有误差,三根方向线不相交于一点,形成一个三角形,称为示误三角形。如果示误三角形内切圆半径不大于 1cm,最大边不大于 4cm 时,可取内切圆的圆心作为 P 点的正确位置。为了消除仪器误差,AP、BP、CP 三根方向线用盘左、盘右取平均的方法定出,并在拟定放样方案时,应使交会角 γ_1 及 γ_2 不小于 30°或不大于 120°。

5)距离交会法

如图 11-14 所示,以控制点 A、B 为圆心,分别以 AP、BP 的长度(可用坐标反算公式求得)为半径在地面上作圆弧,两圆弧的交点,即为 P 点的平面位置。

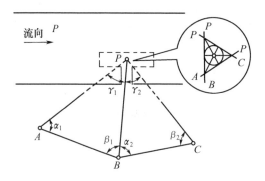

图 11-13 角度交会法测设点位示意图

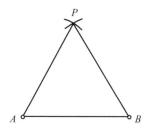

图 11-14 距离交会法测设点位示意图

6)直接放样法

全站仪和 GPS RTK 都具有直接放样点的平面位置的功能,使用它们进行放样适合各种场合,当距离较远、地势复杂时尤为方便。

(1)全站仪坐标法:将全站仪安置在已知控制点上,并选取另一已知控制点作为后视点,将全站仪置于放样模式,输入设站点、后视点的已知坐标及待放样点的设计坐标;瞄准后视点进行定向;持镜者将棱镜立于放样点附近,观测者瞄准棱镜,按坐标放样功能键,可显示出棱镜位置与放样点的坐标差。指挥持镜者移动棱镜,直至移动到放样点的位置。

(2)GPS RTK 坐标法:将 GPS RTK 的基准站安置在已知控制点上,并设置基准站;选取 2 个~3 个已知控制点,GPS RTK 流动站在选取的已知控制点进行数据采集,用来求解 WGS-84 到地方坐标系(或施工坐标系)的转换参数。将待放样点的设计平面坐标输入到流动站的电子手簿,移动流动站,按电子手簿上的图形指示,可很方便地将放样点的位置找到。

11.3 变形监测

11.3.1 建筑物变形监测的意义、内容和方法

工程建筑物的变形观测是随着工程建设的发展而兴起的一门学科。近年来,我国兴建了

大量的水工建筑物、大型工业厂房和高层建筑物。由于工程地质、外界条件等因素的影响,建筑物及其设备在运营过程中都会产生一定的变形。这种变形常常表现为建筑物整体或局部发生沉陷、倾斜、扭曲、裂缝等。如果这种变形在允许的范围之内,则认为是正常现象。如果超过了一定的限度,就会影响建筑物的正常使用,严重的还可能危及建筑物的安全。例如,不均匀沉降使某汽车厂的巨型压机的两排立柱靠拢,以至巨大的齿轮"咬死"而不得不停工大修;某重机厂柱子倾斜使行车轨道间距扩大,造成了行车下坠事故。不均匀沉降还会使建筑物的构件断裂或墙面开裂,使地下建筑物的防水措施失效。因此,在工程建筑物的施工和运营期间,都必须对它们进行变形观测,以监视建筑物的安全状态。此外,变形观测的资料还可以验证建筑物设计理论的正确性,修正设计理论上的某些假设和采用的参数。

引起建筑物变形的原因有客观原因和主观原因两个方面。客观原因主要有:建筑物的自重,使用中的动荷载、振动或风力等因素引起的附加荷载,地下水位的升降、建筑物附近新工程施工对地基的扰动等。主观原因主要有:地质勘探不充分、设计错误、施工质量差、施工方法不当等。分析引起建筑物变形的原因,对以后变形监测数据的分析解释是非常重要的。

变形观测的主要任务是周期性地对观测点进行重复观测,以求得其在观测周期内的变化量。为了求得瞬时变形,则应采用各种自动化仪器记录其瞬时位置。

变形观测的内容应根据建筑物的性质和地基情况来决定,应能正确地反映出建筑物的变形情况,达到监视建筑物的安全、了解变形规律的目的。

不同用途的建(构)物,变形观测的要求有所不同。对于工业与民用建筑物,主要进行沉陷、倾斜和裂缝的观测,即静态变形观测;对于高层建筑物,还要进行振动观测,即动态变形观测;对于大量抽取地下水及进行地下采矿的地区,则应进行地表沉降观测;对于大型水工建筑物,例如混凝土坝,由于水的侧压力、外界温度变化、坝体自重等因素的影响,坝体将产生沉降、水平位移、倾斜、挠曲等变化,因而需要进行相应内容的变形观测。对于某些重要建筑物,除了进行必要的变形监测外,还需要对其内部的应变、应力、温度、渗压等项目进行观测,以便综合了解建筑物的工作性态。

工程建筑物变形观测的方法,要根据建筑物的性质、使用情况、观测精度以及周围的环境来确定。一般地说,对垂直位移多采用精密水准测量、液体静力水准测量或微水准测量方法进行观测。

对水平位移,若系直线形建筑物,一般采用基准线法观测;若系曲线形建筑物,一般采用导线法观测。混凝土坝的挠度,一般采用正、倒锤线法观测。建筑物的裂缝或建筑物的伸缩缝开合可采用测缝计或其他的测定方法进行观测。

近年来,由于变形观测精度以及对监测连续性要求的增加,使变形观测技术在测量的精度和自动化程度方面都有了很大的发展。

 11.3.2 变形观测的精度与周期

1. 观测精度

在制定变形观测方案时,首先要确定精度要求。如何确定精度是一个不易回答的问题,国内外学者对此作过多次讨论。在1971年国际测量工作者联合会(FIG)第十三届会议上工程测量组提出:"如果观测的目的是为了使变形值不超过某一允许的数值而确保建筑物的安全,则其观测的中误差应小于允许变形值的1/10~1/20;如果观测的目的是为了研究其变形的过程,则其中误差应比这个数小得多。"

变形监测的目的大致可分为三类。第一类是安全监测,希望通过重复观测能及时发现建筑物的不正常变形,以便及时分析和采取措施,防止事故的发生。第二类是积累资料。由于土的组成成分复杂,土力学对实验数据的依赖性很大。例如在不同土质中不同基础的承载能力与预期沉降量等重要设计参数大多是用经验公式计算的。而经验公式中的一些参数则是在大量实践基础上用统计方法求得的。各地对大量不同基础形式的建筑物所作沉降观测资料的积累,是检验设计方法的有效措施,也是以后修改设计方法、制定设计规范的依据。第三类是为科学试验服务。它实质上可能是为了收集资料、验证设计方案,也可能是为了安全监测。只是它是在一个较短时期内,在人工条件下让建筑物产生变形。测量工作者要在短时期内,以较高的精度测取一系列变形值。例如对于某种新结构、新材料作加载试验。

显然不同的目的所要求的精度不同。为积累资料而进行的变形观测精度可以低一些。另两种目的要求精度高一些。但是究竟要具有什么样的精度,仍没有解决。因为设计人员无法回答结构物究竟能承受多大的允许变形。在多数情况下设计人员总希望把精度要求提得高一些,而测量人员希望定得低一些。因此变形观测的精度要求常常是由设计、施工、测量几方面人员针对具体工程具体商量的结果,是需要与可能之间妥协的结果。

对于重要的工程,例如拦在长江、黄河上的大坝、粒子加速器等,则要求"以当时能达到的最高精度为标准进行变形观测"。考虑到测量工作的成本与整个工程的造价相比是非常微小的,因此对于重要工程按上述原则确定精度要求是恰当的。

2. 变形观测的周期

变形观察的时间间隔称为观测周期,即在一定的时间内完成一个周期的测量工作。根据观测工作量和参加人数,一个周期可从几小时到几天。观测速度要尽可能快,以免在观测期间某些标志产生一定的位移。

及时进行第一周期的观测有重要的意义。因为延误最初的测量就可能失去已经发生的变形数据,而且以后各周期的重复测量成果是与第一次观测成果相比较的,所以,应特别重视第一次观测的质量。

观测周期与工程的大小、测点所在位置的重要性、观测目的以及观测一次所需时间的长短有关。一般可按荷载的变化或变形的速度来加以确定。

如果按荷载阶段来确定周期,建筑物在基坑浇筑第一方混凝土后就立即开始沉陷观测。在软基上兴建大型建筑物时,一般从基坑开挖测定坑底回弹就开始进行沉陷观测。一般来说,从开始施工到满荷载阶段,观测周期约为10天~30天,从满荷载起至沉陷趋于稳定时,观测周期可适当放长。具体观测周期可根据工程进度或规范规定确定。

在施工期间,若遇特殊情况(暴雨、洪水、地震等),应进行加测。

11.3.3 变形监测点的分类

变形监测的测量点,一般分为基准点、工作点和变形观测点三类。

1. 基准点

基准点为变形观测系统的基本控制点,是测定工作点和变形点的依据。基准点通常埋设在稳固的基岩上或变形区域以外,以尽可能长期保存,稳定不动。每个工程一般应建立3个基准点,当确认基准点稳定可靠时,也可少于3个。

2. 工作点

工作点又称工作基点,它是基准点与变形观测点之间起联系作用的点。工作点埋设在被监测对象附近,要求在观测期间保持点位稳定,其点位由基准点定期检测。

3. 变形观测点

变形观测点是直接埋设在变形体上的能反映建筑物变形特征的测量点,又称观测点,一般埋设在建筑物内部,并根据测定它们的变化来判断这些建筑物的沉陷与位移。

对通视条件较好或观测项目较少的工程,可不设立工作点,在基准点上直接测定变形观测点。

监视建筑物变形的精确和适时与否,在很大程度上取决于测量点布设的位置与数量。因此,变形监测系统设计时除测量人员以外,还应有熟悉建筑物地区基础的地质和结构专家。

11.3.4 变形监测内容

1. 垂直位移监测

对于基础而言,主要观测内容有沉降观测,并计算沉降量、平均沉陷。若为不均匀沉降,则可计算相对倾斜。现设某建筑物观测点在起始观测周期的高程为 H_0,本次观测周期的高程为 H_i,则该点的沉陷量 δ 为

$$\delta = H_0 - H_i \tag{11-7}$$

若建筑物上有 n 个沉降观测点,则整个建筑物的平均沉陷量为

$$\delta_{均} = \sum_{i=1}^{n} \delta_i / n \tag{11-8}$$

建筑物的倾斜是由固定在建筑物某一轴线的 i、j 点的沉降差来确定的,建筑物纵轴方向的倾斜称为纵向倾斜,而在横轴方向的倾斜称为横向倾斜。为了了解建筑物的稳定性,最常见的是计算相距为 L 的 i、j 点倾斜,即相对倾斜,其计算公式为

$$\alpha = \frac{\delta_i - \delta_j}{L} \tag{11-9}$$

2. 水平位移监测

建筑物的水平位移是指建筑物的整体平面移动,其原因主要是基础受到水平应力的影响,如地基处于滑坡地带或受地震的影响。测定平面位置随时间变化的移动量,以监视建筑物的安全或采取加固措施。

设建筑物某个点在第 n 次和第 m 次观测周期所得相应坐标为 X_n、Y_n 与 X_m、Y_m,则该点的水平位移 d 为

$$\begin{cases} d_x = X_n - X_m \\ d_y = Y_n - Y_m \end{cases} \tag{11-10}$$

某一时间段内变形值的变化用平均变形速度来表示。例如,在第 n 和第 m 观测周期相隔时间内,观测点的平均位移速度等于

$$v_{均} = \frac{\delta_n - \delta_m}{t} \tag{11-11}$$

若 t 时间段以月份或年份数表示时,则 $v_{均}$ 为月平均变化速度或年平均变化速度。

11.3.5 变形观测数据处理

欲使变形观测起到监视建筑物安全使用和充分发挥工程效益的作用,除了进行现场观测

取得第一手资料外,还必须对观测资料进行整理分析,即对变形观测数据作出正确分析处理。

变形观测数据处理工作的主要内容包括两方面。第一,将变形观测资料加以整理,绘制成便于实际应用的图表,这个工作也叫数据整编。第二,分析和解释变形的成因,给出变形值与荷载(引起变形的有关因素)之间的函数关系,从而对建筑物运营状态作出正确判断,并对建筑物以后的变形量和变形趋势进行预报,为修正设计参数提供实践依据。

变形分析主要包括两方面内容。第一是对建筑物变形进行几何分析,即对建筑物的空间变化给出几何描述。第二是对建筑物变形进行物理解释。几何分析的成果是建筑物运营状态正确性判断的基础。

在进行几何分析时,通常需要对观测资料进行如下内容的数据处理:

(1) 校核各项原始记录,检查各项变形观测值的计算是否有错误。

(2) 对变形值进行逻辑分析,检查是否存在带有粗差的观测值,以便进行必要的野外补测或采取相应的措施。

(3) 对作为变形观测数据的基准点稳定性检验的观测成果进行处理,它通常包括观测值是否伴随有超限误差和基准点稳定性的统计检验两个内容。

(4) 最终变形值的计算与变形图表的绘制。

(5) 根据变形图表,对建筑物运营状态进行描述。

物理解释一般可以分为下面两种方法:

(1) 统计的方法或回归分析的方法。该方法是通过分析所观测的变形和内外因之间的相关性来建立荷载与变形之间关系的数学模型。

(2) 确定函数模型法。该法利用荷载、变形体的几何性质和物理性质以及应力与应变间的关系来建立数学模型。

在实际工作中,两种方法不应截然分开。事实上,每种方法都包含有统计的和解析的成分,对变形体的变形状态作一致了解,有助于在回归分析中建立荷载与变形间的数学关系,而确定函数模型法所建立的模型还可以通过统计分析法来进一步改进。

11.4 竣工测量

竣工测量是指对各种工程建设竣工验收时所进行的测量工作。在施工过程中,可能由于设计时没有考虑到的原因而使设计发生变更,使得工程的竣工位置与设计时发生变化。为便于顺利进行各种工程维修,修复地下管线故障,需要把竣工后各种工程建设项目的实际情况反映出来,用以编绘竣工总图。对于城市建(构)筑物竣工测量资料,还可用于城市地形图的实时更新。

11.4.1 竣工测量的内容

包括反映工程竣工时的地表现状,建(构)筑物、管线、道路的平面位置与高程及总平面图与分类专业编制等内容。

1. 主要细部特征坐标测量

如主要建(构)筑物的特征点、线路主点、道路交叉点等重要地物的细部,实测其坐标;对于建(构)筑物的室内地坪、道路变坡点等,利用水准仪实测其高程。其精度要求不低于相应地形测量。

2. 地下管线测量

地下管线竣工测量分旧有管线的普查整理测量(简称整测)和新埋设管线的竣工测量(简称新测)。各种管线的测点为交叉点、转折点、分支点、变径点、变坡点、起至点(包括电信、电力的电缆入地、出地的电杆)及每隔适当距离的直线点等。测定这些点位时均应测管线中心或沟道中心以及主要井盖中心。有构筑物的管线可测井盖中心、小室中心等。对于旧有的直埋金属管线可用经试验证明可行的管线探测仪定位,再进行测绘。测高位置应与平面位置配套,一般测管外顶高或井面高程。

3. 地下工程测量

地下工程包括地下人防工程、地铁、道路隧道等。其竣工测量内容主要有:地下工程的折点、交叉点、变坡点、竖井井座、水井平台的平面位置与高程,隧道中心线的检测,隧道纵横断面的测量等。

4. 交通运输线路测量

线路拐弯的曲线元素(半径 R、偏角 α、切线长 T 和曲线长 L)的测定、道路交叉路口中心点的测量、道路中心线的纵横断面的测量等。

11.4.2 竣工总平面图的编绘

竣工总平面图系指在施工后,施工区域内地上地下建筑物及构筑物的位置和标高等的编绘与实测图纸。

1. 竣工总图的编绘依据

(1) 设计总平面图、纵横断面图、设计变更数据。

(2) 现场测量资料,如控制数据、定位测量、检查测量及竣工测量资料。

2. 竣工总图的编绘

1) 图幅大小及比例尺的确定

图幅大小以主要地物不被分割为原则,实在放不下也可分幅;比例尺的选择以用图者便于使用、查找竣工资料为原则,一般为 1:00～1:1000。

2) 总图与分图

对于建(构)筑物较复杂的大型工程,如将地面、地下所有建(构)筑物都表达在同一图面上,信息荷载大,难以表示清楚,且给用图带来诸多不便。为使图面清晰,易于使用,可根据工程复杂程度,按工程性质分类编绘竣工总图,如给排水系统、通信系统、运输系统等。

3) 竣工总图编绘

(1) 利用竣工总图编绘的依据资料进行编绘。

(2) 竣工总图的编绘随工程的竣工而进行。

工程施工有先后顺序。先竣工的工程,先编绘该工程平面图;全部工程竣工后再汇总编绘竣工总图。

对于地下工程及隐蔽工程,应在回填土前实测其位置与标高,作出记录,并绘制草图,用于编绘该工程平面图。对于其他地面工程,可在工程竣工后实测其主要细部点。

(3) 细部点坐标编号。

为了图面美观及方便查找,对细部主点实现编号表示,在相应簿册中对应其坐标。

4) 竣工总图的附件

除竣工总图外,与竣工总图有关的资料,应加以分类装订成册,便于以后需要时查找。

竣工总图的附件有：建筑场地周围的测量控制点布置图、坐标及高程成果一览表；建（构）筑物的沉降及变形观测资料；各类纵横断面图；在施工期间的测量资料及竣工测量资料；建筑场地施工前的地形图等。

思考题

1. 测设工作与地形测量有何不同？
2. 测设点的平面位置有哪几种常用方法？各适用于什么场合？
3. 变形监测的精度和频率主要由哪些因素决定？
4. 水平位移监测主要有哪些方法？
5. 垂直位移监测主要有哪些方法？
6. 变形监测的数据处理工作主要有哪些？
7. 竣工测量包含哪些测量内容？
8. 竣工总图编绘需做哪些工作？

第 12 章

测量在工程建设中的应用

12.1 测量在水利工程建设中的应用

12.1.1 概述

对自然界的地表水和地下水进行控制、治理、调配、保护、开发利用,以达到除害兴利的目的而修建的工程称为水利工程,水利工程需要修建坝、堤、溢洪道、水闸、进水口、渠道、渡漕、筏道、鱼道等不同类型的水工建筑物,在大江及主要支流上修建的具有防洪、灌溉、发电和航运这四种主要功能中两种以上功能的水利工程称为水利枢纽工程。修建大型水利工程需要综合考虑多方面的因素,要求河流的流量大、落差大、地质条件好。我国是世界上水利资源最丰富的国家,长江、黄河水系最具代表性。目前,在长江干流及主要支流上就有 20 多个大型水电站,如二滩电站、龚嘴电站、乌江渡电站、隔河岩电站、水布垭电站、丹江口电站、五强溪电站、葛洲坝等大型电站,黄河干流上的大型水电站和水利枢纽工程有:三门峡、三盛公、碳口、青铜峡、刘家峡、盐锅峡、天桥、八盘峡、龙羊峡、大峡、李峡、万家寨以及小浪底等。

水利工程源远流长,据《史记·夏本纪》记载,公元前 21 世纪禹奉命治理洪水,已有"左准绳,右规矩",用以测定远近高低。在非洲,公元前 13 世纪埃及人于每年尼罗河洪水泛滥后,即用测量方法重新丈量划分土地。17~18 世纪测量仪器进入光学时代,各种光学测绘仪器应运而生,不但使仪器精度得到较大的提高,而且使仪器的体积和重量明显降低。20 世纪第二次世界大战后,航空摄影测量应用日广,大面积的测图等工作一般用航测方法完成,大大减少了测量的外业工作量。20 世纪 50 年代以后,测量工作吸收各种新兴技术,发展更加迅速。20 世纪 80 年代以后,出现了许多先进的地面测量仪器,为工程测量提供了先进的技术手段和工具。如光电测距仪、电子经纬仪、电子全站仪、数字水准仪、激光准直仪、激光扫平仪等,为工程测量向现代化、自动化、数字化方向发展创造了有利条件。

水利工程测量是指在水利工程规划设计、施工建设和运行管理各阶段所进行的测量工作,是工程测量的一个专业分支。它综合应用天文大地测量、普通测量、摄影测量、海洋测量、地图绘制及遥感等技术,为水利工程建设提供各种测量资料。

水利工程测量的主要工作内容有:平面、高程控制测量、地形测量(包括水下地形测量)、纵横断面测量、定线和放样测量、变形观测等。在规划设计阶段的测量工作主要包括：为流域综合利用规划、水利枢纽布置、灌区规划等提供小比例尺地形图；为水利枢纽地区、引水、排水、推估洪水以及了解河道冲淤情况等提供大比例尺地形图（包括水下地形）；还有其他诸如路线测量、纵横断面测量、库区淹没测量、渠系和堤线、管线测量等。在施工建设阶段的测量工作主要包括：布设各类施工控制网测量，各种水工构筑物的施工放样测量，各种线路的测设，水利枢纽地区的地壳变形、危崖、滑坡体的安全监测，配合地质测绘、钻孔定位，水工建筑物填筑（或开挖）的收方、验方测量，竣工测量，工程监理测量等。在运行管理阶段的测量工作主要包括：水工建筑物投入运行后发生沉降、位移、渗漏、挠度等变形测量，库区淤积测量，电站尾水泄洪、溢洪的冲刷测量等。

12.1.2 河流梯级开发规划阶段的测量工作

为了充分发挥水利资源的效益，满足国民经济部门发展的需要，在对某一水系或某一河流进行开发之前，应该有一个综合开发利用的全面规划，此时，应考虑各用水部门的不同要求，结合河流的特点对整个河流的开发进行研究，确定河流的开发目标、开发次序，分清主次，合理协调，以最大限度地利用水利资源。一般来讲，山区河流的开发目标以发电为主，而平原河流的开发目标则以航运、灌溉为主。这种对整条河流（或局部段）综合开发的规划称为流域规划，它是国民经济发展计划的一个组成部分。

流域规划的主要内容之一是制定河流的梯级开发方案，合理地选择枢纽位置和分布。拟定河流的梯级布置方式时，除考虑国民经济发展的因素之外，还应考虑流域的地形、地质、水文及其他一系列条件。在进行梯级布置时，不仅需要在地形图上确定合适的位置，而且还应确定各水库的正常高水位。为此，测量人员应提供该流域内的地形图、河流纵断面图以及河谷地形图。根据流域面积大小、地形条件和研究内容等情况，在整个流域范围内，提供 1:50000 ~ 1:100000 的流域地形图。为初步确定各梯级水库的淹没情况及库容，需用 1:10000 ~ 1:50000 的地形图。目前，我国已完成 1:25000 ~ 1:50000 比例尺的国家基本图，有些地区已施测 1:10000 的国家基本图。因此，可收集国家基本图或其他勘测单位的现有图提供设计使用。在收集资料时，除具体成果、成图外，还应收集下列资料：施测单位、时间、作业规范、标石耐久程度和保存情况，实测结果所达到的各项精度指标，所采用的坐标系统等。为了提供河流纵断面图，在收集地形资料和其他测量资料的同时，还应收集该区域内大小河流已有的纵横断面资料。根据需要有时还要测定河流水面高程，测定局部地区河流的横断面及水下地形图。

1. 河流水面高程的测定

由于河谷地形、河槽形状、坡度与流量的变化，以及泥沙淤积、冲刷等因素的影响，都会引起河流水面高程发生变化。尽管在河流上每隔一定的间距设有水文站，但要详细了解河流水面的变化特征，仅靠水文站的观测是不够的。因此，还必须沿河流布设一定数量的水位点，以用来测定水面高程及其变化。水位点应尽可能位于河流水面变化的特征处。为测定水面高程，首先沿河流建立统一的高程控制，然后再设立水位点进行水位观测。建立高程控制时，通常是在河流沿线布设一定数量的高程控制点，它们应尽可能布设在靠近河岸但又不致被洪水淹没、较为稳定的地点，且最好与待测水位点位于同岸；它们的分布应尽量与水位点的位置相对应。控制点的高程一般采用等级几何水准法测定，其精度要求视地形条件、水面比降和路线长度而定。

2. 横断面测量

为了掌握河道的演变规律,以及在水利枢纽工程设计中,为计算回水曲线和了解枢纽上、下游地区的河道形状,或者为研究库区淤积等,都需要沿河流布设一定数量的横断面,在这些断面线上进行水深测量,并绘制横断面图。横断面的位置一般可根据设计用途由设计人员会同测量人员先在地形图上选定,然后再到现场确定。横断面的位置在实地确定后,应在断面两端设立断面基点或在一端设立一个基点并同时确定断面线的方位角。断面基点应埋设在最高洪水位以上,并与控制点连测,以确定其平面位置和高程,作为横断面测量的平面和高程控制。断面基点平面位置的测定精度应不低于编制纵断面图使用的地形图测站点的精度;高程一般应以五等水准测定。当地形条件限制无法测定断面基点的平面位置和高程时,可布设成平面基点和高程基点,分别确定其平面位置和高程。横断面测量常用的方法有:断面索法、交会法、GPS(RTK)法等。

3. 纵断面编绘

河流纵断面是指沿着河流深泓点(即河床最低点)剖开的断面。用横坐标表示河长,纵坐标表示高程,将这些深泓点连接起来,就得到河底的纵断面形状。在河流纵断面图上应表示出河底线、水位线以及沿河主要居民地、工矿企业、铁路、公路、桥梁、水文站等的位置和高程。河流纵断面图一般是利用已有的水下地形图、河道横断面图及有关水文资料进行编绘的。

12.1.3 水利枢纽工程设计阶段的测量工作

在水利枢纽工程的勘测设计阶段,测量工作的主要内容包括:各种比例尺的地形图测绘、水库淹没界线测量、地质勘察测量和控制测量等。控制网是测绘各种比例尺地形图的依据,同时又为地质勘察、水文勘探等测绘工作提供必要的起算数据。另外,在施工准备阶段,它们也可用于放样建筑物主要轴线的实地位置。因此,建立适当精度的控制网是工程设计阶段的一项基本工作。工程设计阶段的主要测绘工作是提供各种比例尺的地形图,但在工程设计的初期,一般只要求提供比例尺较小的地形图,以满足工程总体设计的需要。随着工程设计进程的逐步深入,设计内容越来越详细,要求测图的范围逐渐缩小,而测绘的内容则要求更加精确、详细。因此,测图比例尺也随之扩大,而这种大比例尺的测图范围又是局部的、零星的。

1. 工程设计阶段的控制测量

为保证工程设计阶段各项测绘工作的顺利进行,需在工程设计区域建立精度适当的控制网。控制测量分为平面控制测量和高程控制测量。平面控制网与高程控制网一般分别单独布设,也可以布设成三维控制网。控制网具有控制全局、限制测量误差累积的作用,是各项测量工作的依据。对于地形测图,等级控制是扩展图根控制的基础,以保证所测地形图能互相拼接成为一个整体。

平面控制网常用三角测量、导线测量、三边测量和边角测量等方法建立。三角测量是建立平面控制网的基本方法之一,但三角网(锁)要求每点与较多的邻点相互通视,在隐蔽地区常需建造较高的觇标。导线测量布设简单,每点仅需与前后两点通视,选点方便,特别是在隐蔽地区和建筑物多而通视困难的地区,应用起来方便灵活。目前,由于 GPS 技术的推广应用,利用 GPS 建立平面控制网已成为主要的方法。

高程控制网主要用水准测量和三角高程测量方法建立。高程控制网可以一次全面布网,也可以分级布设。首级网一般布设成环形网,加密时可布设成附合线路或结点网。测区高程应采用国家统一高程系统。三角高程测量是根据两点间的竖直角和水平距离计算高差而求出高程的,其精度一般低于水准测量,常在地形起伏较大、直接水准测量有困难的地区测定三角点的高程,为地形测图提供高程控制。

2. 水库淹没界线测量

测设移民线、土地征用线、土地利用线、水库清理线等各种水库淹没、防护、利用界线的工作称为水库淹没界线测量。水库的设计水位和回水曲线的高程确定之后,即可根据设计资料在实地确定水库未来的边界线。水库边界线测设的目的在于测定水库淹没、浸润和坍岸范围,由此确定居民地和建筑物的迁移、库底清理、调查与计算由于修建水库而引起的各种赔偿,规划新的居民地、确定防护界线等。边界线的测设工作通常由测量人员配合水工设计人员和地方政府机关共同进行。水库边界线测设的方法根据边界种类和现场条件而有所不同,各种边界线的测设精度要求也有一定的差异。在通常情况下,一般采用几何水准测量法和经纬仪高程导线法进行。

3. 地质勘察测量

配合水利工程地质勘察所进行的测量工作称为地质勘察测量。其基本任务是:①为坝址、厂址、引水洞、水库、堤线、料场、渠道、排灌区的地质勘察工作提供基本测量资料;②主要地质勘探点的放样;③连测地质勘探点的平面位置、高程和展绘上图。具体工作包括:钻孔测量、井硐测量、坑槽测量、地质点测量、剖面测量等。一般应用经纬仪、水准仪和电磁波测距仪等进行。中国从20世纪70年代以来,地面摄影测量、航空摄影测量与遥感技术在水利工程地质勘察测量中的应用日益广泛。根据地质勘察测量的不同要求,可采用经纬仪、全站仪、GPS等仪器进行定位测量。

4. 河道测量

为河流的开发整治而对河床及两岸地形进行测绘,并相应采集、绘示有关水位资料的工作称为河道测量。其主要内容包括:①平面、高程控制测量;②河道地形测量;③河道纵、横断面测量;④测时水位和历史洪水位的连测;⑤某一河段瞬时水面线的测量;⑥沿河重要地物的调查或测量。

在河流开发整治的规划阶段,沿河1∶10000或1∶25000比例尺地形图以及河道纵横断面图是必不可少的基本资料。在设计阶段应根据工程对象的不同,如河道及库区、灌区等,一般需要施测1∶5000~1∶10000比例尺地形图;对工程枢纽(坝址、闸址、渠首等)需分阶段施测1∶500~1∶5000比例尺地形图。地形图的岸上部分一般采用航空摄影测量或全站仪测量方法施测,水下部分一般采用水下地形测量方法施测。

12.1.4 水利枢纽工程的施工控制测量

水利枢纽的技术设计批准以后,即可着手编制各项工程的施工详图。此时,在水利枢纽的建筑区开始进行施工前的准备工作,测量人员则开始施工控制网的建立工作。建立施工控制网的主要目的是为建筑物的施工放样提供依据,所以必须根据施工总体布置图和有关测绘资料来布设。另外,施工控制网也可为工程的维护保养、扩建改建提供依据。因此,施工控制网的布设应密切结合工程施工的需要及建筑场地的地形条件,选择适当的控制网形式和合理的布网方案。

由于施工控制网具有上述的这些用途,因而施工控制网应该成为施工总平面图设计的一部分,设计点位时应充分考虑建筑物的分布、施工的程序、施工的方法以及施工场地的布置情况,将施工控制网点画在施工总平面图相应的位置上,并教育工地上的所有人员爱护测量标志,注意保存点位。

1. 平面控制网的建立

平面控制网一般按两级布设,即基本网和定线网,其精度应根据工程的大小和类型确定。首级平面控制网起着控制各建筑物主轴线的作用,定线网直接控制建筑物的辅助轴线及细部位置。如果在建筑区域内保存有原来的测图控制网,且能满足施工放样精度的要求,则可用作施工控制网,否则应重新布设施工控制网。

首级平面施工控制网一般布设成三角网形式,也可布设 GPS 网,在首级网中应尽可能将坝轴线纳入网中作为网的一边(图 12-1)。根据工程规模的大小和建筑物重要性的不同,首级施工控制网一般按三等以上三角测量的精度要求施测。为了减少仪器对中误差和便于观测,施工控制点一般要建造混凝土观测墩,并在墩顶埋设强制对中设备。

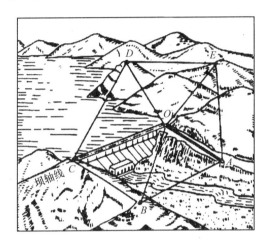

图 12-1 大坝平面施工控制网

用于大坝细部放样的定线网有矩形网、三角网、导线网等形式。矩形网一般以坝轴线为基准,按坝段或建筑物分别建立施工控制。另外,利用首级控制网进行加密(如三角测量、交会等)也可建立用于放样的定线网。由于建筑物的内部相对位置精度要求较高,所以,定线网的测量精度不一定比基本网的测量精度低,有时定线网的内部相对精度甚至比基本控制网精度要高得多。

施工控制点必须根据施工区的范围、地形条件、建筑物的位置和精度要求、施工的方法和程序等因素进行布设。基本网一般布设在施工区域以外,以便长期保存,定线网应尽可能靠近建筑物,以便放样。

2. 高程控制网的建立

对于为施工服务的高程控制网,由于在勘测期间所建立的高程控制点在点位的分布和密度方面往往不能满足施工的要求,因此必须进行适当加密。高程控制网一般也分两级,一级水准网与施工区域附近的国家水准点连测,布设成闭合(或附合)形式,称为基本网。基本网的水准点应布设在施工爆破区外,作为整个施工期间高程测量的依据。另一级是由基本水准点引测的临时性作业水准点,它应尽可能靠近建筑物,以便做到安置一次或二次仪器就能进行高程放样。

高程控制的基本网是整个水利枢纽的高程基准,其基准点应稳定可靠,且能长期保存。为此,水准基点一般应直接埋设在基岩上,当覆盖层较厚时,可埋设基岩钢管标志。根据工程的不同要求,高程基本网一般按二等或三等水准测量施测。在布设水准点时,同时应考虑以后可用作垂直位移监测的高程控制。直接用于高程放样的作业水准点或施工水准点随施工进度布设,并尽可能布设成闭合或符合水准路线。

12.1.5 水利枢纽工程的施工放样

1. 坝轴线的测设

坝轴线的位置一般是在图纸上设计选定,再用图解方法量算出坝轴线两端点的坐标,然后计算出它们和附近控制点之间的放样数据,在现场测设出坝轴线的两个端点。对于中小型大坝的坝轴线,一般是由工程设计人员和勘测人员组成选线小组,深入现场进行实地踏勘,根据当地的地形、地质和建筑材料等条件,经过方案比较,直接在现场选定,再和控制点连测求出两点的坐标。坝轴线两端点在地面标定后,为了防止施工时遭到破坏,都必须将坝轴线延伸到两岸的山坡上,各埋设1个~2个固定点,用来检查端点的位置变化。

2. 坝体分块控制线的测设

混凝土坝的施工采用分段、分层、分块浇筑的方法。因此,在大坝施工前,应根据设计的要求把坝体分段分块的控制线测设出来。分块控制线一般是平行于坝轴线的一组直线,分段控制线则是垂直于坝轴线的一组直线。坝体分块控制线测设时,先在坝轴线端点安置经纬仪,照准另一端点,并在此方向线上根据坝轴线与坝段中心线的交点坐标,分别计算端点到各交点的距离,再利用测距仪和理论距离分别测放各中心点的位置。利用这些坝段中心点用盘左盘右取中法可测设与坝轴线垂直的方向线,将方向线延长到上、下游的围堰上并埋桩标定。同样,可采用量距法确定各横缝的位置,并将这些方向线延长到两侧山坡上并埋桩标定,这样就建立了大坝分段、分块的基本控制线。

3. 清基中的放样工作

清基工作的任务是挖去覆盖的土层和彻底清除风化和半风化的岩石,露出新鲜的基岩。在修筑好围堰并将水排干以后,就可以放样清基开挖线。清基放样的主要工作是确定清基范围和各位置的高程,一般根据设计数据计算而得。目前,清基放样工作一般采用全站仪坐标法和GPS(RTK)法进行。

4. 坝体浇筑中的放样工作

混凝土重力坝一般是分段分块浇筑,其分段线一般即是温度缝,分块线称为施工缝。故在基坑开挖竣工验收后,应放出分段分块控制线(即温度缝和施工缝),以便据以树立模板,浇筑混凝土。在坝体中间部分的分块立模时,是根据大坝上、下游的分段控制桩及左、右岸的分块控制桩,直接在基础面或已浇好的坝块面上进行放样、弹线。由于模板是架在分块线上,立模后分块线将被覆盖,所以分块线弹好以后,还要在分块线内侧弹出平行线称为立模线,用来检查与校正模板的位置。立模线与分块线距离一般是0.2m~0.5m。直立的模板应检查它们的垂直度。检查的方法是在模板顶部的两头,各垂直量取一段0.2m的长度,挂上垂球,待垂球稳定后,看它们的尖端是否通过立模线,如不通过则应校正模板,直至两端的垂球尖端都通过立模线为止。为了控制浇筑混凝土层的标高,一般是在模板内侧划出标高线。方法是先将高程传递到坝块面上,根据已知点的高程,分别在所立模板的两端放样混凝土层的标高,在两点之间弹出水平线,即为浇筑的标高线。待四周的模板都画好标高线之后,就可以据此浇筑这一块混凝土。依此法逐块浇筑直到浇筑完为止。

12.1.6 水利枢纽工程的变形监测

安全监测的主要目的是分析估计工程的安全程度,以便及时采取措施,设法保证水利工程的安全运行。还可以利用长期的观测资料验证设计参数、反馈设计施工质量和研究变形的基本规律。由于水利工程的工作条件十分复杂,水利工程及其地基的实际工作状态难以用计算或模型试验准确预测,设计中带有一定经验性,施工时也可能存在某些缺陷,在长期运行之后,由于水流侵蚀和冻融风化作用,使材料和基岩特性不断恶化。因此,在初期蓄水和长期运行中,水利工程都存在着发生事故的可能性。工程一旦出现异常状态,必须及时发现和处理,否则可能导致严重后果。安全监测是水利工程管理工作中最重要的一项工作。

由于水利枢纽工程失事原因是多方面的,其表现形式和可能发生的部位因各坝具体条件而异。因此,在安全监测系统的设计中,应根据坝型、坝体结构和地质条件等,选定观测项目,布设观测仪器。设计中考虑埋设或安装仪器的范围包括坝体、坝基及有关的各种主要水工建筑物和大坝附近的不稳定岸坡。对于土坝、土石混合坝,其失事的主要原因通常是渗透破坏和坝坡失稳,表现为坝体渗漏、坝基渗漏、塌坑、管涌、流土、滑坡等现象,其主要观测项目有垂直和水平位移、裂缝、浸润线、渗流量、土压力、孔隙水压力等。对于混凝土坝、圬工坝,其失事的主要原因是坝体、坝基内部应力和扬压力超出设计限度,表现为出现裂缝、坝体位移量过大和不均匀以及渗水等,其主要观测项目有变形、应力、温度、渗流量、扬压力和伸缩缝等。另外,如果工程位于地震多发区和附近有不稳定岸坡,还应进行必要的抗震、滑坡、崩岸等观测。

对观测资料进行汇集、审核、整理、编排,使之集中、系统化、规格化和图表化,并刊印成册称为观测资料的整编,其目的是便于应用分析,向需用单位提供资料和归档保存。观测资料整编,通常是在平时对资料已有计算、校核甚至分析的基础上,按规定及时对整编年份内的所有观测资料进行整编。资料整编的主要内容包括:①收集资料(如:工程或观测对象的资料、考证资料、观测资料及有关文件等)。②审核资料(如:检查收集的资料是否齐全、审查数据是否有误或精度是否符合要求、对间接资料进行转换计算、对各种需要修正的资料进行计算修正、审查平时分析的结论意见是否合理等)。③填表和绘图(将审核过的数据资料分类填入成果统计表;绘制各种过程线、相关线、等值线图等;按一定顺序进行编排)。④编写整编成果说明(如:工程或其他观测对象情况、观测情况、观测成果说明等)。

对水利工程及有关的各项观测资料进行综合性的定性和定量分析,找出变化规律及发展趋势称为观测资料分析,其目的是对水利工程系统和各项水工建筑物的工作状态做出评估、判断和预测,达到有效地监视建筑物安全运行的目的。观测资料包括水工建筑物本身及有关河道、库区的水流、泥沙、冰情、水质等各项观测资料,都要随观测、随分析,以便发现问题,及时处理。观测资料分析是根据水工建筑物设计理论、施工经验和有关的基本理论和专业知识进行的。观测资料分析成果可指导施工和运行,同时也是进行科学研究、验证和提高水工设计理论和施工技术的基本资料。常用的分析方法有作图分析、统计分析、对比分析和建模分析。

12.2　测量在港口工程建设中的应用

港口是具有水陆联运设备和条件,供船舶安全进出和停泊的运输枢纽。港口的主要技术特征包括水深、码头泊位数、码头线长度、港口陆域高程等。港口按用途可分为商港、军港、渔港、避风港等;按所处位置可分为河口港、海港和河港等。最原始的港口是天然港口,有天然掩护的海湾、水湾、河口等场所供船舶停泊。随着商业和航运业的发展,天然港口已不能满足经济发展的需要,需兴建具有码头、防波堤和装卸机具设备的人工港口。

港口工程指兴建、扩建或改建港口建筑物的工程活动及相关设施。具体地讲,是兴建港口所需的各项工程设施的工程技术,包括港址选择、工程规划设计及各项设施的修建。港口工程水工建筑物主要包括:防波堤、码头、装卸设备、系船浮筒、修船和造船水工建筑物、进出洪船舶的导航设施(航标、灯塔等)和港区护岸等。

修建水利和港口工程都离不开测量,除了需要在1:10000到1:50000地形图上作规划设计外,在技术施工设计阶段还要做许多的测量,主要包括陆地和水下地形测量,为设计提供各种大比例尺地形图,要进行平面和高程控制测量;在施工建设阶段,要进行大量和繁杂的施工测量,设备的安装测量,以及施工期的各项变形监测。对于大型水利工程,在建设和运营管理阶段,要做长期的安全监测。

12.2.1 施工控制网的建立

港口工程一般呈狭长条带形状布置,工程所占面积较小,因此,港口工程的施工控制网一般采用光电测距导线的形式,在工程范围较大时,也可采用三角测量方式建立施工控制网。近年来,由于GPS技术的发展和普及,利用GPS建立首级施工控制网也十分常见。对于所布设的施工控制网,不仅要达到工程施工所必须的精度,同时又要求这些控制点能长期保存,稳定可靠,且使用方便。因此,在布设施工控制网时,测量人员应仔细了解工程总体布局及放样精度要求,了解施工计划和程序,使所选的控制点能尽可能地避开施工干扰,在放样时能充分发挥其作用。若预计控制点在施工过程中有被破坏的可能性,则应预先考虑好补救和恢复的方案。

港口工程施工控制网的精度应根据具体工程的大小和安装、修筑时的精度要求、施工放样中采用的方法等因素综合考虑后决定。对有些工程建筑物的局部结构,其放样测量的精度有特殊的要求,例如放样船坞门框时,要求平面位置误差不超过$1mm \sim 2mm$,这种要求是一种相对精度,可以采取特殊的方法解决,一般不能作为布设施工控制网精度指标的依据。

对于施工控制中的高程控制网,一般根据规范的要求,采用相应等级的几何水准即可。在测设水准有困难时,也可考虑采用三角高程测量建立高程控制网,但应仔细考虑大气折光的影响。在利用GPS建立高程控制网时,应考虑大地水准面差距的影响。

为了使建筑物施工放样更方便、快捷,港口施工控制中除建立施工控制网外,还需结合港口工程的特点,布设建筑物的专用施工基线或局部的矩形施工控制网网。例如,布置于沿岸的码头等工程,通常采用施工基线进行放样工作,而船坞、船闸等的施工放样,一般利用矩形施工控制网进行。

用于施工控制的首级控制网一般仅对工程的总体布局起控制作用,而各个建筑物内部由于相对位置的精度要求较高,因此,首级控制一般难以完全满足对每个建筑物施工放样的需要,而必须根据工程的特点建立新的施工控制。在某些情况下,二级施工控制的精度要比首级控制的精度高得多。考虑到港口工程施工的特殊性,常以施工基线的形式作为施工放样的依据。施工基线常见的布置形式有:两条互相垂直的基线、倾斜基线、两条任意夹角的基线。

12.2.2 高桩码头的施测

高桩码头在软土地基、淤积层很深的港口工程中应用十分广泛,是港口码头主要的建筑结构形式之一。高桩码头施工测量的主要内容包括:建立平面和高程控制网、打桩定位测量、码头上部结构的安装放样测量,以及码头的水平位移及沉陷观测。高桩码头的施工测量工作同样应遵循"从整体到局部"的原则,因此,在码头施工前,首先应建立施工控制网,并根据建筑物的位置和规模加密施工控制点。

高桩码头的结构形式有多种,图12-2所示为一种梁板式高桩码头,它由桩柱和梁板等构件组成。若高桩码头的桩柱位于铅直位置,则称为直桩;而桩柱与铅直位置成夹角者,则称为斜桩。设置斜桩的主要目的是为了保证码头本身结构的稳定,如图12-2中的 b_1、b_2 即为斜桩。

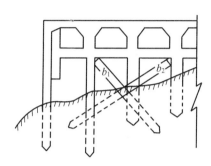

图12-2 高桩码头的结构

1. 直桩的平面定位

直桩的平面位置确定通常采用直角交会法进行。在桩柱定位前,先在岸上设置两条相互垂直的正面基线和侧面基线(图12-3),并根据设计桩位分别在两条基线上设置测站位置,然后,在测站上分别架设经纬仪,用直角交会法指导桩柱的定位。下面以Ⅰ号桩定位为例说明定位中的施测步骤。

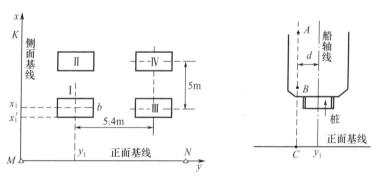

图12-3 直桩的定位

(1)测站数据计算。根据Ⅰ号桩中心点的设计坐标,分别计算其在正面基线和侧面基线上投影点的对应坐标 x_1、y_1。因打桩船的桩架阻挡,在 x_1 处看不见桩中心线,故 x_1 点应前移半个桩位 $b/2$ 距离而到 x'_1 处(b 为桩截面的宽度)。若正面基线处的桩柱被挡时,也应作上述类似的平移处理。

(2)测站点定位。根据设站数据 x'_1、y_1,用钢尺或测距仪分别从 M 点在两条基线上量距 x'_1、y_1,即可得到测站点的位置,距离经往、返测合格后,打下木桩作为标志。

(3) 桩柱定位。为了使打桩船迅速就位,船上应在距船轴线为 d 的直线上设置 A、B 两根花杆,同时在正面基线上距 y_1' 的距离为 d 的 C 处也设置一根花杆。船上驾驶人员可通过 A、B 两根花杆而瞄准 C 点花杆,使打桩船迅速就位,且使船轴保持与正面基线相垂直。

桩柱精确定位时,先在基线的两个测站点上架设经纬仪,瞄准基线端点 M 作为后视点,经纬仪照准部旋转 $90°$,设置好方向线。由 y_1' 点处的仪器控制直桩的中心线,x_1' 点的仪器控制直桩的前端面指挥打桩船准确定位。在打桩过程中,x_1' 和 y_1' 处的经纬仪应不断进行观测,以保证桩中心线和桩前端面始终通过仪器十字丝的纵丝,使直桩正确地打进。

除直角交会法定位直桩外,还可利用角度前方交会定位直桩的平面位置。定位的过程是首先在正面基线上定出两个合适的点位,它们的坐标可以求出,此外,桩面前端中心点的坐标由设计数据给定。然后反算出在基线两点上所架设经纬仪定向的元素(交会角),在桩前端面标定出桩中心线的位置,以两架经纬仪按计算出的交会角和桩前端面的中心线位置而指挥打桩船正确定位,并在打桩过程中实施监视,保证施工质量。为提高交会的精度,一般规定前方交会中,两方向线的夹角 γ 应在 $60°\sim120°$ 之间。

2. 斜桩的平面定位

在斜桩施工过程中,应使斜桩方向与设计方向严格一致,倾斜度应满足设计要求,桩顶高程与设计的高程相同。斜桩的定位工作相对与直桩要复杂一些,其定位的具体步骤如下:

(1) 计算斜桩中心线与基线的交点。打桩船在打桩时,必须在过斜桩 A 的垂直面与基线相交的 a' 点处设置经纬仪指挥打桩(图 12-4)。设 A 点到基线垂直距离的垂足为 a 点,Aa 与 Aa' 的夹角为 β,其中 Aa 的距离和 β 角可由设计数据求得,则 $aa' = Aa \times \tan\beta$ 可方便地计算出来。

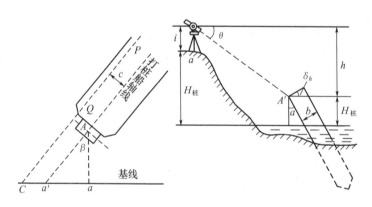

图 12-4 斜桩的定位

施测前,首先由基线端点按设计要求确定 a 点,从 a 出发沿基线方向量距 aa' 后确定 a' 点。在 a' 点架设经纬仪,使视准轴的方向与基线成 $90°-\beta$,然后根据 a' 点及 a 点所设的两架经纬仪指挥 A 桩的打进。此外,为使驾驶人员能主动地控制打桩船位,打桩船上应设置定向花杆 P、Q,同时在 PQ 线与基线的交点 C 处也设立花杆。

(2) 斜桩倾斜度的控制。保证桩体倾斜度为 $n:1$ 的方法有多种,可以用解析法计算,也可以利用预制的斜度板进行纠偏。若设计的桩体倾斜度为 $5:1$,则应保证 $1m$ 长的垂球线偏离桩体的最大值为 $20cm$,对应于斜度板的两直角边之比为 $5:1$。利用倾斜板测定桩体倾斜时,可将其斜边靠紧斜桩面上,视直角边是否与垂球线重合来检验桩的倾斜情况。

(3) 桩顶高程控制。斜桩打进时,在平面位置的定位可由 Aa 和 Aa' 线控制。而高程位置的控制,需首先求出放样时,视准轴的倾角 θ。若 A 桩顶平面中心的高程设计为 $H_{桩}$、a 点的高程为 H_a、仪器高 i、桩面宽 b、倾角为 α,则桩前端面点 A' 的高程应为

$$H_{A'} = H_{桩} - \frac{1}{2}b\sin\alpha \quad (12-1)$$

当岸上 a 点的经纬仪瞄准已正确就位的桩前端面点 A' 点时的倾角 θ 应为

$$\theta = \arctan[(H_a + i - H_{A'})/A'a] \quad (12-2)$$

为严格控制桩顶高程,在实际施工时需用两台经纬仪,把它们分别置于 a 和 a' 点,并按与基线成 90° 和 β 角的方向设置好。打桩时,在打桩船上先使桩的倾斜度为 $n:1$,且使桩中心线(可用墨线在桩前端面上弹出)位于 a' 经纬仪的视准面内。a 站处的经纬仪预先设置倾角为 θ,并使桩前端面上标定出的中心线任一点通过 a 站经纬仪的十字丝交点,然后进行打桩。打进过程中,必须保持桩的倾斜度,并经常检查使桩前端面弹出的中心线一直与 a' 点的经纬仪望远镜纵丝重合且位于 a 点经纬仪望远镜的十字丝交点。

为掌握斜桩打进的深度,桩前端面上还应以每隔 20cm 间隔标志高程线,以便于 a 点处经纬仪观测人员控制桩顶高程。当桩顶达到设计高程时,应注意不使高程误差大于 2cm。

12.2.3 重力式码头的施工测量

重力式码头按结构形式可分为方块码头、沉箱码头、扶壁式码头等。它主要由墙身、基床、墙后抛石棱体和上部结构等四部分组成。重力式码头是依靠码头的本身结构及其上部的填料重量来维持它的稳定,所以要求良好的地基,如图 12-5 所示。防波堤是港口的防护构筑物,它的作用是抵挡外水域的波浪,保证港内水面的平稳,以确保船泊和港内作业的安全。重力式码头施测的步骤如下。

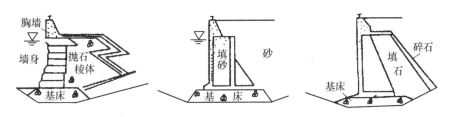

图 12-5 重力式码头

1. 基槽开挖及基床填抛的测量

基槽开挖通常由挖泥船承担,测量的主要任务是设置挖泥导标以控制开挖的尺寸及方向,测设横断面桩进行挖泥前、后的断面测量,检查开挖是否合乎设计要求。基床开挖后即进行抛石、填砂等工作,测量的任务是按设计尺寸为抛石设置不同形状的导标。基床抛填前、后也必须进行断面测量,并绘制各自的断面图。抛填后要进行基床的整平工作,通常分为粗平、细平、极细平。此项工作需与潜水员配合,由潜水员在水下水平地推移钢轨,把高处的石块推向低洼处进行整平。

2. 预制方块和沉箱的定位

重力式码头基床经开挖整平后,就可进行混凝土预制方块和沉箱的安置施工。为精确地

在水下定位这些预制构件,可先利用施工控制点和码头特征点的设计坐标,将其平面位置交会确定下来,并把它们投影到基床面上。将这些投影点由潜水员在水底用线连接起来,就构成了安装基准线,据此使底层预制方块准确就位。其余各层预制方块也可按照安装基准线而设放。沉箱一般由预制厂预制,然后浮运到码头施工区域,再沉入整平后的基床设计位置上。沉箱安装时必须定出下沉的平面位置和下沉的深度。重力式码头的上部结构,一般采用现场浇筑的方法,测量人员只要按设计尺寸和标高放样出必要的点、线,为立模板提供依据。

12.2.4 干船坞的施工测量

船坞一般由翼墙、坞门、坞墙、坞室、输水系统等组成,图12-6为某干船坞的平面布置图。船坞临水的一面为坞门,坞门前端为翼墙,与坞门接触的是门框,其两侧分别为船坞的灌水及排水系统,这些统称为坞首部分。船坞中间为坞室,坞室周围的墙称坞墙。

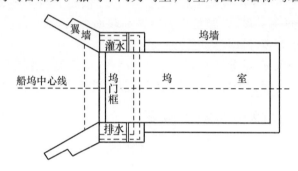

图12-6 干船坞平面图

船坞的施工控制一般采用矩形控制网形式。在建立矩形控制网时,可先根据港口施工控制网点和船坞中心线的设计坐标,放样出船坞中心线,再以此中心线为基准布设矩形控制网,并以此进行船坞的细部放样。矩形控制网点应距开挖线一定距离,以免开挖基坑时被破坏。

1. 基坑、底板和坞墙的放样

在施工开挖前,首先应根据施工平面图和控制点坐标测放出开挖边线,开挖时以此边线按规定的坡度挖土即可。由于船坞深度较大,基坑开挖时一般分成几级平台进行。因此,当船坞开挖到一定深度后,原先设置在四周的施工基线已不能满足进一步施工的要求,此时,必须在新开挖出的平台上设置新的基线。此外,为满足高程控制的要求,应在坞首、船坞中间部位等处埋设一定数量的水准点,以便进行船坞施工的高程放样。高程控制点应注意其稳定性,并经常进行复核。当船坞基坑按设计要求开挖、平整好以后,就可进行基底铺石和底板混凝土的浇筑。

2. 灌、排水系统的放样

灌、排水系统的施工测量,主要是根据施工控制点,精确测放闸阀井和水泵房的中心位置。灌、排水系统的施测精度一般较高,如输水廊道的位置和标高误差不应大于±5mm,安装法兰盘的误差应控制在±3mm以内。但这种精度是指灌、排水系统本身的内部相对精度,而不是相对于整体建筑物的精度,因此,在布设工程施工基本网时可暂不考虑该精度的要求,以主轴线为基准进行施工放样一般可达到这种精度要求。在灌、排水系统的施工测量中,可根据施工基线先放出闸阀井和水泵房的主轴线,以该主轴线为依据,再按尺寸进行细部放样。

3. 坞门框和门槛的放样

坞门有卧倒式和浮箱式等形式。卧倒式坞门的坞首底板上有若干铰座,铰座一般被固定在预埋螺栓的钢板上。铰座的施工放样是闸首施工测量的关键,它要求间距准确,且与中心线对称,其高程的测设精度也较高。通常以设在坞首的基线放样钢板底座的位置,并用水准仪测定它们的高程,然后利用预埋螺栓调整钢板的高度,使它们与设计高程的误差小于 ±5mm。由于铰座安装的精度要求较高,所以,经纬仪对中往往采用强制对中的方法,并且仪器应预先进行检验和校正。在放样底座高程时,应采用同一个水准点,以减少起算数据误差的影响。

与坞门接触的是门枢和门槛,它们由焊接在混凝土坞体上的钢板组成。安装中,要求钢板面与门轴中心线严格平行,其误差不大于 ±3mm。因此,放样时,可根据设置在坞首的基线,距门槛一定距离 $d(10cm \sim 20cm)$ 重新设置一条放样基准线以指导门框的放样。同时在门槛和门框的钢筋骨架内焊好钢构架,此构架由螺栓同槽钢板连接。测量人员所定的放样基准线到槽钢板面的距离,可通过反复调节连接螺栓而准确地被设置。然后进行二期混凝土的浇筑,把门槛、门框按设计要求建造好。

12.3 测量在桥梁工程建设中的应用

12.3.1 概述

桥梁工程在勘察设计、施工和运营管理各阶段所进行的测量工作称为桥梁测量。在各阶段测量的复杂程度随桥梁的类型、大小、长短与河道地形情况而异,在通常情况下,桥梁的跨度越大、河流的宽度越宽,则施工测量的难度就越大。目前的许多长江大桥、跨海大桥由于其施工工艺等发生了很大的变化,对施工测量也提出了新的要求。

在勘测设计阶段,为了选择桥址,需要搜集或测绘比例尺为 1∶25000 或 1∶50000 的地形图,为桥梁设计需测绘较大比例尺(1∶10000)的桥渡位置图及 1∶1000 或 1∶500 的桥址地形图,并选择水文断面测定水深、流向、流速及计算流量。由于桥梁工程需要和陆地的公路进行连接,因此,在勘测设计阶段所测绘的地形图其坐标系应相互一致,以避免路、桥不能连接等问题。

在施工阶段,测量的主要工作是建筑物的放样。为此,首先应建立施工平面和高程控制网点,用以放样桥梁中线、基础桩、墩台、塔柱等。对于深水河道一般采用测角网、测边网、边角网建立平面控制,也可利用 GPS 建立平面控制网。高程控制网一般采用水准测量方法建立,在施工区域合宜的地方布设基准点(还兼作运营阶段沉降观测的高程依据)与施工水准点。为使河流两岸的高程基准一致,需进行跨河水准测量。跨河水准测量可采用水准仪倾斜螺旋法或经纬仪倾角法和光学测微法等进行对向观测。

桥墩在施工时的定位测量可采用前方交会角差图解法、前方交会法、距离交会法等。目前,由于全站仪的普遍使用,放样工作一般都采用全站仪坐标法进行,利用钢尺直接丈量或间接测距方法检核放样点之间的相对关系。对于基础桩的放样也可利用 GPS(RTK)进行。施工中除了检测围囹、沉箱、沉井的稳定性之外,需要随着它的下沉,测定其在平面上的偏移值、下沉深度以及倾斜度。桥梁墩台竣工后,应测定其中心的实际坐标及其间的实际距离,进行水准测量,建立墩台顶上的水准点,检查墩台顶各处和垫石的高程,丈量墩台各部分的尺寸,绘制竣工平面图,编制墩台中心间距和墩台顶水准点高程一览表,为架设上部结构提供资料。上部结构架设的测量工作有支座底板的放样、纵轴线的检查、主柱竖直性的检查以及拱度测定等。架设完毕后,应对它进行竣工测量,编绘平面图、拱度曲线图、纵断面图等。

在运营管理阶段,为了保证行车安全和及时维修加固,应观测墩台的沉陷和水平位移、沉陷观测采用精密水准测量。墩台沿上下游方向的水平位移,可利用视准线法和波带板激光准直法测定,墩台顺桥中线方向的位移观测,应用特制的钢线尺或精密光电测距仪测定。上部结构各结点在竖直方向的变形值用水准测量方法测定。

12.3.2 施工测量基本内容

1. 施工控制网的建立与维护

施工控制网包括平面控制网和高程控制网。平面控制网一般采用三角网或 GPS 网方式建立,其网型和精度根据工程的具体布局和特点制定。对于特大型桥梁,目前平面控制网的最弱点点位精度通常控制在 ±5mm 以内。为保证工程的施工精度和放样工作的方便,平面施工控制网需根据桥梁的工程特点投影到特定的高程面上。平面控制网点一般都需建立混凝土标墩,并埋设强制归心底盘。由于大型桥梁的施工期较长,各标点应建立在稳固的基础上,以确保控制点的稳定性。在基础松软地区,控制点基础一般应埋设钢管,以提高控制点的稳定性。

高程控制网一般采用精密水准测量方法建立,为使两岸的高程系统严格一致,需进行跨河水准测量。在高程控制网平差时,一般只选用某一岸的一个点作为基准点。当两岸都有高级水准点时,由于通常不清楚它们之间是否存在系统差,因此,首次观测时一般仍用一个点作为已知点,只有当通过连测确认其不存在系统差时,才能将其都作为已知点使用。为使高程控制点能得到有效的检核,在施工区域附近应设置高程工作基点。

由于大型桥梁的施工期较长,且施工过程中难免对控制点稳定性带来一定的影响,因此,施工控制网应根据实际情况进行全面复测。在施工过程中,对常用的控制点也应进行必要的检测。控制网复测时,一般要求采用相同的网型和观测纲要,并严格要求坐标系统的统一。但由于施工进度的差异和控制点的实际使用情况,网型一般会发生一些变化。

由于首级施工控制网点间距大、密度相对较小,一般不能完全满足施工测量的需要,因此,施工单位应根据实际需要加密控制点。加密控制点的精度应满足工程放样的实际需要,并应有必要的检核。

2. 桥墩基础施工测量

桥墩基础的放样可根据工程的实际需要采用常规测量技术或 GPS(RTK)技术。在基础桩定位精度要求较高时,宜采用全站仪放样。桥墩基础施工测量的主要内容包括:

(1) 钢管桩定位、垂直度和倾斜度控制测量、标高控制测量、打入后桩顶中心与标高测量。

(2) 平台施工放样及稳定性的定期检测。

(3) 导向架定位测量。

(4) 钢护筒定位、垂直度控制测量、标高控制测量、钢护筒下沉就位后的中心测量与顶面标高测量。

(5) 承台施工放样与中心位置测量。

3. 引桥及主桥塔柱施工测量

塔柱放样主要控制塔柱的平面位置、垂直度和方向,另外,对塔柱顶部或其他变化部位的高程加以控制。塔柱平面位置的放样一般采用全站仪坐标法进行,当控制点不满足放样要求时,也可采用 GPS(静态)加全站仪的放样模式。塔柱高程的控制可采用精密三角高程方法,也可采用钢尺传递的方法。

塔柱顶部的支座应采用精密方法测定其位置和高程,并用其他方法进行校核。

斜拉桥索导管的定位主要控制其平面位置、高程和倾斜角。主塔中的索导管定位直接关系到主桥的质量,其放样精度高,难度大,定位测量应认真仔细,并用恰当的方法检核。索导管平面位置一般用全站仪坐标法测定,用交会法或其他控制点进行检核。其高程一般采用精密三角高程方法测定,并用钢尺传递高程进行检核。倾斜角用高差测量方法进行控制。

4. 塔柱变形监测

为保证主桥的线形,在架设钢箱梁过程中应测量塔柱的变形情况。塔柱变形一般采用全站仪坐标法进行,该法需在塔顶合适部位预设监测标点,并架设全反射棱镜。塔柱变形监测一般在钢箱梁吊装过程中进行,在某些特殊工况下应进行24h连续跟踪测量。

5. 引桥桥面测量

在引桥桥面架设的各阶段应对桥面的中心位置和标高进行测定。在预制梁(或现浇梁)架设后应首先测定其中心位置和标高,在施加预应力后应测定每跨两端及中间的标高。在调平层施工前、后都应对全线引桥的标高进行测定,测定方法一般采用水准测量方法。

6. 主桥钢箱梁架设施工测量

钢箱梁架设中的测量主要是控制桥轴线的位置和主桥的线形,另外对主塔的变形应进行监测。主桥的轴线控制一般采用全站仪坐标法进行,利用合宜的控制点进行测量,并用恰当的控制点进行检核。主桥线形的测定一般采用水准测量方法进行,在每节钢箱梁吊装的每个工序都应对主桥的已成线形进行测定。在主桥合龙时,应对合龙段进行24h跟踪测量及主桥全线的贯通测量,并根据实际情况对大桥受日照等的影响进行监测。

7. 交工验收测量

当某一工程部位完工后,应对该工程部位进行交工验收测量。交工验收测量的内容和要求主要按《大桥工程专项质量检验评定标准》执行。

大桥主塔的测量验收内容主要包括:承台及塔柱外形尺寸、平面位置、各部位标高、横梁标高及平整度、轴线偏位、塔柱倾斜度等。采用全站仪坐标法和精密水准测量方法进行检测。

主桥的交工验收测量主要包括主桥的线形和轴线偏位,采用水准测量方法检测主桥的线形,采用全站仪坐标法检测轴线的偏位。

引桥的交工验收测量主要包括引桥的线形、各部位的标高和桥面平整度,一般用水准测量方法检测引桥的标高和平整度。

变形监测是指对被监视的对象(变形体)进行测量,以确定其空间位置或形态随时间的变化特征。变形监测又称变形测量或变形观测。变形体主要包括:桥梁的墩台、塔柱和桥面等。桥梁变形观测是桥梁运营期养护的重要内容,对桥梁的健康诊断和安全运营有着重要的意义。

12.3.3 桥梁工程变形监测

随着桥龄的增长,由于气候、环境等自然因素的作用和日益增加的交通量及重车、超重车过桥数量不断增加,桥梁结构使用功能的退化必然发生。同时又由于大跨径桥梁施工和运营环境复杂,以及其轻柔化和功能的复杂化,安全性是不容忽视的。研究表明,成桥后的结构状态识别和确认,桥梁运营过程中的损伤检测、预警及适时维修制度的建立,有助于从根本上消除隐患及避免灾难性事故的发生。

桥梁变形按其类型可分为静态变形和动态变形。静态变形是指变形观测的结果只表示在某一期间内的变形值,它是时间的函数。动态变形是指在外力影响下而产生的变形,它是表示桥梁在某个时刻的瞬时变形,是以外力为函数来表示的对于时间的变化。桥梁墩台的变形一般来说是静态变形,而桥梁结构的挠度变形则是动态变形。桥梁工程变形监测的主要内容如下。

1. 桥梁墩台变形观测

桥梁墩台的变形观测主要包括以下两方面:

(1) 各墩台的垂直位移观测。主要包括墩台特征位置的垂直位移和沿桥轴线方向(或垂直于桥轴线方向)的倾斜观测。

(2) 各墩台的水平位移观测。其中各墩台在上、下游的水平位移观测称为横向位移观测;各墩台沿桥轴线方向的水平位移观测称为纵向位移观测。两者中,以横向位移观测更为重要。

2. 塔柱变形观测

塔柱在外界荷载的作用下会发生变形,及时准确地观测塔柱的变形对分析塔柱的受力状态和评判桥梁的工作性态有十分重要的作用。塔柱变形观测主要包括:

(1) 塔柱顶部水平位移监测;

(2) 塔柱整体倾斜观测;

(3) 塔柱周日变形观测;

(4) 塔柱体挠度观测;

(5) 塔柱体伸缩量观测。

3. 桥面挠度观测

桥面挠度是指桥面沿轴线的垂直位移情况。桥面在外界荷载的作用下将发生变形,使桥梁的实际线形与设计线形产生差异,从而影响桥梁的内部应力状态。过大的桥面线形变化不但影响行车的安全,而且对桥梁的使用寿命有直接的影响。

4. 桥面水平位移观测

桥面水平位移主要是指垂直于桥轴线方向的水平位移。桥梁水平位移主要由基础的位移、倾斜以及外界荷载(风、日照、车辆等)等引起,对于大跨径的斜拉桥和悬索桥,风荷载可使桥面产生大幅度的摆动,这对桥梁的安全运营十分不利。

12.3.4 桥梁变形监测方法

在变形监测中,对于不同的内容应采取不同的监测方法。下面介绍变形监测的主要方法。

1. 垂直位移监测

垂直位移观测是定期地测量布设在桥墩台上的观测点相对于基准点的高差,求得观测点的高程,利用不同时期观测点的高程求出墩台的垂直位移值。垂直位移监测方法主要有以下几种。

(1) 精密水准测量。这是传统的测量垂直位移的方法,这种方法测量精度高,数据可靠性好,能监测建筑物的绝对沉降量。另外,该法所需仪器设备价格较低,能有效降低测量成本。该方法的最大缺陷是劳动强度高,测量速度慢,难以实现观测的自动化,对需要高速同步观测的场合不太适合。

(2) 三角高程测量。这也是一种传统的大地测量方法,该法在距离较短的情况下能达到较高的精度,但在距离超过 400m 时,由于受大气垂直折光的影响,其精度会迅速降低。该法在高塔柱、水中墩台的垂直位移监测中有一定的优势。

(3）液体静力水准测量（又称连通管测量）。该法采用连通管原理，测量两点之间的相对沉降量。该法的优点是测量精度高，速度快，且可实现自动化连续观测。该法的主要缺点是测点之间的高差不能太大，且一般只能测量相对位移。另外，这种设备的总体价格较高，对中、小型工程不太适用。

（4）压力测量法。该法利用连成一体的压力系统，测量各点的压力值，当产生垂直位移时，系统内的压力将产生变化，利用压力的变化量，可转换为高程的变化量，从而测出各点的垂直位移。该法一般只能测量两点之间的相对位移且设备价格较高。

（5）GPS 测量。GPS 除了可以进行平面位置测量外，还能进行高程测量，但高程测量的精度要比平面测量的精度低 50% 左右。若采用静态测量模式，1h 以上的观测结果一般能达到 ±5mm 以上的测量精度，若采用动态测量模式，一般只能达到 ±40mm 左右的精度，经特殊处理过的数据，有时能达到 ±20mm 左右的精度。利用该法测量可以实现监测的自动化，但测量设备的价格较高，另外，动态测量的精度也不很高。

2. 水平位移监测

测定水平位移的方法与桥梁的形状有关。对于直线形桥梁，一般采用基准线法、测小角法等；对于曲线桥梁，一般采用三角测量法、交会法、导线测量法等。

（1）三角测量法。在桥址附近，建立一三角网，将起算点和变形监测点都包含在此网内，定期对该网进行观测，求出各监测点的坐标值。根据首期观测和以后各期的坐标值，可求出各监测点的位移值。三角网的观测可采用测角网、边角网、测边网等形式。

（2）交会法。利用前方交会、后方交会、边长交会等方法可测定位移标点的水平位移。该方法适用于对桥梁墩台的水平位移观测，也可用于塔柱顶部的水平位移观测。该法能求得纵、横向位移值的总量，投影到纵、横方向线上，即可获得纵、横向位移量。

（3）导线测量法。对桥梁水平位移监测还可采用导线测量法。导线两端连接于桥台工作基点上，每一个墩上设置一导线点，它们也是观测点。这是一种两端不测连接角的无定向导线。通过重复观测，由两期观测成果比较可得观测点的位移。

（4）基准线法。对直线形的桥梁测定桥墩台的横向位移以基准线法最为有利，而纵向位移可用高精度测距仪直接测定。大型桥梁包括主桥和引桥两部分，可分别布设三条基准线，主桥一条，两端引桥各一条。

（5）测小角法。测小角法是精密测定基准线方向（或分段基准线方向）与测站到观测点之间的小角。由于小角观测中仪器和觇牌一般置于钢筋混凝土结构的观测墩上，观测墩底座部分要求直接浇筑在基岩上，以确保其稳定性。

（6）GPS 观测。利用 GPS 自动化、全天候观测的特点，在工程的外部布设监测点，可实现高精度、全自动的水平位移监测，该技术已经在我国的部分桥梁工程中得到应用。由于 GPS 观测不需要测点之间相互通视，所以，有更大的范围选择和建立稳定的基准点。

（7）专用方法。在某些特殊场合，还可采用多点位移计等专用设备对工程局部进行水平位移监测。

3. 挠度观测

桥梁挠度测量是桥梁检测的重要组成部分。桥梁建成后，桥梁承受静荷载和动荷载，必然会产生挠曲变形，因此，在交付使用之前或交付使用后应对梁的挠度变形进行观测。

桥梁挠度观测分为桥梁的静荷载挠度观测和动荷载挠度观测。静荷载挠度观测时测定桥梁自重和构件安装误差引起的桥梁的下垂量；动荷载挠度观测时测定车辆通过时在其重量和冲量作用下桥梁产生的挠曲变形。目前常用的桥梁挠度测量方法主要有悬锤法、水准仪(经纬仪)直接测量法、水准仪逐点测量法和摄影测量方法等。

(1) 悬锤法。该设备简单、操作方便、费用低廉,所以在桥梁挠度测量中被广泛采用。该法要求在测量现场有静止的基准点,所以一般适用于干河床情形。另外,利用悬锤法只能测量某些观测点的静挠度,无法实现动态的挠度检测,也难以给出其他非测点的静挠度值。由于测量结果中包含桥墩的下沉量和支墩的变形等误差影响,因此,该法的测量结果精度不高。

(2) 精密水准法。精密水准是桥梁挠度测量的一种传统方法,该方法利用布置在稳固处的基准点和桥梁结构上的水准点,观测桥体在加载前和加载后的测点高程差,从而计算桥梁检测部位的挠度值。精密水准是进行国家高程控制网及高精度工程控制网的主要手段,因此,其测量精度和成果的可靠性是不容置疑的。由于大多数桥梁的跨径都在1km以内,所以,利用水准测量方法测量挠度,一般能达到±1mm以内的精度。但采用该方法测量,封桥时间长,效率较低。

(3) 全站仪观测法。由于近年来全站仪的普及和精度的提高,使得全站仪在许多工程中得到了广泛的应用。该方法的实质是利用光电测距三角高程法进行观测。在三角高程测量中,大气折光是一项非常重要的误差来源,但桥梁挠度观测一般在夜里,这时的大气状态较稳定,且挠度观测不需要绝对高差,只需要高差之差,因此,只有大气折光的变化对挠度有影响,而该项误差相对较小。利用TC2003全站仪($0.5''$,$1mm + 1 \times 10^{-6} \times D$mm),在1km以内,全站仪观测法一般可以达到±3mm左右的精度。

(4) GPS观测法。目前,GPS测量主要有三种模式:静态、准动态和动态,各种测量模式的观测时间和测量精度有明显的差异。在通常情况下,静态测量的精度最高,一般可达毫米级的精度,但其观测时间一般要1h以上。准动态和动态测量的精度一般较低,大量的实测资料表明,在观测条件较好的情况下,其观测精度为厘米级。因此,对于大挠度的桥梁,应用GPS观测还是可以考虑的。

(5) 静力水准观测法。静力水准仪的主要原理为连通管,利用连通管将各测点连接起来,以观测各测点间高程的相对变化。目前,静力水准仪的测程一般在20cm以内,其精度可达±0.1mm以上。另外,该方法可实现自动化的数据采集和处理。这项技术在建筑物的安全监测中应用已十分普遍,仪器的稳定性和数据的可靠性也相当有保障。

(6) 测斜仪观测法。该法利用均匀分布在测线上的测斜仪,测量各点的倾斜角变化量,再利用测斜仪之间的距离累计计算出各点的垂直位移量。该法的最大缺陷是误差累积快,精度受到很大的影响。

(7) 摄影测量法。摄影前,在上部结构及墩台上预先绘出一些标志点,在未加荷载的情况下,先进行摄影,并根据标志点的影像,在量测仪上量出它们之间的相对位置。当施加荷载时,再用高速摄影仪进行连续摄影,并量出在不同时刻各标志点的相对位置,从而获得动载时挠度连续变形的情况。这种方法外业工作简单,效率较高。

(8) 专用挠度仪观测法。在专用挠度仪中,以激光挠度仪最为常见。该仪器的主要工作原理为:在被检测点上设置一个光学标志点,在远离桥梁的适当位置安置检测仪器,当桥上有荷载通过时,靶标随梁体振动的信息通过红外线传回检测头的成像面上,通过分析将其位移分量记录下来。该方法的主要优点是可以全天候工作,受外界条件的影响较小。该方法的精度主要受测量距离的影响,在通常情况下,这种仪器的挠度测量精度可达±1mm左右。

12.4 测量在工业与民用建筑施工中的应用

工业与民用建筑测量是工程测量的重要组成部分。它的目的是把图纸上已设计好的各种工程建筑物、构筑物,按照设计的要求测设到相应的地面上,并设置各种标志,作为施工的依据,以衔接和指挥各工序的施工,保证建筑工程符合设计要求。

在建筑施工中,测量工作将贯穿整个施工过程的各个阶段。从做准备工作开始,就需要进行场地平整、建立施工控制网;根据施工控制网进行建筑物放样;为了解基础沉降情况,在施工过程中及建筑物使用期间,还要进行沉降监测;为了便于建筑物使用过程中的管理、维修、扩建等,建筑工程完工时,应作竣工测量。由此可见,建筑施工的全过程是离不开测量的,它对保证工程质量和施工的规范化都起着重要作用。

12.4.1 工业建设施工测量

1. 控制测量

在大型工业厂区建筑工程中,通常采用的厂区控制网的形式有:建筑方格网、导线网、边角网和 GPS 网等。建筑方格网的最大优点是可采用直角坐标法进行细部点放样,且计算简单,不易出错。但建筑方格网由于其图形比较死板,点位不便于长期保存,已被逐渐淘汰。相比之下,导线网、边角网特别是 GPS 网有很大的灵活性,在选点时,完全可以根据场地情况和需要设定点位。有了全站仪,在一定范围内只要视线通视都能很容易地放样出各细部点。

对于工业建设来说,由于建筑场地上工程建筑物的种类很多,施工的精度要求也各不相同,有的要求很低,有的则很高。例如,连续生产设备的中心线横向偏差要求不超过 1mm;钢结构的工业厂房钢柱中心线间的距离偏差要求不超过 2mm;管线道路的施工限差相对而言要求较低。如果按照工程建筑物的局部精度来确定施工控制网的精度,势必将整个施工控制网的精度提得很高,给测量工作造成很大困难。为此,在布设建筑工地施工控制网时,采用分级布网的方案是比较合适的。即首先建立布满整个工地的厂区控制网,目的是放样各个建筑物的主要轴线。然后,为了进行厂房或主要生产设备的细部放样,在由厂区控制网所定出的各主轴线的基础上,建立厂房矩形控制网或设备安装控制网。

在工程施工期间,对于高程控制点的建立亦有明确的要求。高程控制点在精度上应能满足工程施工中高程放样的要求,以及施工期间建筑物基础下沉的监测要求;在高程控制点的密度上,则应以保证施工方便为准。因此,工业建设施工之前除应建立施工控制网以外,还应建立高程控制网。控制建筑场地的高程网应与国家水准点进行连测,作为高程起算的依据。所有高程控制网点应定期进行检查,以监视其是否变动。

在厂房施工中,由于待放的高程点十分密集,为了应用方便,通常在施工区内建立专用的水准零点,水准零点的高程就是厂房地坪的设计高度,这样的水准点称为 ±0 水准点。由于厂房内设备高程、厂房各部分高程都是以 ±0 为起始的,故应用 ±0 水准点进行高程放样十分方便。

2. 施工测量

在工业建筑工程施工中,由于其规模较大,设备复杂,多为栓基础和预制构件的安装。为保证施工的设计要求,对测量工作要求较严格。因此,对于大型或设备基础复杂的建筑工程,一般是在建筑方格网或其他施工控制网的基础上,建立厂房或微型控制网,作为厂房施工的基本控制,用来放样柱基础位置和内部构件的详细位置。

12.4.2　高层和高耸建筑物测量

随着现代化城市的发展,高层和高耸建筑物日益增多。所谓高层和高耸建筑物一般指比较高大的建筑物,如高层建筑物、烟囱、电视塔等。其特点在于:高度大,受场地限制,不便用通常的施工方法进行中心控制。高层和高耸建筑结构多为框架式,施工常用滑模工艺。这对施工测量的精度提出了更高的要求,尤其要求严格控制垂直度偏差。

1. 高层建筑物的施工测量

高层建筑在我国一般是这样划分的:4层以下为一般建筑;5层~9层为多层建筑;10层~16层为小高层;17层~40层为高层建筑;40层以上为超高层建筑。高层建筑施工测量中的主要问题是控制竖向偏差,也就是各层轴线如何精确地向上引测的问题。高层建筑的施工过程复杂,高层作业的难度大,施工空间有限,且多工种交叉,施工测量的各阶段测量工作必须与施工同步且要服从整个施工的计划和进程。高层建筑的施工测量除了进行垂直度控制以外,还要进行各层面的细部放样、倾斜度确定、高程控制和变形监测。

为保证高层建筑竖直度、几何形状和截面尺寸达到设计要求,必须根据工程实际情况建立较高精度的施工测量控制网。目前,适应我国国情被采纳的控制形式主要是内控制。所谓内控制就是在建筑物的±00面内建立控制网,在控制点竖向相应位置预留竖向传递孔,用仪器在±00面控制点上,通过传递孔将控制点传递到不同高度的楼层。

为了提高工效,防止误差积累,顾及仪器性能并减少外界的影响,应实施分段投测和分段控制。也就是将建筑物按高度分为若干投测段,一般以15层左右约50m为一个投测段,第一段±00控制点投测;第二段将第一段±00的控制点投测至第二段的起始楼层,经检测调整后重新建点,相当于将第一段控制网升至第二段起始楼层锁定,作为第二各楼层的控制;其余类推。

经过竖向测量将内控制网投影到各层上,以传至某层的控制点为依据,恢复楼层控制网的控制轴线,用经过检核、调整后的控制轴线放样建筑物的楼层轴线,进行模板安装及施工。

高层建筑的高程传递通常可采用悬挂钢尺法和全站仪天顶测距法两种。

2. 烟囱的施工测量

烟囱是工业场地上的一种特殊建筑物,其特点是基础面积小、主体高、地基负荷大、垂直度要求高。为保证工程质量,现多采用滑模施工法进行。按国家《烟囱工程施工及验收规范》要求,当烟囱高$H<100$m时,筒身中心线的垂直偏差不得大于$0.0015H$;当$H>100$m时,中心线的垂直偏差不得大于$0.001H$。

烟囱施工测量的主要任务是严格控制烟囱的中心位置,确保主体的垂直度。在滑模施工中,多采用激光铅垂仪来控制主体的垂直度。

施工前,首先放样出烟囱的中心点,然后过中心点选择两条相互垂直的定位轴线,各控制桩至轴线交点的最近距离视烟囱的高度而定,一般至少为烟囱高度的1.5倍。

基坑的开挖依施工现场的实际情况而定,通常开挖的范围为以烟囱中心点为圆心,底部半径r加上基坑放坡宽度为半径,并撒灰线标明开挖范围。在浇灌混凝土基础时,应在基础面上埋设金属板,并由定位控制桩将中心点投至金属板上标定。该中心是指导施工的主要依据,用来控制烟囱的半径和垂直度,并进行沉降和倾斜观测。因此,中心点必须妥善保护。

在筒身的施工中,其垂直度控制可采用经纬仪分别安置在定位轴线桩点上,瞄准基础面上的轴线点,将轴线向上投测到筒身施工面的边缘并做标记,然后按标记拉两根小线绳,其交点即为烟囱中心点。

目前,国内不少高大的钢筋混凝土烟囱,已采用激光铅垂仪引测中心点以保证精度。当烟囱采用滑升模板工艺进行施工时,将激光铅垂仪安置在烟囱底部的中心点上,在工作平台中央安置接收靶,烟囱每滑升25cm～30cm,就浇筑一层混凝土,在每次滑升前后各进行一次观测。操作时,先打开激光电源,使激光光束向上射出,调节望远镜调焦螺旋,直至在工作台中央接收靶上得到明显的红色光斑。然后整置仪器,使竖轴垂直,即当仪器绕竖轴旋转时,光斑中心始终在同一点位,这样就得到一条竖直的可见的红线。观测人员在接收靶上可直接读出滑模中心对铅垂线的偏离值,提供给施工人员调整滑模位置。仪器在施工过程中要经常地进行激光束垂直度的检验和校正,以保证施工质量。

12.4.3 地下工程自动导向测量技术

随着计算机与激光技术、自动跟踪全站仪的发展与使用,精密自动导向技术在我国交通隧道工程、水利工程、市政工程等领域得到了广泛的应用。目前,该技术在国内主要以解决施工过程的监控问题为主,尤其对现代化的施工设备(如盾构掘进机),采用该技术可以准确、实时动态、自动快速地检测地下盾构机头中心的偏离值,保证工程按设计要求准确贯通,达到自动控制的目的。

当前,美国和德国均有不同的系统设计方案。例如德国旭普林公司(Zublina.G)自动导系统(简称 TUMA 系统),可用于地下顶管工程的动态导向测量。德国 VMT 公司 SLS – T 自动导向系统,可用于地下工程(地铁)盾构法施工的静态导向测量。

1. SLS – T 隧道导向系统

SLS – T 隧道施工导向系统是德国 VMT 公司开发的一种先进的激光同步自动导向系统,是目前在国际上处于领先地位的自动导向系统。该系统主要有以下四部分组成(见图12 – 7)。

(1)具有自动照准目标的全站仪。主要用于测量(水平和垂直的)角度和距离、发射激光束。通过 RS232 接口与电脑相连接,并受其控制。全站仪内有数码相机,能检测来自反射棱镜的反射光束,计算得出水平和垂直距离(称为 ATR 模式)。

(2)ELS(电子激光系统),亦称为标板或激光靶板。电子激光系统的觇标安置在盾构上,它是一个由硬铝材料做成的箱子,其作用是测定入射激光束的 X、Y 坐标。与觇标箱前端板相平行的为隐蔽屏幕。当向 ELS 觇标供电时,它绕着一点旋转。当激光束入射到屏幕时,或多或少的光透过屏幕,屏幕的后面是光敏电子元件,测定入射激光的强度。当强度达到最大时,就会记录下屏幕的角位置。这个角位置精确地与激光束射到觇标上的入射角(偏转角)相关。坡度和旋转由该系统内的倾斜仪测量,偏角由 ELS 上激光器的入射角确认。ELS 固定在盾构机的机身内,在安装时其位置就确定了,它相对于盾构机轴线的关系和参数就可以知道。

(3)计算机及隧道掘进软件。SLS – T 软件是自动导向系统的核心,它从全站仪和 ELS 等通信设备接受数据,盾构机的位置在该软件中计算,并以数字和图形的形式显示在计算机的屏幕上,操作系统采用 Windows 2000,确保用户操作简便。

(4)黄色箱子。它主要给全站仪供电,保证计算机和全站仪之间的通信和数据传输。

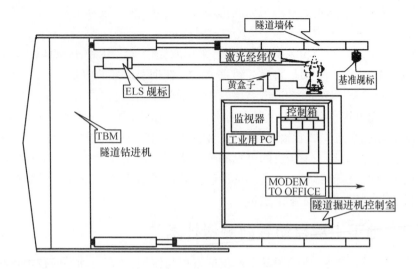

图 12-7 SLS-T 系统构成

MODEM—调制解调器；ELS—电子激光系统；PC—个人电脑；TBM—隧道掘进机。

2. TUMA 自动导向测量系统

该系统硬件设备主要由数台（4 台～5 台）自动驱动的全站仪（Ⅰ或Ⅱ级）、工业计算机（PC 机）、遥控觇牌（棱镜 RMT）、自动整平基座（AD-12）、接线盒和一些附件（测斜仪、行程显示器及反偏设备）等组成，如图 12-8 所示。

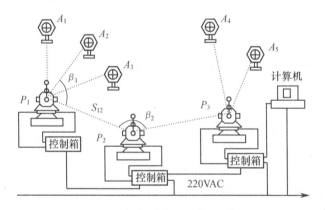

图 12-8 TUMA 系统构成

系统软件主要是控制全站仪、计算测量结果和数据显示的系统软件。自动导向系统的软件主要包括必要的控制器的驱动程序和测量控制、计算程序软件。

TUMA 自动导向系统横向偏差测定是通过布设支导线，观测各台全站仪之间的转角和水平距离，再根据相对于盾构机头水平偏离值，求得盾构机头中心处的坐标，与该里程设计坐标相比较，得出横向偏差值。

12.4.4 激光扫描测量系统

由激光测距装置和扫描角自动记录装置集成的仪器统称为激光扫描系统。激光扫描系统

（或装置）可按其测量空间的维数分类，即有一维、二维和三维之分。一维仪器，仅用于高频测量距离。二维仪器，用于测定一个扫描平面与被测物体交线上各点的二维坐标。这类仪器大多由激光测距装置和一个扫描角自动记录装置集成。三维仪器，用于现场直接获取被测物体的三维几何模型。这类仪器大多由激光脉冲测距装置和两个扫描角自动记录装置集成。二维仪器设置有一个旋转平面镜，又称为具有一个旋转自由度的激光扫描系统；三维仪器设置有两个旋转平面镜，又称为具有两个旋转自由度的激光扫描系统。目前，测绘领域大多采用三维激光扫描技术，用于大型建筑物的形体测量、变形监测，古建筑测绘，数字建模等工作。

激光扫描系统从激光发射形式可分为点扫描、线扫描和矩阵扫描。目前点扫描应用较多，距离较远，逐点扫描到线再到面，它的突出点是：具有实时聚焦功能，可以根据不同视距自动调焦并获得较远的精确点位数据。线扫描要经过透镜散射，不能同步聚焦，所以通常距离较近。矩阵扫描也是矩阵方式，速度快并信息量大，但同步聚焦较弱，也仅适合近距采集数据。

激光扫描仪的测距原理分为三种：一是脉冲法激光测距；二是激光相位法测距；三是激光三角法测距。基于脉冲法测距的激光扫描仪精度较低，一般为毫米级，但其测程较长，如 Leica 公司的 HDS3000 型激光扫描仪（最大测程 100m，测距精度为 4mm，曲面建模精度优于 2mm，如图 12-9 所示），故其主要应用在土木工程测量、建筑物和文物的三维测绘等领域。相位法测距的精度与调制频率有关，一般全站仪的测距频率最高为 50MHz～100MHz，但美国 Metric Vision 公司推出的激光雷达扫描仪（Laser Radar Scanner）LR200 的频率则达到 100GHz，它在 10m 距离上绝对距离测量精度可以达到 ±0.1mm，测量范围从 2m～60m，如图 12-10 所示。

图 12-9　HDS3000 型激光扫描仪　　　　图 12-10　LR200 激光雷达扫描仪

基于激光三角法测距原理的扫描测量系统又称结构光扫描仪。它以半导体激光器作为光源，使其产生的光束照射到被测表面，经表面散射（或反射）后，用面阵 CCD 摄像机接收，光点在 CCD 像平面上的位置将反映出表面在法线方向上的变化，即点结构光测量原理。

目前，世界上生产各种型号结构光扫描仪的厂家很多，如德国 Steinbichler 公司的 Comet、德国 Breuckmann 公司的的 optoTOP-HE、德国 GOM 公司的 ATOS 系列及法国 Mensi 公司的 S10/S25 等。

激光扫描测量系统具有高响应速度，可同时提供影像，较宽的适应性，以及用户赏识的直观性等优点，其应用领域越来越广泛。在精密加工行业，可用于光电产品部件的外形尺寸检测，机械部件间几何关系的动态检测，复杂部件的准直、定位、安装和调整；中近距离工业目标的动态变形监测，如桥梁、大坝等；风洞室内各类探测器或试验目标的监测；多用途多品种汽车制造业、航空航天飞机制造业及造船业中,大型工业部件静态与动态的量测、准直、定位、质量控制与放样;各类工业加工机械转轴摆动的动态监测。激光扫描仪的不易之处在于不易精确瞄准特征点,无法对某一特定的点进行精确测量。

12.5　测量在线路工程建设中的应用

国民经济建设中常见的线路工程有:铁路、公路、石油与燃气管线、输电线及索道工程等。为各种线状工程勘测设计、施工安装与运营管理阶段所进行的测量工作称线路工程测量。线路工程测量的主要内容包括:中线测量,纵、横断面测量,带状地形测量,施工放样,竣工测量等。其主要目的是为设计、施工、运营管理提供必要的基础资料。

12.5.1　线路勘测阶段的测量工作

线路勘测任务可分为踏勘(初测)和定测。初测是为初步设计提供资料而进行的勘测工作。初测对初步设计方案中认为有价值的线路进行实测,即进行实地选点,定出线路方向,沿线进行导线测量和水准测量,并测绘带状地形图。定测是在初步设计批准后,结合现场的实际情况确定线路的位置,并为施工设计收集必要的资料。

1. 线路初测

初测工作包括:插大旗、导线测量、高程测量、地形测量。初测在线路的全部勘测工作中占有重要的位置,它决定着线路的基本方向。插大旗即根据方案研究中在大小比例尺地形图上所选线路位置,在野外用"红白旗"标出其走向和大概位置,并在拟定的线路转向点和长直线的转向处插上标旗,为导线测量及各专业调查指出进行的方向。

初测高程测量的主要工作包括基平测量和中平测量。基平测量是沿线路布设水准点,作为线路高程控制网。中平测量是测定沿线各导线点、百米桩及加桩点的高程,用以绘制线路纵断面图和专业调查。基平测量应不远于30km与国家水准点或等级相当的其他水准点连测一次,并构成附合水准线路。

中平测量可采用单程水准测量,以基平测量所测水准点为基准布设成附合水准线路。由于百米桩、加桩等间距较小,因此测量中采用工程水准测量的方法。

2. 线路定测

新线定测阶段的测量工作主要有:中线测量、线路纵断面测量、线路横断面测量。中线测量是把在带状地形图上设计好的线路中线测设到地面上,并用木桩标定出来。中线测量包括放线和中桩测设两部分工作。放线是把纸上各交点间的直线段测设于地面上;中桩测设是沿着直线和曲线详细测设中线桩。放线常用的方法有拨角法、支距法、极坐标法和GPS(RTK)法。

拨角放线法是根据纸上定线交点的坐标,预先在内业计算出两相交点间的距离及直线的转向角,然后根据计算资料在现场放出各个交点,定出中线位置。拨角放线法在放样工作中可循序渐进,较其他方法放样导线工作量小,效率高,并且放线点间的距离和方向均采用实测值,放样中线的相对精度不受初测值的影响,可减少初测导线的工作量和提高放样中线的质量。通过与初测导线点或国家平面控制点连测能及时发现工作中可能出现的错误,这种方法适用于无初测导线的任何测区。

支距放线法适用于地形不太复杂且初测导线与设计的线路中线相距较近的地区。该方法的基本原理是在设计图上量出初测导线点和线路中心线点的支距,然后根据支距和实地的初测导线点点位进行实地放样。

目前电子全站仪(TPS)或电磁波测距仪的应用使放点变得更加方便、快捷。全站仪极坐标法放样简单灵活,适用于中线通视差的测区。但放样工作量大,放样到实地上的中线相对精度不高,并且由于用初测导线点直接定测各放样点,比其他放样法要求初测导线点的密度大,测量精度高,最后亦要通过穿线来确定直线段的位置。

12.5.2 线路施工测量

线路施工测量的主要任务是测设出作为施工依据的桩点的平面位置和高程。这些桩点是指标志线路中心位置的中线桩和标志路基施工边线的边桩。线路中线桩在定测时已在地面标定,但由于施工与定测间相隔时间较长,往往桩点已丢失、损坏或移位,在施工之前必须进行中线的恢复工作和对定测资料进行可靠性和完整性检查,这项工作称为线路复测。修筑路堤之前,需要在地面上把路基工程界线标定出来,这项工作称为路基边坡放样。

1. 线路复测

线路复测工作的内容和方法与定测时基本相同。施工复测前,施工单位应检核线路测量的有关图表资料,会同设计单位进行现场桩点交接。主要桩点有:直线转点、交点、曲线主点、有关控制点、导线点、水准点等。

线路复测内容包括:转向角测量、直线转点测量、曲线控制桩测量和线路水准测量。其目的是恢复定测桩点和检查定测质量,而不是重新测设,所以要尽量按定测桩点进行。若桩点有丢失和损坏,则应予以恢复。若复测和定测成果的误差在允许范围之内,则以定测成果为准;若超出允许范围,应查找原因,确定证明定测资料错误或桩点位移时,方可采用复测资料。

2. 护桩设置

中桩点在施工中将被填挖掉,因此在线路复测后,路基施工前,对中线的主要控制桩(如交点、直线转点及曲线五大桩)应设置护桩。护桩位置应选在施工范围以外不易被破坏的地方。一般设两根交叉的方向线,交角不小于60°,每一方向上的护桩不少3个。为便于寻找护桩,护桩的位置用草图及文字作详细说明。

3. 路基边坡放样

路基横断面是根据中线桩的填挖高度和所用材料在横断面上画出的。路基的填方称为路堤;挖方称为路堑;在填挖高度为零时,称为路基施工零点。

路基施工填挖边界线的标定,称为路基边坡放样。它是用木桩标出路堤坡脚线或路堑坡顶线到线路中线的距离,作为修筑路基填挖方开始的范围。设计横断面与地面实测横断面线之间所围的面积就是待施工(填或挖)的面积。根据相邻两个横断面面积和断面的间距,就可计算施工土方量。

4. 竣工测量

阶段性竣工测量的主要内容包括:中线测量、高程测量和横断面测量。

(1) 中线测量。首先根据护桩将主要控制点恢复到路基上,进行线路中线贯通测量。在有桥梁、隧道的地段,应从桥梁、隧道的线路中线向两端引测贯通。贯通测量后的中线位置,应符合路基宽度和建筑物接近界限的要求。对曲线地段,应交出交点,重新测量转向角,当新测角值与原来转向角值差在允许范围内时,仍采用原来的资料。

(2) 高程测量。竣工时应将水准点引测到稳固建筑物上,或埋设永久性混凝土水准点,其精度与定测时要求相同,全线高程必须统一,中桩高程按复测方法进行,路基高程与设计高程之差不应超过 5cm。

（3）横断面测量。主要检查路基宽度，侧沟、天沟的深度，宽度与设计值之差不得大于 5cm；路基护道宽度误差不得大于 10cm，若不符合要求且误差超限应进行整修。

12.5.3 曲线测设

无论是铁路、公路，还是地铁隧道和轻轨，由于受到地形、地物、地质及其他因素的限制，经常要改变前进的方向。当线路方向改变时，在转向处需用曲线将两直线连接起来。因此，线路工程总是由直线和曲线所组成，见图 12-11(a)。曲线按其形式可分为：圆曲线、缓和曲线、复曲线和竖曲线等。

圆曲线又分单曲线和复曲线两种。具有单一半径的曲线称为单曲线。具有两个或两个以上不同半径的曲线称为复曲线，如图 12-11(b) 所示。

在一般情况下，为了保证车辆运行的安全与平顺，都要在直线与圆曲线之间设置缓和曲线。缓和曲线的曲率半径是从 ∞ 逐渐变到圆曲线半径 R 的变量。在与直线连接处半径为 ∞，与圆曲线连接处半径为 R。

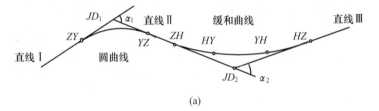

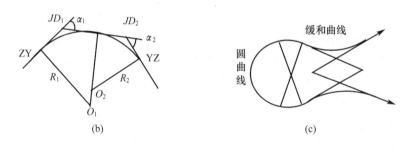

图 12-11 线路曲线图

(a) 线路曲线；(b) 复曲线；(c) 回头曲线。

由于线路要克服各种地形障碍，为满足行车要求，有时线路一次改变方向 180° 以上，这种曲线叫做回头曲线，如图 12-11(c) 所示。当相邻两段直线段存在不同坡度时，也必须有曲线连接，这种连接不同坡度的曲线称为竖曲线。

1. 单圆曲线的测设

单圆曲线是最简单的一种曲线，其测设和要素计算都比较容易。如图 12-12 所示，已知圆曲线的半径为 R（由设计给出），转向角为 α（现场测出），则圆曲线要素的计算公式为

$$\begin{cases} T = R\tan\dfrac{\alpha}{2} \\ L = R\alpha° \dfrac{\pi}{180°} \\ E = R\left(\sec\dfrac{\alpha}{2} - 1\right) \end{cases} \quad (12-3)$$

式中,T 为圆曲线切线长;L 为曲线长;E 为曲线外矢距。

曲线主点测设时,从交点 JD 沿两切线方向量取切线长 T,可定出 ZY 和 YZ 点,沿转向角 α 内角平分线方向量取外矢距 E 定出 QZ 点。

在圆曲线上,弧长和圆心角有直接对应关系,在圆曲线的细部放样时,可利用这种关系进行放样。设 i 是圆曲线上任一点,则 i 点偏角 δ_i 由图 12-12 可得

$$\delta_i = \frac{l}{2R} \cdot \rho \tag{12-4}$$

式中,l 为给定的弧长;R 为半径;ρ 为 180°/π。

有了各点的偏角,即可详细测设圆曲线。

2. 带有缓和曲线的曲线测设

图 12-13 是带有缓和曲线的曲线,设圆曲线的半径为 R,两端缓和曲线长为 l_0,曲线转向角为 α。则可得曲线综合要素如下:

$$\begin{cases} T = (R+P)\tan\dfrac{\alpha}{2} + m \\ L = \dfrac{\pi R}{180°}(\alpha - 2\beta_0)° + 2l_0 \\ E = (R+P)\sec\dfrac{\alpha}{2} - R \end{cases} \tag{12-5}$$

式中,m 为切垂距;P 为圆曲线内移值;δ_0 为缓和曲线的切线角。

m,P,β_0 分别可由下式求得:

$$m = \frac{l_0}{2} - \frac{l_0^3}{240R^2}; \quad P = \frac{l_0^2}{24R}; \quad \beta_0 = \frac{l_0}{2R}\frac{180°}{\pi} \tag{12-6}$$

根据不同的 R、l_0、α,编制了"曲线综合要素表"供直接查用。有了曲线主点测设资料 T、L、E,与单圆曲线主点测设一样,可定出 ZH、HZ 和 QZ 各点。至于 HY 和 YH 两主点,可采用以下偏角法测设。

如图 12-13 所示,以 ZH 点为起点,距起点为 l 的缓和曲线上一点 i,其偏角 δ_i 为

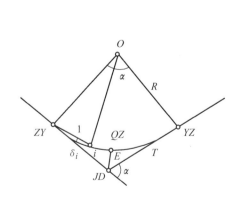

图 12-12 偏角法测设圆曲线

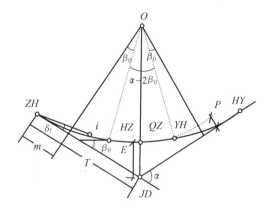

图 12-13 偏角法测设缓和曲线

$$\delta_i = \frac{l^2}{6Rl_0}\frac{180°}{\pi} \qquad (12-7)$$

根据式(12-7)编制了整 10m 的"缓和曲线偏角表"供直接查用。有了各点的偏角,即可详细测设缓和曲线。在圆曲线部分的详细测设同单圆曲线。

3. 任意设站极坐标法测设曲线

随着短程光电测距仪和全站仪在道路勘测中越来越普及,利用极坐标法测设曲线将愈加重要。这种测设曲线的方法,其优点是测量误差不累计,测设的点位精度高。尤其是测站设置在中线外任意一点测设曲线,将给现场的测设工作带来很大方便。

极坐标法测设曲线主要是曲线测设资料的计算问题。该方法的计算原理及思路为:把由直线段、圆曲线段、缓和曲线段组合而成的曲线归算到统一的导线测量坐标系统中,这样就便于计算放样元素了。

如图 12-14 所示,α 为线路的转向角,d 为道路中心线至边线的距离。以 ZH 为坐标原点建立切线支距坐标系。

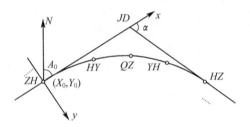

图 12-14　任意设站极坐标法测设缓和曲线

在导线测量坐标系中,ZH 至 JD 的方位角 A_0,可由该两点的导线测量坐标反算得到。

当设计给定曲线交点 JD 的坐标 (X_{JD}, Y_{JD}),ZH 与 JD 连线的方位角 A_0 及 ZH 点的里程 L_0 和曲线单元的左右偏情况(用 cc 表示,cc = -1 表示左偏,cc = +1 表示右偏),那么只要输入曲线上任意一点的里程 L_P,就可以求出曲线单元上任意一点的设计坐标。有了统一的坐标,即可求出仪器架设在导线点或其他任意支点上测设曲线的放样元素了。

设圆曲线的半径为 R,两端缓和曲线长为 l_0,曲线转向角为 α,即可计算切线长 T、曲线长、外矢距 E_0 和切曲差 q 等要素。计算公式如下

$$\begin{cases} T = \dfrac{l_0}{2} - \dfrac{l_0^3}{240R^2} + \left(R + \dfrac{l_0^2}{24R}\right)\tan\dfrac{\alpha}{2} \\ L = \dfrac{R\alpha\pi}{180} + l_0 \\ E_0 = \left(R + \dfrac{l_0^2}{24R}\right)\sec\dfrac{\alpha}{2} - R \\ q = 2T - L \end{cases} \qquad (12-8)$$

若 i 在 ZH~HY 段时,按切线支距法求出 i 点在 ZH 点切线坐标系中的坐标 (x_i, y_i) 及 i 点切线的倾角 β。设 $l_i = L_i - L_0$,则

$$\begin{cases} x_i = l_i - \dfrac{l_i^5}{40R^2 l_0^2} \\ y_i = \dfrac{l_i^3}{6R l_0} \\ \beta = \dfrac{l_i^2}{2R l_0}\rho \end{cases} \quad (12-9)$$

式中,l_i 为自 ZH 点起的曲线长;l_0 为缓和曲线长;L_i 与 L_0 分别为 P 点和 ZH 点的里程;R 为圆曲线半径;ρ 为 180°/π。

然后通过坐标旋转公式,求得 i 点在路线导线测量坐标系中的坐标(X_i, Y_i)和该点切线的方位角 A_i,计算公式如下

$$\begin{cases} X_i = X_0 + x_i\cos A_0 - cc \cdot y_i\sin A_0 \\ Y_i = Y_0 + x_i\sin A_0 + cc \cdot y_i\cos A_0 \\ A_i = A_0 + cc \cdot \beta \end{cases} \quad (12-10)$$

式中,$A_0 = \alpha_{ZH-JD}$,$X_0 = X_{JD} + T\cos(A_0 + 180)$,$Y_0 = Y_{JD} + T\sin(A_0 + 180)$。

若 i 在 HY~YH 段时,按切线支距法求出 i 点在 ZH 点切线坐标系中的坐标(x_i, y_i)及 i 点切线的倾角 β。设 $l_i = L_i - L_0$,则

$$\begin{cases} x_i = l_i - \dfrac{(l_i - 0.5l_0)^3}{6R^2} - \dfrac{l_0^3}{240R^2} \\ y_i = \dfrac{(l_i - 0.5l_0)^2}{2R} - \dfrac{(l_i - 0.5l_0)^4}{24R^3} + \dfrac{l_0^2}{24R} \\ \beta = \dfrac{(l_i - 0.5l_0)}{R}\rho \end{cases} \quad (12-11)$$

然后,按式(12-10)计算 P 点在路线导线测量坐标系中的坐标(X_i, Y_i)和该点切线的方位角 A_i。

思考题

1. 水利工程测量的主要任务有哪些?
2. 水利工程在勘测设计阶段的主要测量工作有哪些?
3. 水利工程施工测量的主要内容有哪些?
4. 水利工程运营阶段的测量工作主要有哪些?
5. 简述河流水面高程测量的基本方法。
6. 简述河道横断面测量的主要方法和作业流程。
7. 简述河道纵断面编绘的基本方法。
8. 水利工程变形监测精度确定的主要依据是什么?
9. 大坝变形监测的主要内容有哪些?
10. 简述监测资料整编的主要内容和方法。
11. 港口工程施工控制通常有哪些形式?为什么?
12. 港口工程施工测量的主要工作内容有哪些?

13. 直桩平面定位的主要步骤有哪些?
14. 斜桩的倾斜度如何控制?
15. 简述桥梁工程施工测量的主要内容。
16. 简述桥梁工程变形监测的主要内容和方法。
17. 施工控制网有哪几种形式?它们各自的特点及适用场合是什么?
18. 顶管自动引导系统的设计思想和基本原理是什么?
19. 简述线路工程勘测阶段的主要测量工作。
20. 圆曲线有哪些要素?如何计算?

附录

习题及实验指导

习 题

第 1 章 绪 论

1. 某点位于中央子午线经度为 123°和 6°带内,投影带内的坐标为 $X = 24157$m,$Y = -17646$m,求该点的通用坐标。

2. 某点的通用坐标为 $X = 3095180.6$m,$Y = 40604490.5$m,投影带为 3°带,求该点所在的投影带带号及中央子午线经度。

3. 已知两点之间的水平距离为 2.3km,求地球曲率对水平距离和高程的影响量。

第 2 章 水 准 测 量

1. 题图 2-1 为一条支水准路线,已知水准点 A 的高程为 16.425m,现从 A 点测到 B 点,各站的水准尺读数标于图中,试列表计算 B 点的高程。若已知从 B 点返测到 A 点的高差为 +1.900m,试求 B 点的高程。

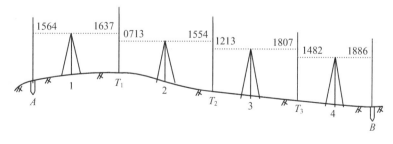

题图 2-1

2. 题图 2-2 为一条闭合水准路线,已知水准点 BM_1 的高程为 25.738m,各测段的高差 h_i 和测站数 n_i 标于图中,试计算各未知点的高程。

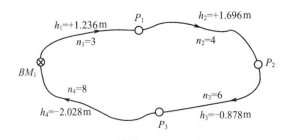

题图 2-2

3. 题图 2-3 为一条附合水准路线,已知水准点 BM_1、BM_2 的高程分别为 15.030m 和 12.814m,各测段的高差 h_i 和距离 L_i 标于图中,试检验水准测量成果是否合格,如合格,推算各未知点的高程。

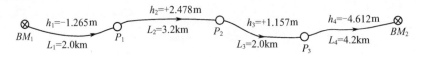

题图 2-3

第3章 角度测量

1. 用 DJ_6 经纬仪按测回法观测水平角,盘左、盘右的读数标于题图 3-1 中,试列表计算一测回之角值。

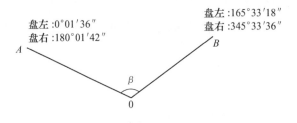

题图 3-1

2. 用 DJ_2 经纬仪按全圆测回法观测水平角,盘左、盘右的读数填于题表 3-1,试列表计算一测回之角值。

题表 3-1

测站	照准目标	盘左读数			盘右读数		
		°	′	″	°	′	″
O	A	00	00	22	180	00	18
	B	60	11	16	240	11	09
	C	131	49	38	311	49	21
	D	167	34	38	347	34	06
	A	00	00	27	180	00	13

3. 用 DJ_6 经纬仪观测某一目标的竖直角,测得盘左读数为 71°45′24″,盘右读数为 288°16′22″,试计算该目标的竖直角及指标差。如用这台仪器测得另一目标的盘左读数为 92°12′36″,求该目标正确的竖直角。

第4章 距 离 测 量

1. 丈量两段距离,一段往测与返测分别为 176.389m 与 176.312m,另一段往测与返测分别为 512.230m 与 512.153m。两段之差均为 0.077m,问两段距离丈量的精度相等吗?为什么?哪一段高?

2. 用名义长 30m 的钢尺在平坦的地面上丈量一直线长度为 102.457m,该尺的尺长方程式为:$L_t = 30 - 0.002 + 1.25 \times 10^{-5}(t - 20℃) \times 30$,丈量时的温度为 14.5℃,求该直线的实际长度。

第5章 测量误差的基本知识

1. 对于一正方形场地,测得一边长为 a,中误差为 m_a,求周长及其中误差。若以相同精度分别测它的四条边,则周长中误差为多少?

2. 用经纬仪观测一个角 4 个测回,得其平均值的中误差为 ±15″,若使平均值的中误差小于 ±10″,至少应测几个测回?

3. 一三角形,测量底边为 $b = 100 ± 0.02$m,高 $h = 30 ± 0.01$m,求面积及其精度。

4. 在水准测量中,设一测站的高差中误差为 ±2mm,视线长度为 50m,求 1km 高差的中误差为多少?2km 高差的中误差为多少?

第6章 控 制 测 量

1. 如题图 6-1,已知 $\alpha_{BA} = 34°16′36″$,连接角为 $\beta_B = 68°27′42″$,转折角 $\beta_1 = 204°25′54″$,$\beta_2 = 276°16′24″$,计算各边的坐标方位角。

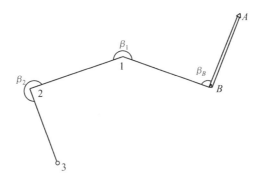

题图 6-1

2. 如题图 6-2 为一条闭合导线,起始点 1 的坐标为 $x_1 = 500.000$m,$y_1 = 500.000$m,$\alpha_{12} = 17°15′56″$。

$\beta_1 = 54°04'09''$, $D_{1-2} = 229.609\text{m}$
$\beta_2 = 87°29'06''$, $D_{2-3} = 141.139\text{m}$
$\beta_3 = 191°01'01''$, $D_{3-4} = 123.995\text{m}$
$\beta_4 = 92°31'09''$, $D_{4-5} = 65.451\text{m}$
$\beta_5 = 106°52'20''$, $D_{5-6} = 131.139\text{m}$
$\beta_6 = 188°01'02''$, $D_{6-1} = 197.835\text{m}$
求各点平差后坐标。

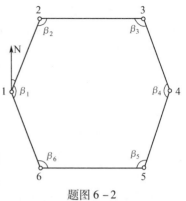

题图 6-2

3. 题图 6-3 为一附合导线,已知 $\alpha_{CD} = 46°46'28''$, A、B 的坐标分别为 $x_A = 3582.942\text{m}$, $y_A = 5161.039\text{m}$, $x_B = 3682.942\text{m}$, $y_B = 5334.239\text{m}$,求角度闭合差,若符合要求将其进行调整。

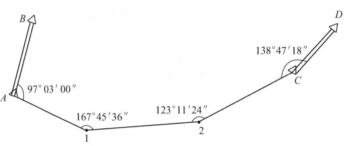

题图 6-3

4. 用双面尺法进行四等水准测量,由 $BM01 \sim BM02$ 构成附合水准路线,其黑面尺的下、中、上三丝及红面中丝读数如题图 6-4 所示,其中,$k1 = 4.787$,$k2 = 4.687$,试列表完成四等水准计算。

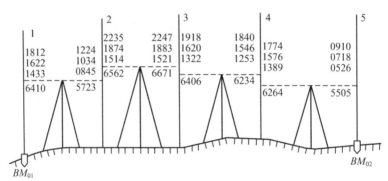

题图 6-4

5. 四等水准测量用双面尺法进行某一闭合水准路线施测时,在观测过程中,每一测站的限差都满足要求,但其高差闭合差却为 -0.888m,试分析其产生错误的原因?

6. 在三角高程测量中,已知 $H_A = 23.456\text{m}$, AC 之间的平距为 1131.441m,从 A 观测 C 时,$\alpha_{AC} = +0°54'16.7''$,在 A 点上的仪器高为 1.523m,C 点上的目标高为 1.327m;从 C 点观测 A 点时,$\alpha_{CA} = -0°54'50''$,在 C 点上的仪器高为 1.418m,A 点上的目标高为 1.563m,试求 C 点的高程。

第7章 GPS 定位测量

1. GPS 主要由哪几部分组成?各部分的功能是什么?

2. 详细说明 GPS 测量的误差来源。
3. GPS 测量可以选择哪些基本网形？GPS 外业观测又有哪些基本要求？
4. GPS RTK 的基本原理是什么？又有哪些作业模式？

第 8 章　地形图的测绘

1. 按照《1∶500、1∶1000、1∶2000 地形图图式》，用铅笔绘出房屋、围墙、台阶、活树篱笆、公路、花圃、路灯、栏杆及草地、电杆及电力线、通信线、地类界及树林、陡坎、图根点、高程点等符号。

2. 阅读题图 8-1，并在图上标出直线所指部位的地貌名称。

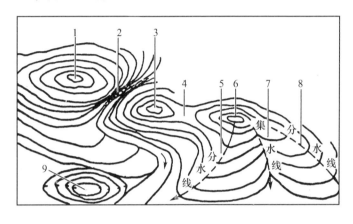

题图 8-1

3. 请完成下列"碎部测量手簿"的计算，并说明常规的经纬仪测图法中，观测员应观测哪些数据？绘图员需使用哪些数据？

碎部测量记录

测区＿＿＿＿＿＿＿　　年＿＿月＿＿日　观测者＿＿＿＿＿＿　　　　　　　　　记录者＿＿＿＿＿＿											
测站 S19　　测站高程 19.244　　零方向 S110　　仪器高(i) 1.470　　　　　　指标差(x) 0											
天气＿＿＿＿　　仪器 J6　　　　　　　　　　　　　　　　　　　　　　　　　　第＿＿＿＿页											
测点号	尺上读数		视距 $(b-a)$ 或 $100(b-a)$	垂直角		高差（米）		水平角 ° ′	水平距离 (D)	测点高程 (H)	备注
	下丝(b) 上丝(a)	中丝 (l)		观测 角值 ° ′	改正后 角值 ° ′	计算值 (h')	$i-l$	高差 h			
1	2328 2082	2200		4　30					48　00		
2	2325 1876	2100		0　42					162　18		
3	1238 1062	1150		-0　54					57　42		
4	……										

4. 题图 8-2 所示为一山地局部的碎部点,图中实线为山脊线,虚线为山谷线。试按 $\Delta H = 10$m 的等高距勾绘出山地等高线。

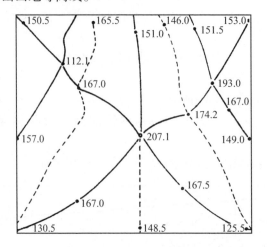

题图 8-2

5. 试述在碎部测量时,常规经纬仪测图法与电子平板测图法有什么主要区别?(可从观测、记录、计算、绘图等几方面阐述。)

第 9 章 摄影测量与遥感

1. 利用航摄像片可生产出影像地形图或线划地形图,但原始航摄像片却不能直接当作地形图使用。试从航片投影性质和地形要素表达等方面说明其原因。

2. 题图 9-1 为在建的某大型水电站库区的数字正射影像图 DOM(局部),像元地面分辨率为 0.4m。其由航高约为 2770m、像元地面分辨率为 0.2m 的数字航空影像经摄影测量处理得到。该 DOM 可以打印输出 1:5000 的纸质正射影像图,用于库区工程设计。试查阅相关资料,了解并概述一种山地地形 1:5000 的 DOM 生产过程。

题图 9-1

第 10 章 地形图的应用

1. 设有 1:2000 比例尺、等高距为 1m 的地形图,作业区地表坡度为 15°,试问图上设计点的平面及高程中误差为多少？若考虑平面测设中误差为 ±0.1m，现要求测设点的平面实地中误差不大于 ±2.0m，试问该地形图能否用于工程作业？

2. 试就题图 10-1 所示地形图完成以下各项作业（坐标、长度以图廓注记为准）：

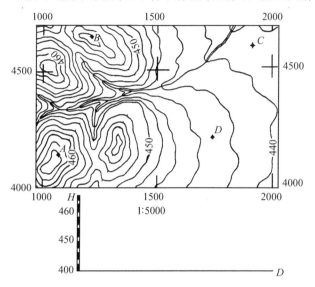

题图 10-1

（1）求 A、C 点的坐标；
（2）求 B、D 两点之间的实地水平距离；
（3）求 CA 边的坐标方位角；
（4）求 A、D 点的高程；
（5）求 D、C 两点之间的平均坡度；
（6）作 A、D 之间的地形断面图。

3. 在 1:500 比例尺的地形图上有题图 10-2 所示的一块施工场地。在考虑挖、填土方量平衡的原则下，需平整为同一高程的平地。该地形图的等高距为 0.5m，图上已绘有边长为 1cm 的方格网。试问该场地平整后的设计高程为多少？相应的挖、填土方量各是多少？

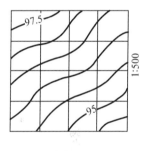

题图 10-2

第 11 章 工程测量的基本工作

1. 设水准点 BM_A 的高程为 36.487m，欲测设 B 点，使其高程为 36.039m，将水准仪安置在 A、B 两点中间，读得 A 尺上读数为 1.043m，问 B 尺上的读数应该为多少？

2. 放样出某设计直角 ∠AOB 后，用经纬仪精确测得其角值为 90°00′15″，已知 OB 长度为 108.43m，问在垂直于 OB 方向上 B 点应移动多少距离才能得到 90°的角度？

3. 已知 $\alpha_{AB} = 30°06′18″$，$x_A = 1124.78m$，$y_A = 1175.26m$，$x_p = 1140.39m$，$y_p = 1179.25m$，仪器安置在 A 点。试计算用极坐标法测设 P 点所需的放样数据。

第12章 测量在工程建设中的应用

1. 施工坐标系与测量坐标系的坐标如何变换？如题图12-1所示,已知施工坐标系原点 O' 的测量坐标为 $x = 1000\text{m}, y = 1000\text{m}, P$ 点的施工坐标为 $x' = 250\text{m}, y' = 150\text{m}$,其中 $\alpha_0 = 30°30'$,试计算 P 点坐标。

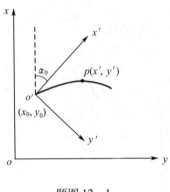

题图 12-1

2. 在全站仪中线测设时,已知部分中桩坐标如题表12-1所列,已知测站 A 点坐标为: $X = 26480.555\text{m}, Y = 20880.150\text{m}$;后视 B 点坐标为: $X = 26705.188\text{m}, Y = 20516.776\text{m}$。试计算极坐标法放样数据。

题表 12-1

桩 号	X/m	Y/m
K121+802.315	26593.938	20744.713
K121+851.5	26583.398	20792.755
K121+900	26573.005	20840.128
K122+200	26508.719	21133.160
K122+230	26502.290	21162.463
K122+255	26496.933	21186.382

3. 如题图12-2,为测设建筑方格网的主轴线 A、O、B 三点,从已知控制点上测设了 A'、O'、B' 三点。为了检核,又精确测定 $\angle A'O'B' = 179°59'40''$,已知距离 $a = 100\text{m}, b = 150\text{m}$,求各点的移动量 δ。

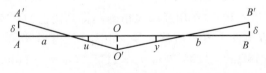

题图 12-2

4. 工业厂房施工测量与民用建筑施工测量相比,在实施内容、要求、方法等方面有何异同?

5. 如题图 12 – 3,已知某厂房两个相对房角点的坐标,放样时顾及基坑开挖范围,需在厂房轴线以外 8m 处设置矩形控制网,求厂房控制网四个角点 P、Q、R、S 的坐标值。

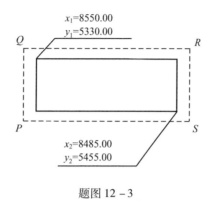

题图 12 – 3

6. 港口工程施工测量的主要内容有哪些?

实 验 指 导

实验一 水准仪的认识与使用

一、目的:了解水准仪的构造,初步掌握其使用方法。
二、仪器:水准仪、水准尺、尺垫、记录板。
三、实验内容与报告:
1. 结合仪器了解各部分的构造与作用。
2. 练习水准仪的安置、瞄准与读数(估读到 mm)。
3. 测定地面上两点间的高差(每人改变仪器的高度,各观测一次)。

水准测量记录

名称_____测区		观测者_____				记录者_____	
____年___月___日		天 气_____				仪器型号_____	
测站	点号	后视读数	前视读数	高 差		高程	备 注
				+	−		

4. 解答下列问题：

（1）水准仪主要由_____组成的。

（2）控制水准仪望远镜水平方向转动应用_____螺旋和_____螺旋，要使望远镜所瞄准的尺子与十字丝都看得清晰应用_____螺旋和_____螺旋，要使圆水准气泡居中应转动_____螺旋，读数前要使水准管气泡居中应用_____螺旋。

（3）为什么每次读数时（包括读后视尺和读前视尺）要使符合水准气泡居中？为什么圆水准气泡居中了，水准管气泡还不能居中？

实验二　水准测量

一、目的：掌握一般水准测量的施测方法、水准路线高差闭合差的调整与高程计算。

二、仪器：水准仪、水准尺、尺垫、记录板。

三、实验内容与报告：

1. 由已知水准点开始，经过若干待测点至另一水准点（或回到原来水准点），组成附合（或闭合）水准路线，沿水准路线进行水准测量。根据观测结果进行水准路线高差闭合差的调整和高程计算。（$f_{h容} = \pm 10\sqrt{n}$ 或 $\pm 40\sqrt{L}$）

水准测量记录

名称_____测区　　观测者_____　　记录者_____
____年___月___日　　天　气_____　　仪器型号_____

测站	点号	水准尺读数		高差		高程	备注
		后视	前视	+	−		
计算校核		Σ_a　　Σ_b $\Sigma_a - \Sigma_b =$		$\Sigma_h =$			

水准路线高差的调整与高程计算表

点号	距离	测站数	测得高差	高差改正数	改正后高差	高程	备注
Σ							

$f_h =$
$f_{h容} =$

2. 解答下列问题：

（1）水准测量中，转点起什么作用？施测过程中若转点上的尺垫位置下沉或移动时，对所测高差有什么影响？

（2）在计算校核时，发现 $\Sigma_a - \Sigma_b \neq \Sigma_h$，说明什么问题？

（3）水准仪安置在测站上，读完后视读数，转动望远镜瞄准前视尺时，发现圆水准泡偏离中心，应如何处理？

实验三　经纬仪的认识与使用

一、目的：了解经纬仪的构造，掌握其使用方法。
二、仪器：经纬仪、花杆、记录板。
三、实验内容与报告：
1. 了解经纬仪各部分的构造及其作用。

2. 进行经纬仪的安置(对中、整平)、瞄准与读数(估读到1″)。
3. 用盘左一个位置瞄准两个目标,练习测一个水平角。

水平角观测记录

| 名称_____测区 | 观测者_____ | | 记录者_____ |
| ____年___月___日 | 天　气_____ | | 仪器型号_____ |

测站	目标	竖盘位置	水平度盘读数 ° ′ ″	角　值 ° ′ ″	平均角值 ° ′ ″	备注
		左				
		左				

4. 解答下列问题:
(1) 经纬仪主要由_____部分组成。
(2) 控制望远镜在竖直面内转动用_____螺旋,控制照准部水平方向转动用_____螺旋,变换度盘的位置改变水平度盘读数要用_____。
(3) 怎样利用照准部水准管进行整平工作?

(4) 经纬仪望远镜瞄准目标是怎样进行的?

实验四　水平角观测——测回法

一、目的:掌握用测回法观测水平角的方法。
二、仪器:经纬仪、花杆、记录板。
三、实验内容与报告:
1. 用测回法观测一个水平角,每人观测一个测回。

测回法测水平角记录

名称_____测区　　观测者_____　　　　　　记录者_____
____年___月___日　　天　气_____　　　　　　　　仪器型号_____

测站	目标	竖盘位置	水平度盘读数 ° ′ ″	角　值 ° ′ ″	二次角值之差 ° ′ ″	备注
		左				
		右				

2. 解答下列问题：

（1）当右目标读数小于左目标读数时，应如何计算角值？

（2）测站上有哪些限差要求？观测成果是否符合这些要求？

实验五　水平角观测——全圆测回法

一、目的：掌握用全圆测回法观测水平角的方法。
二、仪器：经纬仪、花杆、测钎、记录板。
三、实验内容与报告：
练习用全圆测回法观测水平角。
观值限差是否符合要求。

1. 半测回归零差。
2. 一测回中两倍照准差（2C）变动范围。
3. 各测回同一归零方向值的互差。

全圆测回法测水平角记录

名称_____测区　　观测者_____　　记录者_____　　略图
____年___月___日　天　气_____　　仪器型号____

测回数	测站	目标	盘左读数 (L) ° ′ ″	盘右读数 (R) ° ′ ″	$2C = L - R \pm 180°$ ′ ″	$\dfrac{L + R \pm 180°}{2}$ ° ′ ″	一测回归零方向 ° ′ ″	各测回归零方向平均数 ° ′ ″	角　值 ° ′ ″	备注

实验六　竖直角观测及指标差测定

一、目的：了解竖盘的构造，掌握竖直角的观测及指标差的测定。

二、仪器：经纬仪、校正针、记录板。

三、实验内容与报告：

1. 了解竖盘与指标的构造及其转动关系。

该仪器的视准轴与竖盘 0°~180°刻划（零直径）的连线应保持_____关系，而竖盘指标水准管轴与指标线应保持_____关系。

2. 观察竖盘刻度、注记形式及始读数，确定计算竖直角公式。盘左：$I_{始}$ = _____，物镜向上抬高时，读数_____，计算竖直角公式为 α_L = _____。

盘右:$R_{始}$ = _____,物镜向上抬高时,读数_____,计算竖角公式为 $α_R$ = _____。

3. 瞄准一高处目标,用盘左、盘右观测竖直角,计算指标差和平均角值。

竖直角观测记录

名称_____测区　　　观测者_____　　　记录者_____
____年___月___日　　　天　气_____　　　仪器型号_____

测站	目标	竖盘位置	竖直角		$α = \dfrac{α_R + α_L}{2}$	$x = \dfrac{α_R - α_L}{2}$	备注
			竖盘读数	竖直角			
			° ′ ″	° ′ ″	° ′ ″	′ ″	
		左					
		右					
		左					
		右					
		左					
		右					
		左					
		右					

4. 根据观测结果,说明校正指标差的方法。

实验七　视距测量

一、目的:掌握用视距法测定地面点之间的高差与水平距离的方法。

二、仪器:经纬仪、视距尺、计算器、记录板。

三、实验内容与报告:

1. 用视距法测定周围几个测点与测站之间的水平距离和高差。
2. 用计算器进行计算,D 计算至 $0.1\mathrm{m}$,H 计算至 $0.01\mathrm{m}$。

视距测量记录

名称_____ 观测者_____ 记录者_____
____年___月___日 天气_____ 测站_____ 测站高程(H)_____
仪器高(i)_____ 乘常数(k)_____ 加常数(q)_____ 指标差(x)_____

测点	尺上读数		视距间隔 $(a-b)$	竖直角			高差			水平距离 D	高程 D	备注
	中丝 (1)	下丝(a) 上丝(b)		竖盘读数	竖直角	改正后竖直角	计算值 h'	$i-1$	h			

实验八 全站仪测距测角

一、目的:了解光全站仪测量的方法。

二、仪器:全站仪、温度计、气压表、记录板。

三、实验内容与报告:

1. 了解全站仪各部件的用途。

2. 安置仪器,每人测距一测回共 4 次读数,测角一测回。

全站仪测距、测角

日期				天气		测区		观测		记录			检查	
测站 仪高	盘位	目标	水平角读数	半测回均值	一测回均值	目标镜高	盘位	竖直角读数	α竖	α竖均	目标	气压 P 温度 t	D	
	左						左					p		
							右					t		
	右						左					p'		
							右					t'		
	左						左					p		
							右					t		
	右						左					p'		
							右					t'		

实验九 四等水准测量

一、目的：掌握四等水准测量的方法。
二、仪器：水准仪、双面水准尺、尺垫、记录板。
三、实验内容与报告：
1. 用四等水准测量方法，由已知水准点测定导线点的高程。
2. 进行高差闭合差的调整与高程计算。

水准路线高差闭合差调整与高程计算表

点号	距离	测站数	测得高差	高差改正数	改正后高差	高程	备注
Σ							

$f_h =$
$f_{h容}$

四等水准测量记录

测自_____至_____　　观测者_____　　　　　记录者_____
____年___月___日　　　　天　气_____　　　　　　仪器型号_____

测站编号	点号	后尺 下丝 上丝 后距/m 前后视距离差/m	前尺 下丝 上丝 前距/m 累计差/m	方向及尺号	水准尺读数/m 黑色面	水准尺读数/m 红色面	$K+$黑$-$红/mm	高差中数/m	备注
		(1)	(4)	后	(3)	(8)	(13)		
		(2)	(5)	前	(6)	(7)	(14)	(18)	$K_1=$
		(9)	(10)	后－前	(16)	(17)	(15)		$K_2=$
		(11)	(12)						
校核		$\sum(9)=$ $\sum(10)=$ (12)末站$=$ 总距离$=$			$\sum(3)=$ $\sum(6)=$ $\sum(16)=$ $\frac{1}{2}[\sum(16)+\sum(17)\pm 0.100]=$	$\sum(8)=$ $\sum(7)=$ $\sum(17)=$	$\sum(18)=$		

实验十 碎部测量——经纬仪测绘法

一、目的:掌握用经纬仪测绘地表的方法。

二、仪器:经纬仪、视距尺、计算器、量角器、比例尺、图板、图纸、记录板。

三、实验内容与报告:

1. 在一导线点上施测周围的地物与地貌点,采用边测边绘的方法。
2. 根据地物特征点勾绘地物轮廓线,根据地貌特征点用内插法勾绘等高线,等高距为 1m。

碎部测量记录

名称_____测区   观测者_____   记录者_____
____年___月___日   天 气_____测站_____零方向_____测站高程(H)_____
仪器高(i)_____乘常数(K)_____加常数(q)_____   指标差(x)_____

测点	水平角	尺上读数/m		视距间距 $(a-b)$	竖直角(α)			高差/m			水平距离 (D)	测点高程 (H)	备注
		中丝 (l)	下丝(a) 上丝(b)		竖盘读数	竖直角	改正后竖直角	h' (计算值)	$i-1$	h			

参 考 文 献

[1] 张慕良,叶泽荣.水利工程测量[M].北京:水利电力出版社,1979.
[2] 华锡生,田林亚.测量学[M].南京:河海大学出版社,2002.
[3] 章书寿,陈福山.测量学教程.[M].北京:测绘出版社,1991.
[4] 武汉大学测量平差教研室.测量平差基础[M].北京:测绘出版社,1994.
[5] 刘大杰,施一民,过静珺.全球定位系统(GPS)的原理与数据处理[M].上海:同济大学出版社,1996.
[6] 李天文.GPS原理与应用[M].北京:科学出版社,2003.
[7] 万德钧,房建成,王庆.GPS动态滤波的理论方法及其使用[M].南京:江苏科学技术出版社,2000.
[8] 刘基余.GPS卫星导航定位原理与方法[M].北京:科学出版社,2005.
[9] 覃辉,唐平英,余代俊.土木工程测量[M].上海:同济大学出版社,2004.
[10] 潘正风,杨正尧.数字测图原理与方法[M].武汉:武汉大学出版社,2004.
[11] 张正禄等.工程测量学[M].武汉:武汉大学出版社,2005.
[12] 张书寿,华锡生.工程测量[M].北京:水利水电出版社,1999.
[13] 李德仁,周月琴,金为铣.摄影测量与遥感概论[M].北京:测绘出版社,2001.
[14] 孙家抦,舒宁,关泽群.遥感原理、方法和应用[M].北京:测绘出版社,1997.
[15] 李德仁,金为铣,尤兼善,等.基础摄影测量学[M].北京:测绘出版社,1995.
[16] 刘友光,黄桂兰,黄全义,等.工程中数字地面模型的建立与应用及大比例尺数字测图[M].武汉:武汉测绘科技大学出版社,1997.
[17] 梅安新,彭望琭,秦明其,等.遥感概论[M].北京:高等教育出版社,2001.
[18] 华锡生,黄腾.精密工程测量技术及应用[M].南京:河海大学出版社,2002.